T0140725

Henryk Ditchen

Otto Graf – Der Baumaterialforscher

λογος

Bibliografische Information der Deutschen Nationalbibliothek

Die Deutsche Nationalbibliothek verzeichnet diese Publikation in der Deutschen Nationalbibliografie; detaillierte bibliografische Daten sind im Internet über http://dnb.d-nb.de abrufbar.

ISBN 978-3-8325-3480-6

Logos Verlag Berlin GmbH
Comeniushof, Gubener Str. 47,
10243 Berlin
Tel.: +49 (0)30 42 85 10 90
Fax: +49 (0)30 42 85 10 92
INTERNET: http://www.logos-verlag.de

Inhalt

Einführung

Die „Materialprüfungsanstalt Universität Stuttgart (MPA Stuttgart, Otto-Graf-Institut (FMPA))" zählt zu den Zentralen Einrichtungen der Universität Stuttgart. Sie wurde von Carl Bach im Jahr 1884 gegründet und war in ihrer langen Geschichte, wie gegenwärtig immer noch, auf nahezu allen Gebieten des Maschinen- und Anlagenbaus sowie des Bauingenieurwesens erfolgreich tätig. Ihr langer Name lässt zwei Bereiche erkennen, und zwar die MPA Stuttgart, die für den Maschinen- und Anlagenbau steht, und das Otto-Graf-Institut, in dem Bauforschung und Materialprüfungen des Bauwesens betrieben werden. Diese beiden Materialprüfungs- und Forschungsgebiete haben sich im Lauf der Geschichte dieser Anstalt entwickelt, sie agierten zeitweise getrennt und bilden heute zusammenwirkende und trotzdem selbstständig arbeitende Teile dieser universitären Einrichtung.

Der Beiname „Otto-Graf-Institut" repräsentiert verkürzt die traditionelle Bezeichnung des Forschungsbereichs des Bauwesens, der ursprünglich seit 1936 als „Institut für Bauforschung und Materialprüfungen des Bauwesens" agierte und seit Anbeginn bis zu seiner Pensionierung im Jahr 1950 von Otto Graf geleitet wurde. Drei Jahre später erhält dieses Institut, in Würdigung seiner Verdienste, den Beinamen „Otto-Graf-Institut", der trotz mehrmaliger Veränderung der Institutsbezeichnung bis heute, 60 Jahre später, beibehalten wurde.

Otto Graf (1881–1956) war Ordinarius für Baustoffkunde und Materialprüfung der Technischen Hochschule Stuttgart sowie Gründer und Leiter des Instituts für Bauforschung und Materialprüfungen des Bauwesens an der Stuttgarter Materialprüfungsanstalt. Er gehörte auf dem Gebiet der Baustoffe und des Prüfungswesens zu den wohl bekanntesten deutschen Forschern und Praktikern der ersten Hälfte des 20. Jahrhunderts. Der Schwerpunkt seiner Forschungsarbeiten lag auf den Untersuchungen des Betons bzw. Stahlbetons, im letzten Jahrhundert eines noch neuartigen Baumaterials, dessen Entwicklung von Graf begleitet und maßgebend geprägt wurde. In seinen Versuchen beschäftigte sich Graf auch mit Holzkonstruktionen und später mit Schweiß- sowie Nietverbindungen im Stahlbau. Er betrachtete

Glas als Baumaterial und untersuchte statische sowie konstruktive Eigenschaften der Steinsorten in den Mauerwerkskonstruktionen. In der Kriegs- und Nachkriegszeit sah er als einer der Ersten die dringende Notwendigkeit, Trümmer zerstörter Häuser als Baumaterial zu verwenden und damit den Wiederaufbau der Städte voranzutreiben.

Otto Graf war bei der Baustoffforschung und Materialprüfung insgesamt 47 Jahre lang tätig und hat als Hochschullehrer an der Technischen Hochschule Stuttgart über 33 Jahre, davon 24 Jahre als Ordinarius, zum Thema Baustoffkunde Vorträge gehalten. Über das Leben von Otto Graf und seine Arbeit wurde, trotz seiner besonderen Verdienste für die Forschung und Lehre und trotz der Einführung seines Namens in die Institutsbezeichnung, lediglich sporadisch geschrieben.

Kurz zusammengefasste Lebensläufe von Otto Graf wurden verfasst von:

- Paul Schaechterle[1] – zu Grafs 60. Geburtstag im Jahr 1941;
- Robert von Halasz[2] – zu seinem 75. Geburtstag und
- nach Grafs Ableben – von Gustav Weil.[3]

Die Mitarbeiter seines Instituts haben Grafs 40-jähriges Berufsjubiläum im Jahr 1943 mit einem Lebenslauf in feierlich geschmückter Form in einzelnen Jahresblättern[4] gewürdigt.

Anlässlich des Beschlusses des Großen Senats der Technischen Hochschule Stuttgart von 1953, seinem Institut den Namen „Otto-Graf-Institut" zu verleihen, erarbeiteten die Mitarbeiter der Abteilung für Bauingenieur- und Vermessungswissenschaften der Technischen Hochschule Stuttgart eine interne Denkschrift „Otto Graf – 50 Jahre Forschung, Lehre und Materialprüfung im Bauwesen 1903–1953", die überwiegend aus einzelnen Erinnerungs- und Würdigungsaufsätzen besteht.

In den zahlreichen Veröffentlichungen über die Geschichte der Universität Stuttgart[5] und allgemein über die Geschichte der technischen Ausbildung in Württemberg[6] wurden die Person Otto Graf und seine Tätigkeit lediglich in

[1] Vgl. Bautechnik 19 (1941), S. 183.
[2] Vgl. Bautechnik 33 (1956), S. 139.
[3] Vgl. Bauingenieur 31 (1956), S. 394.
[4] Universitätsarchiv Stuttgart (UAS) Sign. 33/1/1637.
[5] Vogt (1979); Becker (2004); Becker & Quarthal (2004); Hentschel (2010).
[6] Zweckbronner (1987).

Bezug auf die Geschichte der Materialprüfungsanstalt[7] der Technischen Hochschule Stuttgart erwähnt.

Hans-Wolf Reinhardt, einer von Grafs Nachfolgern, sprach im Juni 2006 in seiner Abschiedsvorlesung zum Thema „Otto Graf, Rückschau im Lichte von heute“.[8]

Über die Aktivitäten von Otto Graf beim Bau von Reichsautobahnen sowie in den Jahren nach 1945 schrieb der Verfasser der hier vorliegenden Biographie in den Jahren 2009 und 2010 zwei Monografien[9], auf deren in mancher Hinsicht ausführlichere Teile zum Reichsautobahnbau bzw. zur Entnazifizierung hier an verschiedenen Stellen verwiesen wird. Diese Themen wurden in der vorliegenden Abhandlung aus der Perspektive der Gesamtheit der Grafs Aktivitäten neu bewertet.

Bei der Erarbeitung dieser Biografie von Otto Graf wurde Quellenmaterial überwiegend aus folgenden Archiven genutzt:

- Universitätsarchiv Stuttgart – Personalakte von Otto Graf,
- Archiv der Materialprüfungsanstalt Stuttgart (jetzt in Universitätsarchiv Stuttgart),
- Universitätsarchiv der Technischen Hochschule Chemnitz – Nachlass Carl von Bach,
- Hauptstaatsarchiv Stuttgart – Personalakte von Otto Graf sowie
- Hauptstaatsarchiv Ludwigsburg – Entnazifizierungsakte von Otto Graf.

Es existiert leider kein persönlicher Nachlass von Otto Graf. Auch die Versuche, die mehrmals seitens der Wissenschafts- und Technikhistoriker an der Universität Stuttgart unternommen wurden, Einsicht in Grafs persönliche Dokumente, die bei seiner Familie liegen, zu erhalten, waren nicht erfolgreich.

Um den Umfang der Arbeiten Otto Grafs zu zeigen, wird im Anhang der hier vorliegenden Biografie eine Zusammenstellung seiner Veröffentlichungen präsentiert, die zur besseren Übersicht nach Forschungsgebieten und Jahren ihrer Erscheinung strukturiert ist. Diese Liste basiert auf eine Darstellung[10] der

---

[7] Gimmel (1949); Blind (1971).
[8] Reinhardt (2006).
[9] Ditchen (2009); (2010).
[10] Dietmann; Sautter (1970).

gesamten Veröffentlichungen der Materialprüfungsanstalt Stuttgart. Sie wurde im Zuge der Bearbeitung, bezogen auf den Verfasser Graf, übernommen, überprüft und ergänzt, beansprucht aber nicht die Vollständigkeit von Grafs Veröffentlichungen. Für diese Abhandlung wurden außerdem die Ergebnisse der Archivforschungen des Verfassers übernommen, die er bei der Bearbeitung seiner frühen Arbeiten gewonnen hatte und um neue Archivfunde ergänzt, wie sie sich insbesondere in den Unterlagen aus dem Universitätsarchiv Chemnitz fanden.

Danksagung

Die vorliegende Abhandlung wurde auch durch das Engagement und die Unterstützung vieler Personen ermöglicht. Allen Beteiligten gebührt dafür mein herzlicher Dank.

Ein besonderer Dank wird Herrn Professor Dr. Klaus Hentschel, dem Leiter der Abteilung Geschichte der Naturwissenschaften und Technik im Historischen Institut der Philosophisch-Historischen Fakultät der Universität Stuttgart ausgesprochen. Ohne seine Motivation und Unterstützung wäre die Entstehung dieser Biografie kaum möglich gewesen.

Ebenfalls ein besonderer Dank gilt Herrn Dr. Norbert Becker, dem Leiter des Archivs der Universität Stuttgart. Er hat den Verfasser stets mit Rat und Hinweisen unterstützt. Der Dank gilt auch den Mitarbeiterinnen und Mitarbeitern der Universitätsbibliothek Stuttgart.

Herrn Stephan Luther, dem Leiter des Archivs der Technischen Universität Chemnitz, wird für seine Bereitschaft gedankt, dem Verfasser über ein digitales Depositum im Universitätsarchiv Stuttgart relevante Teile des Nachlasses von Carl von Bach zur Verfügung zu stellen.

Schließlich soll der Lektorin Frau Bärbel Philipp für ihre schnelle Überarbeitung des gesamten Textes gedankt werden.

Anfänge der Ingenieurausbildung und Materialprüfung

Die wissenschaftlich und technisch fundierte Werkstoffkunde im Bauwesen entwickelte sich im Laufe des 19. Jahrhunderts in Europa als Folge allgemeiner Technisierung.[11] Die Grundlagen für diese Entwicklung brachten viele naturwissenschaftliche Forschungen und Entdeckungen in der Mineralogie, Mathematik, Physik, Chemie und Mechanik hervor; sie wurden unterstützt durch die damals im Entstehen begriffenen ingenieurtechnischen Bildungsanstalten. Im Zuge der Industriellen Revolution wurden neue Baumaterialien, wie Eisen, Stahl, Beton und Eisenbeton, entdeckt.

Diese theoretischen Grundlagen der Materialkunde wurden überwiegend auf dem europäischen Festland entwickelt. Im Rahmen des in Frankreich herrschenden Merkantilismus entstand ein staatlich gefördertes technisches Ingenieurbildungssystem. Bereits im 17. Jahrhundert wurden innerhalb der französischen Armee technische Einheiten errichtet, deren Offiziere als *„Ingénieurs"* bezeichnet wurden. Diese Einheiten versammelten sich im Jahr 1675 organisatorisch in den *„Corps des ingénieurs de génie militaire"*. 1716 wurde das *„Corps des ingénieurs des ponts et chaussées"* ins Leben gerufen. Um die theoretischen und praktischen Kenntnisse dieser Ingenieuroffiziere zu erweitern, gründete Daniel Charles Trudaine[12] im Jahr 1747 in Paris die später berühmte *„École royale des ponts et chaussées"*, die erste technische Schule dieser Art in Europa. Die dort auf Grundlagen der theoretischen Mathematik, Geometrie und Statik aufgebaute Ingenieurausbildung war damals allgemein führend. Ihre Wissensvermittlung basierte auf den bereits seit Galileo Galilei[13] angestoßenen Fragen und Lösungen des Zusammenwirkens der Kräfte von Bauelementen und der Theorie der Körperfestigkeit, die durch weitere theoretische Arbeiten von Marin Mersenne,[14] Robert Hooke[15] u.a. den

---

[11] Siehe: König (2010); Troitzsch (1997); Treue (1968).

[12] Trudaine, Daniel Charles (1703–1769), französischer Bauingenieur und Finanzverwalter der Merkantilismus.. Die von ihm 1747 gegründete und 1760 von Perronet reorganisierte *École* war in ihrer Art einzig in Europa, wo eine große Anzahl von Ingenieure ausgebildet wurde, die dem französischen Straßen- und Brückenbau eine Vorrangstellung sicherte. Siehe: Ruske (1991); Staub (1992); GLU, T. 15, S. 19443.

[13] Galileo Galilei (1564–1642), italienischer Philosoph, Mathematiker und Astronom, der bahnbrechende Entdeckungen auf mehreren Gebieten der Naturwissenschaften machte. Speziell zu seinen Untersuchungen über die Festigkeitslehre. Siehe z.B.: Portz (1994).

[14] Mersenne, Marin (1588–1648), französischer Theologe, Mathematiker und Musiktheoretiker. Der Menoritenpater stand mit den bedeutendsten Wissenschaftlern, auch mit Galilei, seiner Zeit in lebhaften

Ausgangspunkt für die moderne Festigkeitslehre stellten. Im Rahmen dieser Entwicklung sind die bedeutenden Arbeiten der berühmten französischen Ingenieure, wie Charles Auguste Coulomb[16] sowie Louis Marie Henri Navier,[17] zu erwähnen. Coulomb mit seinen *„Essais sur ... quelques problèmes des statique"* aus dem Jahr 1773 und Navier mit seinen *„Lecons"* vom 1833 zählen zu den bedeutenden Gründern der modernen Baustatik. Während der Französischen Revolution, genauer 1794, wurde in Paris die *„Ècole centale des travaux publics"* gegründet, die sich ein Jahr später in die berühmte *„Ècole polytechnique"* umbenannte. Sie gilt als die erste mathematisch-technische Anstalt, in der im Geist der Aufklärung gelehrt wurde. Sie entwickelte sich bald zum Vorbild für die zukünftigen technisch-wissenschaftlichen Bildungsstätten in Europa, auch in den deutschen Ländern.

Nach diesem Vorbild gründeten Franz Joseph von Gerstner[18] das Ständische Polytechnische Institut in Prag (1806) und Johann Joseph von Prechtl[19] im Jahr 1815 das Polytechnische Institut in Wien.[20] Im Laufe des 19. Jahrhunderts kamen weitere technische Anstalten in Berlin (1821), Karlsruhe (1825), München (1827), Dresden (1828), Stuttgart (1829), Hannover (1831), Braunschweig (1835), Darmstadt (1836), Lemberg in Galizien (1844), Brünn in Mähren (1849), Zürich in der Schweiz (1854), Graz in der Steiermark (1864) und Aachen in Westfalen (1870) hinzu. Aus allen diesen Anstalten sind im Laufe des 19. Jahrhunderts die Technischen Hochschulen hervorgegangen.

Gedankenaustausch, verbreitete ihre Gedanken und hat selbst versuche zur Festigkeit der Körper durchgeführt. Siehe: Ruske (1991); Straub (1992).

[15] Hooke, Robert (1635–1703), berühmter englischer Experimentator und Instrumentenbauer sowie Kurator der Royal Society. Über das auf ihn zurückgehende Hookesche Gesetz und seine Untersuchungen zu Materialien siehe u.a. Bennet *(2003)*.

[16] Coulomb, Charles-Augustin de (1736–1806), französischer Physiker und Ingenieur. Er beschäftigte sich u.a. mit physikalischen und technisch-mechanischen Fragen; die von ihm formulierten Gesetze der Elektrostatik und Magnetostatik sind noch heute gültig. Seine große Bedeutung für das Bauingenieurwesen besteht darin, dass er die Frage der Statik und der Festigkeitslehre nach exakt-wissenschaftlichen Methoden, aber auch hinsichtlich ihrer praktischen Anwendung, behandelte. Siehe: Ruske (1991); Staub(1992).

[17] Navier, Claude Louis Marie Henri (1785–1836), französischer Ingenieur, Professor für Mechanik an der *Ècole Polytechnique* in Paris. Von ganz besonderer Bedeutung für die Entwicklung der Bauwissenschaft waren seine dort gehaltene Vorlesungen über angewandte Mechanik und Baustatik. Navier hat als Erster die bisherigen Erkenntnisse auf dem Gebiet der Mechanik und Festigkeitslehre zu einem einzigen Lehrgebäude zusammengefasst und viele schon früher bekannte Gesetze und Methoden auf die praktischen Aufgaben des Bauwesens, auf die Bemessung von Tragwerken anzuwenden gelehrt. Siehe u.a. Staub (1992).

[18] Gerstner, Franz Josef Ritter von (1756–1832), deutsch-böhmischer Mathematiker und Physiker.

[19] Prechtl, Johann Josef von (1778–1854), österreichischer Professor und Technologe.

[20] Interessant, dass die Gründungsreihenfolge dieser technischen Bildungsanstalten auch der zeitlichen Abfolge früherer Gründungen von Universitäten gleicht: Auf die Sorbonne in Paris (1268) folgten die Universitäten in Prag (1347) und Wien (1365).

Die politischen und sozialen Veränderungen des öffentlichen Lebens in England des 18. Jahrhunderts führten in wirtschaftlichen und öffentlichen Bereichen zu revolutionären Umwälzungen, die einen technologischen Fortschritt nach sich gezogen haben, dessen Vielseitigkeit und Dynamik bald auch einen revolutionären Charakter erhielt. Dieser Prozess wurde von Friedrich Engels[21] und ebenfalls von dem Engländer Arnold Toynbee[22] als „Industrielle Revolution" bezeichnet. Der Aufstieg Großbritanniens zur größten Kolonialmacht steigerte den Handel und Warenaustausch; die politischen Veränderungen des Landes nach Oliver Cromwell[23] begrenzten die Königsrechte und stärkten die Rolle des britischen Parlaments. Die Lockerung der Ständebeschränkungen bedeutete vor allem für die britischen Bauern eine bis dahin nicht bekannte soziale Mobilität; sie begannen massiv das übervölkerte Land zu verlassen und in die Städte zu ziehen. Die stetig steigende Nachfrage der anwachsenden Bevölkerung Großbritanniens nach Textilprodukten gab ernsthafte Impulse zur neuen technologischen Entwicklung. Als erster technologischer Schritt, der zur Industriellen Revolution führte, wird oft die Erfindung mechanisierter Spinnmaschinen angesehen. Die ständige Erweiterung des Handelsvolumens und die dynamische Entwicklung englischer Städte im 18. Jahrhundert steigerten die Binnentransporte. Eine derartig massive Steigerung des Bedarfs an Transportkapazitäten konnte in der Folgezeit dank der Entdeckung der Dampfmaschine und der Entwicklung der Eisenbahn bewältigt werden. Der daraus folgende intensive Ausbau der Kohlen-Hütten- und Maschinenindustrie sowie der Verkehrswege konnte nur durch die gewaltige Steigerung der Ingenieurwissenschaften in vielen Branchen ermöglicht werden.

Alle diese Maßnahmen führten zur dynamischen Steigerung der Eisenproduktion, die in England, aufgrund der nahe gelegenen Eisenerz- und Steinkohlevorkommen sowie der zur Verfügung stehenden billigen Arbeitskräfte, optimale wirtschaftliche Entwicklungsbedingungen gefunden hat. Nach dem Abraham Darby II.[24] im Jahr 1735 begann in einem Kokshochofen das Roheisen herzustellen, entwickelte Henry Cort[25] 1784 das Puddeleisen-

[21] Engels, Friedrich (1820–1895), deutscher Philosoph, Historiker und kommunistischer Revolutionär.
[22] Toynbee, Arnold Joseph (1899–1975), britischer Geschichtsphilosoph und Historiker.
[23] Cromwell, Oliver (1599–1658), englischer Parlamentarier und zeitweise der Staatsoberhaupt des Commonwealth.
[24] Darby II. Abraham (1711 – 1763), englischer Fabrikant und Erfinder.
[25] Cort, Henry (1740 – 1800), englischer Metallurg und Unternehmer.

Verfahren, das eine Massenerzeugung von Eisen ermöglichte. Diese Entwicklung und deren Beherrschung haben alle anderen technischen und technologischen Entwicklungen der Industriellen Revolution überhaupt erst ermöglicht. Das Eisen wurde das Baumaterial des neuen 19. Jahrhunderts.

Mit dem Beginn des Maschinenzeitalters und vor allem des Eisenbahn-verkehrs ging eine gewaltige Steigerung des Bedarfs an Eisenprodukten einher, nicht nur für Schienen, Lokomotiven mit ihren Achsen, Radreifen und Wagen, sondern auch für den Maschinen- und Dampfkesselbau sowie für den Brückenbau, die dann überwiegend als Eisen- bzw. Stahlkonstruktionen gebaut wurden, einher. Weitere Steigerung der Herstellung von Eisenprodukte war aber nur durch die Erhöhung ihrer Qualität zu erreichen. Es entfaltete sich die ingenieurwissenschaftliche Eisenmaterial-kunde; die Eigenschaften der hergestellten Eisenprodukte mussten definiert und nachprüfbar werden. Diese wissenschaftliche Disziplin benötigte als Basis die theoretischen Erkenntnisse aus den Bereichen Physik, Statik und Festigkeitslehre. Die Maschinen- und Konstruktionsteile sollten nun aufgrund der präzisen ingenieurtechnischen Berechnungen geplant und ausgeführt werden, die wiederum zuverlässige Kenntnisse der Festigkeitseigenschaften der verwendeten Baustoffe benötigten.

Der nach unterschiedlichen Herstellungsverfahren erzeugte Stahl war aber in seinem Aufbau häufig ungleichmäßig, von Schlacken und Rissen durchgesetzt und an manchen Stellen brüchig und spröde. Auch der Technologie- und Verfahrenswechsel bei der Eisen- bzw. Stahlproduktion hatte vielseitige Qualitätsmängel des Materials zu Folge. Im Zuge dieser dynamischen, aber nicht ausreichend kontrollierten Massenerzeugung von Eisen kam es in den ersten Jahren der Industrielen Revolution zu schweren Katastrophen, die durch die mangelhafte Werkstoffqualität verursacht wurden.

Auf den amerikanischen Dampfschiffen ereigneten sich bis 1830 über 60 derartige Katastrophen: Am 24. Februar 1830 starben nach der Kesselexplosion auf dem Dampfschiff „Helen McGregor“ mehr als 50 Menschen; am 12. März 1857 erfolgte in der Nähe des kanadischen Orts Hamilton eine Explosion der Dampflokomotive der *Great Western Railway*, die 59 Tote und eine große Zahl von Verletzten zur Folge hatte. Ähnliche Katastrophen ereigneten sich auch in Großbritannien, Frankreich, Belgien und in den deutschen Ländern. In

Großbritannien wurden im Zeitraum von 1800 bis 1839 mindestens 69 sehr schwere Dampfkesselexplosionen registriert, bei denen über 160 Menschen getötet und 180 schwer verletzt wurden, registriert. Um dieser gefährlichen Entwicklung vorzubeugen, gründeten im Jahr 1855 die englischen Dampfkesselbesitzer die *„Association for the Prevention of Steam Boiler Explosion"*.

Am 15. Juni 1891 kam es in Münchenstein in der Nähe von Basel zu einer der bis heute größten schweizerischen Eisenbahnkatastrophen. Ein Zug der Jura-Simplon-Bahn stürzte von einer eisernen Gitterbrücke in den Fluss. Als Hauptursache des Zusammenbruchs dieser Gusseisenbrücke wurde u.a. die nicht ausreichende Qualität des Eisenmaterials festgestellt; es waren bei diesem Unglück rund 80 Menschenleben zu beklagen.[26]

Das deutsche Kaiserliche Statistische Amt publizierte jährlich Informationen über die Dampfkesselexplosionen in Preußen: Im Zeitraum von 1879 bis 1900 ereigneten sich jährlich im Durchschnitt ca. 17 Explosionen mit jeweils mehr als 35 Toten. Am 30. Januar 1865 explodierte in einer Mannheimer Brauerei ein Dampfkessel. Infolge dieses Ereignisses und zur Wahrung ihrer Interessen gründeten dort am 6. Januar 1866 die 21 Dampfkesselbesitzer die „Gesellschaft für Überwachung und Versicherung von Dampfkesseln". Diese Gesellschaft bildete den Grundstein der späteren Dampfkessel-Überwachungsvereine und schließlich des Technischen Überwachungsvereins (TÜV) in Deutschland. [27]

Der Schwerpunkt der Werkstoffprüfungen und -erforschungen lag in den Anfangszeiten beim Eisen, den Eisen- und Stahlerzeugnissen sowie bei den Bau- und Maschinenkonstruktionen, die aus diesem „Baumaterial des 19. Jahrhunderts" gebaut wurden. Nur am Rande wurden zuerst die Untersuchungen von Natursteinen und Ziegelprodukten vorgenommen. Zunehmend aber rückten neue Baumaterialien, wie Zement, Gips, Kalk sowie Beton und Eisenbeton in den Fokus der Bauindustrie. In England entdeckte John Smeaton,[28] dass Kalk und Ton in unterschiedlichen Qualitäts- und Mengenverhältnissen die Voraussetzungen für die Herstellung vom

[26] Beschreibung der Brückenkatastrophe und der Arbeit der beauftragten Experten – Professoren des Eidg. Polytechnikums Zürich, Wilhelm Ritter und Ludwig Tetmajer – Vgl. Zielinski (1995).
[27] Vgl. Wiesenack, Günter: Wesen und Geschichte der Technischen Überwachungsvereine. Köln 19971 und die 125 Jahre technischer Überwachung; Eine Chronik; Aus der Geschichte des TÜV. Mannheim 1991.
[28] Smeaton, John (1724 – 1792), englischer Ingenieur, Mitglied der *Royal Society*.

hydraulischen Kalk mit sich bringen. Sein Landsmann James Parker[29] erwarb im Jahr 1796 ein Patent für die Herstellung eines *„Cement"*, das er wohl aus merkantilistischen Gründen *„Romancement"* nannte. Der Begriff leitete sich offensichtlich aus dem römischen *„caementum"* oder aus dem im Mittelalter verwendeten Begriff *„cimentum"* bzw. *„cement"* ab. In Deutschland wurde um 1400 der gemahlene Ziegel als *„Zyment"* bezeichnet; später entstanden für hydraulische Bindemittel die Schreibweisen *„Cement"* oder *„Cäment"*. Schließlich wurde mit der orthografischen Neuordnung im Jahre 1901 in Deutschland die Schreibweise *„Cement"* in „Zement" festgelegt.[30]

Einen weiteren wichtigen Schritt in der Entwicklung der neuartigen Bindemittel für die Betonherstellung ging Joseph Aspdin.[31] Er meldete am 21. Oktober 1824 in England ein Patent für die „Besserung in der Herstellung künstlicher Steine" an, in dem er den *„Portland-Cement"* verwendete.[32] In Deutschland erhielt Hermann Bleitreu[33] im Jahr 1853 nach einigen Laborversuchen ein preußisches Patent für ein Herstellungsverfahren, in dem er Kalkstein bzw. Kreide und unterschiedliche Spaltsteine mit Wasser vermischte und dieses Gemisch nach der Trocknung, Brennung und Zermahlung als *„Cement"* bezeichnete. Er war der erste Hersteller des Portlandzements in Deutschland. In den folgenden Jahren wurden in Deutschland weitere Zementwerke gebaut. Parallel zu dieser praktischen Herstellung wurden die theoretischen und technologischen Grundlagen des Prozesses der Portlandzementherstellung in Deutschland weiter erforscht. Die Produktion von leistungsfähigen hydraulischen Zementen ergab die materialtechnische Voraussetzung für die Entwicklung der Betonkonstruktionen.[34]

Dieses neue Baumaterial konnte bereits im auslaufenden 19. Jahrhundert erfolgreich im breiten Spektrum der bautechnischen Projekte, wie Brücken-,

---

[29] Parker, James (vor 1780 – 1807), englischer Unternehmer und Erfinder.
[30] Vlg. Haegermann (1964).
[31] Aspdin, Joseph (1778 – 1855), englischer Unternehmer (Sein Name wird auch Asden, Aspden oder Aspin geschrieben).
[32] Die Bezeichnung „Portland-Cement" leitete sich aus dem Portlandstein ab, einem Kalkstein aus den Steinbrücken auf der Isle of Portland im Ärmelkanal an der englischen Kanalküste.
[33] Bleitreu, Hermann (1824 – 1881) deutscher Chemiker (u.a. Schüler von Justus Liebig) und Unternehmer.
[34] Zur Geschichte der zunehmenden Bedeutung von Betonkonstruktionen im 20. Jh. vgl. Haegemann (Hrsg.): Von Caementum zum Spannbeton ... Bd. 1 bis 3, Wiesbaden 1964/65; Schmidt (Hrsg.): Zur Geschichte des Stahlbetons ... Berlin 1999 sowie die Online-Chronologie unter http://www.beton.org/wissen/beton-bautechnik/geschichte-des-betons/ (letzter Zugriff 7.7.2013).

Wasser-, Tief- und Hochbauten, eingesetzt werden. Im Gegenteil zum Eisen – dem „Baustoff des 19. Jahrhunderts“ – entwickelte sich der neue Baustoff Beton zum „Baustoff des 20. Jahrhunderts“. Der Beton besaß Eigenschaften, die die beiden großen Schwachpunkte des Stahlbaus – mangelhafter Widerstand gegen Rost und gegen hohe Temperatur (im Brandfall) – wettmachen konnten. Vorteilhaft für eine Betonkonstruktion war die leichte Formbarkeit dieses Baustoffs, was eine Variabilität bei der räumlichen Gestaltung des Baukörpers erlaubte. Der wesentliche Nachteil einer Betonkonstruktion bestand allerdings darin, dass ihr Widerstand gegen die Zugkräfte praktisch minimal war. Die Lösung dieses Problems brachte die Entstehung des Eisenbetons, indem dort, wo in Betonelementen überwiegend Zugkräfte herrschten, gezielt lokalisierte Eiseneinlagen gesetzt wurden. Joseph Monier[35] und Francois Hennebique[36] waren die Schlüsselfiguren bei der Entwicklung des Eisenbetons. Monier meldete im Jahr 1867 für das Prinzip eines Blumentopfes, den er aus einem mit Eisenstäben bewehrten Beton gebaut hatte, ein Erfindungspatent in Paris und nach einigen Experimenten mit Stützen und Balken aus bewehrtem Beton im Jahr 1877 weitere Patente an. Das „System Hennebique“ führte zur Verwirklichung der monolithischen Eisenbetonbauweise. Die Geschossdecken, Balken und Stützen aus Eisenbeton bildeten beim Hennebique eine konstruktive Einheit. Die beiden Erfinder und Geschäftsmänner trugen mit ihren Erfindungen und weiteren Arbeiten dazu bei, dass sich in Europa in den 1890er Jahren zuerst zwei Eisenbetongebiete bildeten: die „Hennebique-Bauweise“ in Frankreich, Belgien, Italien, England und in der Schweiz sowie die „Monier-Bauweise“ in Deutschland, Österreich und Ungarn. Trotzdem war das neue Baumaterial an der Schwelle zum 20. Jahrhundert noch weitgehend unbekannt und benötigte einerseits eine umfangreiche theoretische und praktische Erforschung seiner Eigenschaften, andererseits viel Werbung sowie Aufklärungs- und Erziehungsarbeit innerhalb und außerhalb des Baugewerbes. Die Aufgabe der Erforschung der mechanischen, statischen und konstruktiven Eigenschaften und Merkmale der Beton- und Eisenbetonkonstruktionen sowie die Verbreitung dieser neuen Konstruktionslehre und der Bauart gehörten zu den wichtigen Aufgaben der Technischen Hochschulen in Deutschland. Einen wesentlichen Part dieser Aufgaben, zusammen mit der Ausführung der Prüfungsaufträge, übernahmen

[35] Monier, Joseph (1823 – 1906), französischer Gärtner, Erfinder und Unternehmer. Siehe GLU, T. 10.
[36] Hennebique, Francois (1842 – 1921), französischer Bauingenieur. Siehe: GLU, T 8.

mit der Zeit die neugegründeten Materialprüfungsanstalten. Die Prüfung und Erforschung von Baumaterialien, wie Zement, Beton und Eisenbeton, erweiterten das Spektrum ihrer Tätigkeiten, das sich anfangs nur auf die Problematik des Eisens und Eisenkonstruktionen beschränkte.

Die Abnehmer der Hüttenerzeugnisse konnten sich auf die Eigenqualitätskontrolle der Eisenhersteller nicht verlassen, weil diese häufig nicht ausreichend durchgeführt wurde. In der Wahrung eigener Interessen begannen die Verbraucher die Qualität der bestellten Werkstoffe allein zu überprüfen, bzw. die von der Industrie unabhängigen Fachleute oder Institutionen mit derartigen Überprüfungen zu beauftragen. In England übernahmen diese Aufgaben private Prüfungslaboratorien: Die erste derartige Prüfungsanstalt wurde 1858 vom Ingenieur David Kirkaldy[37] in London gegründet. Der Schwerpunkt der Tätigkeiten dieses privaten Unternehmens bestand in den Festigkeitsprüfungen der Eisenelemente vor allem für den britischen Schiffsbau.

In den deutschsprachigen Ländern wurden bald solche Aufgaben von den sich rasch entwickelten technischen Bildungsanstalten bzw. Technischen Hochschulen übernommen. Die ersten Versuche fanden in den 1830er Jahren in Wien statt, wo der Professor für Mechanik und Maschinenlehre Johann Arzberger[38] eine Prüfmaschine konstruierte, mit der er und sein Nachfolger Adam von Burg[39] Zugversuche an Bronze und Gusseisen durchgeführt hatten. Das Mechanisch-Technische Laboratorium, das Johann Bauschinger[40] im Jahr 1871 an der Königl. Polytechnischen Schule in München gründete, wird allgemein als das erste Institut für Materialprüfung betrachtet, das innerhalb einer staatlichen finanzierten technischen Bildungsanstalt entstanden war.

---

[37] Kirkaldy, David (1820 –1897), schottischer Ingenieur, Gründer des eigenen Prüfungshauses in London, Pionier der Materialprüfung in England. Kirkaldy baute eine der ersten hydraulischen universalen Zug-Prüfung-Maschine und einen Tensometer, die er bei den Prüfungen von mechanischen Eigenschaften unterschiedlicher Eisenprodukte erfolgreich einsetzte. Kirkaldy gilt aus der Pionier der Materialprüfung in England.

[38] Arzberger, Johann (1778 – 1835), deutsch-österreichischer Techniker und Wissenschaftler.

[39] Burg, Adam Freiherr von (1797–1882). Österreichischer Mathematiker und Technologe.

[40] Bauschinger, Johann (1834–1893), Professor für die Technische Mechanik und grafische Statik an der Technischen Hochschule München (1868–1893), Gründer des Mechanisch-Technischen Laboratoriums München (1868), der ersten deutschen Materialprüfungseinrichtung. Bauschinger war der Organisator und Leiter der ersten internationalen Konferenz für Vereinheitlichung von Prüfungsmethoden für Bau- und Konstruktionsmaterialien in München (1884), deren Fortsetzungen (Dresden 1886, Berlin 1890 und Zürich (1893) er bis zum seinen Tod geleitet hat.

Es folgten die Gründungen der Eidgenössischen Materialprüfungsanstalt am Eidg. Polytechnikum in Zürich (1880), der Königlichen Mechanisch-Technischen Versuchsanstalt in Berlin (1871/1884) und der Materialprüfungsanstalt am Polytechnikum Stuttgart (1884). Sie wurden von den Lehrstuhlinhabern für Maschinenbauwesen bzw. Materialkunde dieser Bildungsanstalten geleitet und richteten sich in ihren Zielen nach den von Bauschinger in München formulierten Methoden und Verfahren der Materialprüfung und Werkstoffforschung. Die Erforschung von nichtmetallischen Baustoffen wurde bis zur Jahrhundertwende eher als Ausnahme und nur in Sonderfällen betrieben. Die führenden Vertreter dieser deutschen Materialprüfungsanstalten, Bauschinger (München), Mertens[41] (Berlin) und Bach[42] (Stuttgart) widmeten sich bald den Fragen der nationalen und internationalen Vereinheitlichung dieser Prüfmethoden von Baumaterialien und Konstruktionen. Unter der Leitung von Johann Bauschinger wurde bereits 1884 die erste internationale Konferenz zu dieser Thematik in München organisiert; er gründete im Jahr 1885 zusammen mit dem Schweizer Ludwig Tetmajer[43] den Internationalen Verband für die Materialprüfungen der Technik (IVM) in Zürich.

[41] Mertens, Adolf (1850–1914), einer der Gründer der Königlichen Mechanisch-Technischen Versuchsanstalt in Berlin. Vgl. Riuske (1991).

[42] Bach, Carl von (1847–1931), Professor an der Technischen Hochschule Stuttgart und Gründer des Ingenieurlaboratoriums und der Materialprüfungsanstalt Stuttgart. Vgl. Naumann (1998).

[43] Tetmajer, Ludwig von Przerwa (1950–1905), Professor am Eidgenössischen Polytechnikum Zürich und an der Technischen Hochschule Wien, Gründer der Eidgenössischen Materialprüfungsanstalt Zürich. Vgl. Zielinski (1995).

Die Materialprüfungsanstalt (MPA) in Stuttgart

Bild 1. Neues Gebäude der Materialprüfungsanstalt in Stuttgart-Berg (1907)

Die entscheidenden Impulse, die zur Gründung einer Materialprüfungsanstalt am Stuttgarter Polytechnikum geführt haben, gab Carl Bach, als er dort 1878 zum ordentlichen Professor für Maschinenbau berufen wurde. Das Stuttgarter „Polytechnikum" stand in der Tradition der ingenieurtechnischen Bildungsanstalt, die sich von der „Vereinigten Kunst-, Real und Gewerbeschule" (1829) über „Gewerbeschule" (1832) und „Polytechnische Schule" (1940) stetig weiterentwickelte und im Jahr 1876 mit der Ernennung zum „Polytechnikum" bereits das Hochschulniveau erreichte.[44] Carl Bach, der an der Technischen Hochschule Karlsruhe Maschinenbau studierte und reichlich praktische Berufserfahrungen in der Maschinenindustrie in leitenden Funktionen sammeln konnte, veränderte zunächst das bisherige Lehrprogramm seines Lehrfaches. In seinem Vorlesungs- und Übungsprogramm im Studienjahr 1879/80 lagen die Schwerpunkte nicht nur bei Maschinen-konstruktionen, sondern vertieft bei der Thematik der Dampfmaschinen und Dampfkessel sowie verstärkt bei der Festigkeits- und Elastizitätslehre. Er war der Auffassung, dass die Eigenschaften der Werkstoffe hinsichtlich ihrer Festigkeit und Elastizität sowie das Verhalten von einzelnen Maschinen bzw.

[44] Vgl. Zweckbronner (1987); Voigt (1981).

Maschinenelementen nicht nur auf dem theoretischen Weg der statischen oder dynamischen Berechnungen zu ermittelt sind, sondern dass deren Ergebnisse zusätzliche experimentelle Überprüfung benötigen. Leider standen ihm im damaligen Polytechnikum keine Einrichtungen zur Verfügung, die die Durchführung von notwendigen Experimenten und Prüfungen der Werkstoffe ermöglichten. Seine Aktivitäten zwecks Beschaffung der notwendigen Ausrüstung wurden von den württembergischen Ministerien lange Zeit nicht unterstützt, weil sie nur die reine Lehre als einzige Aufgabe dieser Bildungsanstalt ansahen. Außerdem waren in den Zeiten der „großen wirtschaftlichen Depression" die öffentlichen Finanzmittel sehr eingeschränkt, und die zuständigen Behörden konnten keine Versprechungen hinsichtlich der schnellen Realisierung von Bachs Plänen über die Gründung einer Materialprüfungsstelle innerhalb des Stuttgarter Polytechnikums abgeben. Seine Idee der Gründung einer derartigen Prüfungsstelle fand aber die Unterstützung seitens des „Vereins Deutscher Ingenieure" (VDI), des „Württembergischen Dampfkessel-Revisions-Vereins" sowie auch seitens der Vertreter der württembergischen Maschinenbauindustrie. Dank der finanziellen, organisatorischen und politischen Unterstützung dieser Vereine kam es im Jahre 1883 zur Genehmigung der Gründung der Materialprüfungs-anstalt (MPA) am Stuttgarter Polytechnikum durch die Württembergische Regierung, die sich bereit erklärt hatte, sich auch an den Gründungskosten zu beteiligen.

Diese Materialprüfungsanstalt (MPA) wurde am 24. Februar 1884 ins Leben gerufen.[45] Carl Bach konnte nun, als überzeugter Befürworter der humboldtschen Prinzipien von Einheit und Freiheit der Forschung und Lehre, seine Ziele verwirklichen. Den Schwerpunkt seiner Aktivitäten legte er auf die Überprüfung der theoretischen Ansätze der Elastizitäts- und Festigkeitslehre sowie der physikalischen, mechanischen und thermischen Eigenschaften der angewandten Werkstoffe, zuerst überwiegend im Maschinenbau, allen voran bei der Dampfkesselproblematik. Die Möglichkeiten der Realisierung seiner zahlreichen Ziele waren auch nach der Gründung der neuen Materialprüfungs-anstalt stark eingeschränkt. Die mit dem Polytechnikum verbundene MPA hatte – gemäß dem Antrag und aufgrund der Auflagen des königlichen Erlasses – die Aufgabe, hauptsächlich die Werkstoffe und Materialien für Behörden, Industrie

[45] Vgl. Bach (1915); Zweckbronner (1987).

und Gewerbe zu prüfen. In den ersten sechs Jahren – bis zur formalen Erhöhung des Polytechnikums zur „Technischen Hochschule" im Jahr 1890 – hat Carl Bach die Aufträge nur mit einem Hilfsarbeiter allein und parallel zu seiner Lehrtätigkeit ausgeführt. Ihm stand für diese Aktivitäten am Anfang im Souterrain des Schulgebäudes nur eine Räumlichkeit von 81m² (ab 1885 – 335m²) zur Verfügung. Durch die äußerste Sparsamkeit und große Arbeitseffizienz konnten die anfallenden Kosten dieser Aktivitäten minimiert werden. Die Nachfrage nach Materialprüfung stieg aber bei den Behörden und bei der Industrie immer weiter an. Die Befriedigung des Bedarfs war nur durch die Erweiterung der Nutzungsflächen der MPA und durch die Ausstattung dieser Räume mit modernen Prüfmaschinen zu erreichen. Ab Mitte der 1890er Jahre zeichneten sich neue Finanzierungsmöglichkeiten für die Errichtung eines Neubaus für ein Ingenieurlaboratorium des Maschinenbau- und Bauingenieurwesens der Technischen Hochschule ab. Es wurde auch über den zukünftigen Neubau einer Materialprüfungsanstalt in einer der Nachfrage angemessenen Größe nachgedacht, in der die Durchführung von qualifizierten Prüfungen und Erforschungen aller Werkstoffe, Maschinen und Baumaterialien (Eisen, Natursteine, Zement, Beton und Eisenbeton) möglich wäre.

Die von Carl Bach und der Materialprüfungsanstalt (MPA) seit 1884 erbrachten Prüfungsleistungen fanden allgemeine Anerkennung der Behörden und der Industrie. Die Nachfrage nach derartigen Leistungen entwickelte sich dynamisch weiter. Die Studierenden der Technischen Hochschule wollten dringend an praktischen materialtechnischen Versuchen beteiligt werden. Aufgrund des wachsenden Bedarfs an Materialprüfungen mussten die technischen, räumlichen sowie personellen Kapazitäten der Stuttgarter Anstalt vergrößert werden. Für die Umsetzung der von der Hochschule gesetzten Ziele wurde im Jahr 1900 in Stuttgart-Berg am Neckar ein neues Ingenieurlaboratorium in Betrieb genommen.[46]

Die Kapazitäten der Materialprüfungsanstalt reichten ebenfalls nicht mehr aus und mussten erweitert werden. Dank der finanziellen Unterstützung der Industrie und technischer Verbände (u.a. des Württembergischen Dampfkessel-Revisionsvereins) hatte die württembergische Regierung im Jahr 1903 entschieden, die neue Materialprüfungsanstalt bauen zu lassen. Diese neue

[46] Vgl. Bach (1915), Zweckbronner (1987)

Anstalt wurde auch in Stuttgart-Berg in der räumlichen Nähe zum Ingenieurlaboratorium errichtet und im Laufe des Jahres 1907 in Betrieb genommen. Die Leitung beider neuen Einrichtungen übernahm der bisherige Vorstand der Materialprüfungsanstalt, Carl Bach. Es entstanden bald auch die finanziellen Möglichkeiten, das Personal beider Institute zu erweitern.

Ausbildung Otto Grafs und seine ersten Berufsjahre bei der MPA Stuttgart

Bild 2. Otto Graf und seine Mitarbeiter von der MPA im Jahr 1904[47]

Zu den vielen jungen Menschen, die sich im Jahr 1903 um eine Anstellung beim Ingenieurlaboratorium bzw. bei der Materialprüfungsanstalt an der Stuttgarter Technischen Hochschule beworben hatten, gehörte Otto Maximilian Graf. Er wurde am 15. April 1881 in Vordersteinwald bei Schömberg in der Nähe von Freudenstadt in die Familie des Oberhofjägers Johann Graf[48] hineingeboren, die einige Jahre später ihren Wohnsitz nach Zuffenhausen[49] bei Stuttgart verlegte.

Nach dem Besuch einer Realschule in Stuttgart und einer Lehre in den Werkstätten der Textilmaschinenfabrik der Firma *„C. Terrot"* in Bad Cannstatt nahm Otto Graf am 15. Oktober 1899 das Studium an der Königlichen Baugewerbeschule in Stuttgart auf, wo er die Kurse zwei und drei belegte. Danach arbeitete Graf vom 15. August 1900 bis zum 28. September 1901 als Techniker in einem Nürnberger Konstruktionsbüro für Gasmotoren bei der Vereinigten Maschinenfabrik Augsburg und Maschinenbaugesellschaft Nürnberg AG. Gemäß dem Arbeitszeugnis des Auftraggebers wurde Graf als kenntnisreich und fleißig beurteilt:

---

[47] Im Kreis junger Ingenieure der Materialprüfungsanstalt Stuttgart im Jahr 1904 (von links: Graf, Scheerer, Bockermann, Roser, Haberer, Schmid, Baumann, Altis, Lappe); In: Universitätsarchiv Stuttgart (UAS) Sign. 33/1/1637, Bl.1904.

[48] Johann Graf war Sohn des Bäckermeisters Anton Graf aus Aalen und seiner Ehefrau Anna Marie Graf, geb. Spießhofer.

[49] Zuffenhausen war um 1900 eine industrielle Stuttgart-Vorstadtsiedlung, die 1907 zur eigenständigen Stadt erhoben und erst im Jahr 1931 in Stuttgart eingemeindet wurde.

„[...] der die ihm übertragenen Arbeiten zu unserer vollsten Zufriedenheit ausführte. Sein Verhalten war tadellos, sein Ausstritt erfolgt freiwillig, um seiner Militärdienst-verpflichtung zu genügen.“[50]

Nach dem Abschluss seines Militärdienstes,[51] kam Graf wieder an die Stuttgarter Baugewerkschule zurück, die er mit dem Diplom eines Maschinen-technikers beendete. Sein Abschlussschulzeugnis[52] des fünften Kurses der Abteilung Maschinenbau vom 7. März 1903 weist in allen Fächern (Wärmelehre, Elektrotechnik, Hydraulik, Technologie, Wasserräder und Turbinen, Dynamik und Übungen) sehr gute bzw. vorzügliche (für das Fach Hebemaschinen) Noten aus. Graf erhielt beim Schulabschluss für seine Leistungen einen Preis.

Mit dem Schreiben vom 24. Mai 1903 wandte sich Otto Graf an den Vorstand der Materialprüfungsanstalt bei der Königlich Technischen Hochschule in Stuttgart, Carl Bach:

„Durch die gütige Vermittlung von Herrn Prof. Pickersgill[53] erhielt ich vor einer Zeit die Mitteilung, dass Euer Wohlhochgeborene eine Technikerstelle im Ingenieurlabor der Kgl. Techn. Hochschule zu besetzen haben und bitte ich ergebenst um Berücksichtigung bei Vergebung derselben ...“[54]

Grafs Bewerbung war erfolgreich – mit dem Schreiben vom 10. Juni 1903 hat ihm Carl Bach mitgeteilt, dass er ihn als Maschinentechniker anstellen möchte, jedoch nicht beim Ingenieurlaboratorium, sondern bei der Materialprüfungs-anstalt. Die Gründe, warum nicht die Anstellung beim Ingenieurlaboratorium klappte, sind nicht überliefert. Offensichtlich war bei der Materialprüfungs-anstalt der Personalbedarf größer.

Otto Graf trat seinen Dienst am 15. August 1930 an. Die Form und der Inhalt des Anstellungsvertrags sind nicht überliefert. Es ist davon auszugehen, dass er, entsprechend seiner Bewerbung, als Mechaniker angestellt wurde. Im Bericht des Studienjahres 1903/04 der TH Stuttgart waren bei der Materialprüfungs-

[50] Universitätsarchiv Chemnitz (UACh): Nachlass Carl Bach 302_III_014_0003.jpg

[51] Graf leistete seinen Militärdienst im Württembergischen Infanterie-Regiment Nr. 125 zwischen 01.10.1901 und 30. 09.1902.

[52] UACh: Nachlass Carl Bach 302_III_014_0004.jpg.

[53] Pickersgill, Woldemar (? – 1914), Stuttgarter Baurat, Professor für Maschinenbau und Elektrotechnik an der Baugewerkschule in Stuttgart, Autor von Lasthebemaschinen, Stuttgart 1904 und Herausgeber von „Dingles Polytechnisches Journal“, Band 316, 1901.

[54] UACh: Nachlas Carl Bach 302_III_014_002.jpg.

anstalt unter dem Vorstand Carl Bach ein Betriebsingenieur, zwei Assistenten, sowie ein Mechaniker und ein Schlosser beschäftigt.[55] Die Namen des Ingenieurs (Otto Haberer) und beider Assistenten (Richard Baumann und Paul Altis) sind im genannten Jahresbericht bzw. im Hof- und Staatshandbuch des Königsreichs Württemberg 1904 enthalten; der Name des Mechanikers wurde nirgends erwähnt. Es ist anzunehmen, dass es sich bei dem Mechaniker um die Person Otto Graf handelte. Die fehlende Hochschulbildung sollte sich für seinen beruflichen Werdegang an der Technischen Hochschule in Stuttgart noch viele Jahre lang als Nachteil erweisen.

In den ersten fast 20 Jahren der Existenz der Materialprüfungsanstalt in Stuttgart lag der Schwerpunkt der Auftrags- und Forschungsthematik fast ausschließlich bei der Untersuchung und Prüfung von Eisenkonstruktionen und Maschinen, bei dem Betrieb und der Sicherheit von Dampfmaschinen oder -kesseln sowie bei der Klärung von theoretischen Fragen der Elastizität und Festigkeit unterschiedlicher Metalle. Die einseitige Thematik wurde durch die Fachrichtung des Lehrstuhls von Carl Bach sowie durch das Interesse der industriellen Mitglieder des Dampfkessel-Revisionsvereins maßgebend bestimmt.

Erst in den letzten Jahren des 19. Jahrhunderts fand im Bauwesen Beton als neues Baumaterial immer häufigere Verwendung. Diese Bauweise stand damals allerdings noch vor vielen theoretischen und praktischen Problemen, die dringend untersucht bzw. gelöst werden sollten. Die Bauwirtschaft suchte bei diesen Fragen nach Hilfe, die sie von einer Materialprüfungsanstalt erwartete.

Aus diesem Grund plante Carl Bach im Neubau der Materialprüfungsanstalt, der zum Teil schon 1906 und vollständig im Jahr 1907 in Stuttgart-Berg in Betrieb genommen wurde, umfangreiche Einrichtungen, die die Prüfung und Erforschung von Zementen, Mörteln sowie Betonelementen erlaubten. Im Erdgeschoss des Hauptgebäudes wurden Räume für die Prüfung von Zement und Beton eingerichtet. Es gab dort drei Zementwerkstätten: ein Nasslagerraum, ein Raum für die Herstellung von Probekörpern und ein Raum für Schleif- und Polierarbeiten. Im Keller des Gebäudes wurde ein weiterer Raum für die

[55] Siehe: Das Hof- und Staatshandbuch des Königsreichs Württemberg für das Jahr 1904, S. 155; auch der Jahresbericht 1903/04 der TH Stuttgart für das Studienjahr.

Lagerung von Betonkörpern geschaffen. Für die Herstellung von großen Beton- und Eisenbetonkörpern war eine Halle von 200 m² Grundfläche errichtet worden; gegenüber lag eine Baracke mit einer Prüfungsmaschine für breite und lange Eisenbetonbalken. Um umfangreiche und technisch anspruchsvolle Versuche und Prüfungen vornehmen zu können, wurden in den neuen Räumen leistungsstarke Prüf- und Arbeitsmaschinen sowie Hebe-vorrichtungen aufgestellt. Außerdem wurde die Anstalt mit Instrumenten zur Ermittlung der Formänderungen von Probekörpern und zur Bestimmung der elastischen Eigenschaften der Baumaterialien ausgestattet. Mit der Errichtung der neuen Anlagen konnte die Stuttgarter Materialprüfungsanstalt Untersuchungen und Prüfungen von Beton, Eisenbeton und Zuschlagstoffen vornehmen, die bis dahin nur in sehr eingeschränktem Umfang möglich waren.

Die wissenschaftliche Erforschung von Bauteilen aus Eisenbeton wurde mit der Zeit, entsprechend der zunehmenden Anwendung der neuen Bauweise, zu einer vordringlichen Aufgabe der Materialprüfungsanstalt. Über die Ergebnisse dieser Forschungsarbeiten, die in der Stuttgarter Materialprüfungsanstalt durchgeführt wurden, berichtete Carl Bach regelmäßig in den „Mitteilungen über Forschungsarbeiten auf dem Gebiete des Ingenieurwesens“, die vom Verein Deutscher Ingenieure (VDI) jährlich herausgegeben wurden. So beschrieb er in seinen Aufsätzen, die in den Heften 22 (Versuche über den Gleitwiderstand einbetonierten Eisens) und 29 (Druckversuche mit Eisenbeton-körpern) dieser „Mitteilungen“ aus den Jahren 1905 und 1906 erschienen, die Forschungsarbeiten, an denen Otto Graf erstmals beteiligt war. Die Versuche und Prüfungen von Baumaterialien führte anfangs der Vorstand der MPA Carl Bach selber durch, und Otto Graf wurde von ihm stufenweise in die Thematik eingearbeitet. Es war offensichtlich, dass sich Otto Graf innerhalb der MPA bei seinen Forschungsarbeiten mit den Fragen der nichtmetallischen Bau-materialien, Schwerpunkt Zement, Beton und Eisenbeton, spezialisieren sollte.

Seit 1906 wurde bei der Materialprüfungsanstalt an der Technischen Hochschule Stuttgart mit einer auf viele Jahre angelegten Versuchsreihe über die Konstruktion und das Verhalten von Eisenbetonbalken begonnen. Im ersten Aufsatz über dieser Versuchsreihe berichtete Carl Bach, dass diese Untersuchungen dem vom Eisenbetonausschuss der Jubiläumsstiftung der deutschen Industrie aufgestellten Forschungsprogramm entsprächen und deren Ausführung der Materialprüfungsanstalt in Stuttgart übertragen wurden. Gleichzeitig vermerkte Bach:

> „Die umfassenden Vorarbeiten sowie die Durchführung der Versuche lagen unter meiner Leitung Hrn. Ingenieur Graf ob, der sich ihnen mit Hingebung gewidmet hat"[56]

Von der schnellen Profilierung von Otto Graf als Forscher und dessen wachsende Rolle bei der MPA zeugen die kurze Zeit später erschienen Aufsätze über seine selbstständig durchgeführten Forschungsarbeiten. Aus dem Jahr 1908 wird über Graf berichtet, dass:

> „[...] in diesem Jahr im Wesentlichen die nie abreisende, viel mehr ständig sich verdichtende Tätigkeit des jetzt 27jährigen Ingenieurs begann, die in rastloser Kleinarbeit gewonnene und auf Grund tiefgehender Erfahrung verarbeiteten Ergebnisse der Forschertätigkeit entweder zusammen mit dem Vorstand und Altmeister Bach oder selbständig zu veröffentlichen. Diese Veröffentlichungen trugen zu fruchtbaren Erfahrungsaustausch bei und erfolgten in der steten Verpflichtung den Männern der Praxis bestmöglich die neuesten Erkenntnisse zu vermitteln und damit die Grundlagen für Entwurf und Ausführung größerer und besserer Bauwerke zu liefern."[57]

Im Jahr 1908 publizierte Otto Graf seinen ersten Aufsatz „Die Ergebnisse neuer Versuche mit Eisenbetonbalken im Vergleich mit den amtlichen preußischen Bestimmungen für die Ausführung von Konstruktionen aus Eisenbeton bei Hochbauten"[58], in dem er eine Übersicht über den aktuellen Stand der Versuche zu dieser Thematik gab und die unterschiedlichen Auffassungen in der Forschung mit den „Bestimmungen" verglich, die mit dem Erlass des Königlichen Preußischen Ministers für öffentliche Arbeiten am 24. Mai 1907 bekannt gemacht worden waren. Graf verglich die Versuchsergebnisse, die von einer Reihe bekannter Forscher – Friedrich Emperger[59], Francois Schüle[60], Emil Probst[61], Arthur Talbot[62], Emil Mörsch[63], Carl Bach u.a. – durchgeführt wurden,

---

[56] Siehe: Jubiläumsausgabe zur Feier der 40ten Betriebszugehörigkeit von Otto Graf, Stuttgart 1941. In. UAS Sign. 33/1/1637, Bl. 1907.

[57] Siehe: UAS Sign. 3371/1637, Bl. 1908.

[58] Graf, Otto: Die Ergebnisse neuer Versuche ... In: Beton und Eisen 7 (1908): Heft 8, S.191–193; Heft 9, S. 222–225; Heft 10, S. 247–250.

[59] Friedrich Ignaz von Emperger (1862 – 1942), österreichischer Bauingenieur und Professor an der TH Wien.

[60] Francois, Schüle (1880–1925), Bauingenieur, Professor an der ETH Zürich und Vorstand der EMPA.

[61] Emil Probst, Bauingenieur, Mitarbeiter des Königl. Materialprüfungsamtes in Groß-Lichterfelde West bei Berlin-Dahlem.

[62] Arthur Newell Talbot (1857 – 1942), US-amerikanischer Bauingenieur , Professor an der Universität Illinois.

[63] Emil Mörsch (1872 – 1950), Bauingenieur, Professor an der ETH Zürich (1904 – 1908), Direktor der Fa. Wayss & Freytag (1908 – 1916), Professor der TH Stuttgart (1916–1939). Siehe: Bay (1985); DBE Bd. 7, S. 176.

mit den Empfehlungen einer französischen Regierungskommission und den neuen preußischen „Bestimmungen“ und konnte dabei seine ausgezeichneten Kenntnisse des aktuellen Stands der internationalen Forschung über die Eisenbetonkonstruktionen beweisen.

Ein Jahr später beschrieb Otto Graf die Ergebnisse seiner Arbeit bei weiteren Versuchen mit Eisenbetonbalken, die in der MPA ausgeführten wurden. In diesen Versuchen wurde die Widerstandsfähigkeit des Betons in der Druckzone von Balken mit einfachem rechteckigen Querschnitt untersucht sowie die Festigkeit von Plattenbalken und Balken, die Bewehrungseinlagen in der Druckzone hatten. Die Ergebnisse dieser Versuche, bei denen die entstandenen Risse in Betonbalken fotografisch erfasst waren, zeigten die Abhängigkeit der Tragfähigkeit der Eisenbetonbalken von der Größe und der Form des Balkenquerschnitts, sowie von der Art der Balkenbewehrung.

Besonders bemerkenswert ist die Tatsache, dass sich Otto Graf bei diesen Versuchen auch mit der Vorspannung der Betonbalken beschäftigte. Im Rahmen dieser Versuche mit verschiedenen Formen der Eisenbetonbalken untersuchte er zwei Reihen von je drei Balken, bei denen die geraden Bewehrungseinlagen rund sechs Stunden vor Beginn der Prüfung der Betonbalken mit einer äußeren Zugkraft in der Höhe von 600 kg/cm² belastet wurden. Er fand dabei heraus, dass bei den Balken mit vorgespannten Eiseneinlagen die Belastung beim Eintritt des ersten Risses um 44 bzw. 50% höher war als bei den Balken ohne Vorspannung des Eisens. Diese leider von Otto Graf nicht weiter verfolgte Thematik stellt einen der allerersten Versuche mit der Spannbetontechnologie dar, die erst ca. 30 Jahre später das erhöhte Interesse der Bautechnik gefunden hat. [64]

Mit den amtlichen Vorschriften und Bestimmungen bezüglich der Problematik der Rissbildung in den Eisenbetonkonstruktionen beschäftigte sich Otto Graf in seiner nächsten Arbeit[65] aus dem Jahr 1910. Er berichtete dort von der Tatsache, dass in vielen amtlichen Vorschriften, u.a. in Österreich und in Deutschland, neue Ausführungsbedingungen über die Eisenbeton-konstruktionen formuliert waren, wonach in bestimmten Fällen und sogar überhaupt in Bauteilen aus Eisenbeton keine Risse auftreten sollten. Die erste

---

[64] Graf, Otto: Versuche mit Eisenbetonbalken: In: Armierter Beton 12 (1909), S. 465.

[65] Graf, Otto: Einiges zur Rissbildung in Eisenbetonbalken. In: Eisen und Beton 9 (1910), Heft 7, S. 175–178; Heft 10, S. 263–265, Heft 11, S. 275–278, Heft 12, S. 299–303.

derartige Bestimmung wurde von der Eisenbahndirektion in Berlin erlassen; danach sollte die Ausführung von Eisenbetonbrücken so erfolgen, *„dass das Eintreten wirklicher Risse ausgeschlossen wird.“*[66] In den bereits bei der früheren Arbeit zitierten „Bestimmungen“ aus dem Erlass des preußischen Ministers für öffentliche Arbeiten wurde festgelegt, dass bei den Bauten, *„die der Witterung, der Nässe, dem Rauchgasen und ähnlichen schädlichen Einflüssen ausgesetzt sind,“*[67] das Auftreten von Rissen vermieden werden soll. Die Untersuchung der Problematik der Rissbildung und die Beurteilung der technischen Rechtsmäßigkeit dieser „Bestimmungen“ wurden von Otto Graf in den Jahren 1907 bis 1909 bei der MPA Stuttgart einem breit angelegten Versuchsprogramm durchgeführt. In mehreren Versuchen konnten so die Dehnungsfähigkeit und der Gleitwiderstand des Betons sowie die Spannungen im Eisen unmittelbar vor dem Eintritt der Risse mit Probebelastungen ermittelt werden. Danach wurden der Mechanismus der Rissbildung und dessen Abhängigkeit von mehreren wichtigen Faktoren untersucht, die Anzahl und der Verlauf der Risse festgestellt und die Größe der Risse gemessen. Aufgrund der anschaulichen Diagramme konnten Angaben über die Belastungsgrenzen ermittelt werden, innerhalb deren die Gültigkeit der in den „Bestimmungen“ gewünschten Rissfreiheit gesichert wurde.

> „Die Untersuchung der zu prüfenden Eisenbetonbalken und -platten verlangte mühevolles Suchen und Nachzeichnen der unter den verschiedenen Lasten auftretenden haarfeinen Risse unter Zuhilfenahme von Lupen. Gar mancher lernte hier die überlieferte Gewissenshaftigkeit und Pünktlichkeit als Grundlage jeder Forschungstätigkeit kennen. Der Anblick, wie Graf, mit Hut und blauem Arbeitsmantel – Auge, Lupe und Prüfkörper sucht fast berührend – die Feststellungen der Risse Suchenden nachprüfte und zu deren Erstaunen noch feinste Ausläufe von Rissen entdeckte, ist manchem zur unauslöschlichen Erinnerung geworden.“[68]

In den Jahren 1908 bis 1914 wurden bei der Materialprüfungsanstalt der Technischen Hochschule Stuttgart die Versuche und Forschungsarbeiten über die Eisenbetonbalken umfangreich vorangetrieben und über die dadurch gewonnenen Erkenntnisse in Fachzeitschriften und Büchern berichtet. An der Gesamtzahl der Veröffentlichungen der Materialprüfungsanstalt nahm Otto Graf bereits in den ersten Jahren seiner Tätigkeit gehörigen Anteil (Tabelle 1).

[66] Zentralblatt der Bauverwaltung 1906, Berlin, S. 331.
[67] Ebd.
[68] Siehe: Jubiläumsausgabe zur Feier der 40ten Betriebszugehörigkeit von Otto Graf, Stuttgart 1941. In: UAS Sign. 33/1/1637, Bl. 1912.

Tab. 1. Zusammenstellung der Veröffentlichungen von Otto Graf in den Jahren 1908 bis 1914[69]

Jahr	1908	1909	1910	1911	1912	1913	1914	Summe
Bach u. Graf	0	2	3	4	4	2	2	17
Graf	1	0	1	0	2	0	1	5
Summe	1	2	4	4	6	2	3	**22**

Das entsprach der Philosophie, die der Vorstand der MPA Carl Bach öffentlich vertrat: „Es ist […] dem Forscher vollständig freigestellt, wo er die Ergebnisse veröffentlichen will, er hat nur die Verpflichtung, die der Öffentlichkeit zu übergeben."[70]

Alle diese Erfolge, die Otto Graf in den etwas mehr als 10 Jahren seiner Tätigkeit bei der Materialprüfungsanstalt an der TH Stuttgart errungen hatte, ebenso die in den Fachkreisen der deutschen Baumaterialspezialisten stetig wachsende Anerkennung seiner Arbeit, konnten den nach wie vor bestehenden Nachteil seiner fehlenden Hochschulbildung nicht verschleiern. Die Durchsicht aller Jahresberichte der TH Stuttgart sowie der Hof- und Staatshandbücher des Königsreichs Württemberg aus den Jahren 1904 bis 1914 zeigt die mit der Zeit unveränderte Personalsituation von Otto Graf. Die bei der Stuttgart Materialprüfungsanstalt tätigen Ingenieure und Assistenten wurden in diesen Berichten und Büchern namentlich erwähnt; dagegen war der in diesen Büchern in jedem Jahr vermerkte Mechaniker mit keinen Namen versehen. Es gibt nur eine logische Schlussfolgerung: Otto Graf war bei der MPA auch im Jahr 1914, immer noch, als nichtverbeamteter Mechaniker beschäftigt. In manchen Veröffentlichungen dieser Zeit wurde er aber als ein *„Ingenieur aus Zuffenhausen"* benannt. Es war sicher das Interesse von Carl Bach, dass der wissenschaftliche Wert der MPA-Veröffentlichungen auch durch den hochschultechnischen Rang von deren Stuttgarter Verfasser entsprechend hoch gehalten werden sollte.

[69] Zusammengestellt durch den Verfasser aufgrund detaillierter Angaben über Grafs Veröffentlichungen – siehe Anhang.
[70] Jubiläumsausgabe ... In: UAS Sign. 33/1637, Bl. 1908.

Wehrdienst im Ersten Weltkrieg 1914–1918

Bild 3. Otto Graf in seinem Büro des Kaiserlichen Deutschen Gouvernements in Brüssel im Jahr 1915[71]

Die stetige Weiterentwicklung der Stuttgarter Materialprüfungsanstalt erreichte im Jahr 1914 einen neuerlichen Höhenpunkt. Vor allem dank der Arbeiten von Carl Bach genoss die MPA große Anerkennung und den besten Ruf sowohl bei den Behörden als auch bei der Industrie. Die Auftragslage entwickelte sich dynamisch, die umfangreichen Forschungsarbeiten auf verschiedenen Gebieten der Materialkunde (Eisen, andere Metalle, Holz, Steine, Beton, Eisenbeton u.a.) spiegelten sich in vielen wissenschaftlichen Veröffentlichungen wider. Die im Jahr 1907 geschaffenen neuen Räumlichkeiten für die MPA in Stuttgart-Berg erwiesen sich unter diesen Umständen bald wieder als fast zu klein. Die Anzahl der Mitarbeiter der Materialprüfungs-anstalt kam im Jahr 1914 zusammen mit dem Vorstand Bach auf 37 Mitarbeiter (13 Ingenieure und Assistenten, 19 Mechaniker und Schlosser, ein Fotograf und drei Büro- sowie Hilfskräfte). Im Bereich der Erforschung von Baumaterialien (Zement, Mörtel, Beton und Eisenbeton) war die Anzahl der Mitarbeiter, die sich an diesen Forschungsaufgaben beteiligten, allerdings nach wie vor gering. Bei der Analyse der Veröffentlichungen der MPA aus dem Zeitraum 1907 bis 1914 stellt man fest, dass als Verfasser für diese Thematik nur Carl Bach und Otto Graf vertreten waren. Dabei erreichte Bach im Jahr 1914 bereits sein 67. Lebensjahr. Man kann davon ausgehen, dass er den

[71] Graf in seinem Büro des Kaiserlichen Deutschen Gouvernements Belgien in Brüssel im Jahr 1915. In: UAS Sign. 33/1/1637. Bl. 1915.

immer größeren Teil der Experimente, Prüfungen und Analysen aus dem Baustoffbereich Otto Graf überließ. Nicht nur aus diesem Grund stellte der Ausbruch des Ersten Weltkrieges im August 1914 für die Arbeit der MPA eine Zäsur dar.

Mit Beginn des Ersten Weltkrieges meldete sich Otto Graf[72] am 6. August 1914 beim Ersatz-Bataillon des Württembergischen Reserve-Infanterie-Regiments Nr. 121 am Standort Ludwigsburg an. Dort wurde er im Rang eines Vicefeldwebels der 1. Kompagnie dieses Ersatz-Bataillons zugeordnet und bereitete sich für den baldigen Aufmarsch an die Westfront vor. Noch in den ersten Tagen des Krieges stand er von Ludwigsburg aus in schriftlichem Kontakt mit seinem Vorgesetzten Carl Bach; man versuchte sich noch abzustimmen und Informationen auszutauschen.[73] Nach dem Abmarsch seiner Kompagnie am 17. August 1914 in Richtung Elsass nahm Otto Graf an den ersten Gefechten in den Vogesen und zwischen dem 23. August und 14. September an der Schlacht vor Nancy-Epinal teil. Bereits in den ersten Tagen der nächsten Schlacht an der Somme (nicht zu verwechseln mit der großen entscheidenden Schlacht im Jahr 1916) wurde Otto Graf am 31. September im Dorf Thiepval in der Nähe der Ortschaft Albert[74] im Département Somme am Kopf verwundet, mit dem Eisernen Kreuz ausgezeichnet und in den darauffolgenden Tagen zum Bataillon-Lazarett nach Ludwigsburg zurückgebracht.

Während Grafs Aufenthalts im Ludwigsburger Lazarett unternahm Carl Bach Aktivitäten, um Graf vor einer Rückkehr an die Front zu bewahren. Das Hauptinteresse von Carl Bach war die Suche nach einem Einsatzort für Otto Graf, wo er in der Lage wäre, parallel zum militärischen Einsatz seine noch nicht beendeten Forschungsarbeiten bei der MPA fortzuführen. Gedacht war an die Überprüfung bzw. Zusammenfassung der Ergebnisse an der MPA weitergeführten Versuche, Kalkulationen und Berechnungen. Carl Bach als württembergischer Staatbaurat war offensichtlich in der Lage, auf die Entscheidung der Führung des Württembergischen Reserve-Infanterie-

[72] Vorher nahm Graf in den Jahren 1905, 1906 und 1910 an militärischen Übungen teil.

[73] Letzter Brief von Graf an Carl Bach vom Aufmarsch trägt das Datum 17. August 1914. Es handelt sich um die Klärung der Honorarhöhe des gemeinsamen Aufsatzes „Gemeinsame und bleibende Einsenkungen von Eisenbetonbalken. Verhältnis der bleibenden zu den gesamten Einsenkungen", der im Heft 27 des Deutschen Ausschusses für Eisenbeton (Berlin 1914) erschienen ist.

[74] Frühere Informationen, dass Graf in der Nähe der französischen Stadt Bapaune verwundet wurde, erweisen sich aufgrund der Angaben in seinem Schreiben an Carl Bach vom 3. September 1915 (siehe UACh: Nachlass Bach 302_III_014_0031.jpg) als nicht richtig.

Regiments bezüglich Grafs nächsten Einsatzes Einfluss zu nehmen. Es gab außerdem einen direkten Kontakt zwischen Carl Bach und einigen Generälen, die ihrerseits gewisse, und wie es sich herausstellte, auch berechtigte Erwartungen über die Beleihung von akademischen Titeln hatten.[75]

Otto Graf wurde am 15. Oktober 1914 aus dem Garnisonslazarett in Ludwigsburg entlassen und trat nach kurzem Genesungsurlaub, in dem er auch bei seinem Arbeitgeber aktiv war, am 3. November bei seinem Ersatz-Bataillon, zunächst nur als garnisonsdienstfähiger Soldat, wieder ein. Für den Zeitraum vom 30. November bis zum 23. Dezember 1914 wurde er abkommandiert zum einen Ausbildungskurs für Offizier-Stellvertreter nach Münsingen, was mit der Aussicht auf baldige Beförderung verbunden war. Nach erfolgreichem Abschluss dieses Kurses wurde Otto Graf mit dem 1. Januar 1915 zum General-Gouvernement nach Brüssel versetzt und in das dortige Ingenieur- und Pionierkorps zum Stab des Kommandos von Generalmajor Julius von Bailer eingegliedert.

Das Kaiserliche Deutsche Generalgouvernement Belgien wurde im Ersten Weltkrieg nach der Besetzung Belgiens durch deutsche Truppen aufgrund der Allerhöchsten Kabinettsorder vom 26. August 1914 zur Verwaltung der okkupierten belgischen Gebiete geschaffen. Das militärische Verwaltungsgebiet umfasste zunächst neun belgische Provinzen, sowie die in das belgische Gebiet einschneidenden französischen Gebiete um Maubeuge und Givet. Innerhalb der militärischen Organisation dieses Generalgouvernements agierte das Ingenieur- und Pionierkorps, zu dessen Aufgaben zuerst die Sicherung der Grenzbereiche sowie die Erkundung und Erfassung der bautechnischen Besonderheiten belgischer Festungen wie Lüttich, Namur und Antwerpen sowie der französischen Festung Maubeuge gehörten.

In Brüssel übernahm Otto Graf die Bearbeitung der technischen Aufgaben des Ingenieur- und Pionierkorps – er war dem Kommandanten Bailer direkt

---

[75] Wie im Jahresbericht der Technischen Hochschule Stuttgart für die Studienjahre 1913/19 zu lesen ist, wurden der frühere Chef des Feldeisenbahnwesens, Generalleutnant von Gröner, und der württembergische Generalmajor von Bailer aufgrund des Antrages der Bauingenieurabteilung und der Abteilung für Maschineningenieurwesen am 21. Mai 1915 zum „Doktor-Ingenieur Ehrenhalber" promoviert. Diese Auszeichnung von General von Gröner war offensichtlich die Folge eines schriftlichen Wunsches des Vorstandes der Maschinenfabrik Esslingen in einem Schreiben an Staatsrat Carl Bach vom 10. April 1914 (siehe UACh: Nachlass von Bach 302_III_027_0024.jpg). Generalmajor Julius von Bailer befehligte im Ersten Weltkrieg das Ingenieur- und Pionierkorps beim General-Gouvernement für Belgien, wo Otto Graf, dank der Vermittlung von Bach, ab Anfang Januar 1915 dienen sollte.

unterstellt. Allerdings wurde seine für den Januar 1915 versprochene Beförderung zum Offizier-Stellvertreter aufgrund der fehlenden Etatstelle vorläufig verschoben. Sein Büro befand sich im Gebäude des früheren belgischen Finanzministeriums. Es wurden damit räumliche Voraussetzungen geschaffen, die die Fortsetzung der Forschungsarbeiten durch Otto Graf auch während des Krieges ermöglichten.

Zu den ersten Aufgaben von Graf gehörten die Zusammenstellung und Bearbeitung der Ergebnisse aus der Beschießung der Festungen in Lüttich, Namur, Antwerpen und Maubeuge. Die Untersuchungen dieser Festungen, deren Eroberung durch die deutschen Truppen am Anfang des Krieges unerwartet große Probleme bereitete, sollten die Erkundung der Planung und der Konstruktion dieser Fortifikationen sowie die Ergebnisse der Beschießung der Eisenbetonforts während der Kampfhandlungen umfassen. Otto Graf als bereits erfahrener und bekannter Betonspezialist eignete sich besonders gut für diese Aufgabe. Der Umfang dieses Einsatzes erlaubte es ihm offensichtlich doch, gewisse Aktivitäten bezüglich der Fortsetzung seiner Forschungsarbeiten vorzunehmen und mit Carl Bach und MPA Stuttgart in Verbindung zu bleiben.

Der rege Schriftverkehr zwischen Otto Graf und Carl Bach im Verlauf des Jahres 1915 zeigt, dass der Umgang von Grafs Zuarbeiten recht umfangreich war. Am 25. Mai kündigte Graf die Rücksendung von korrigierten statischen Berechnungen[76] an, und am 3. Juni schrieb er, dass er die

> „[...] Revision zu Seiten 1 bis 78 des Heftes 30 zurück [reiche]. Die Zusammenstellungen werden morgen folgen. Die Vorschläge zu den neuen Versuchen [...] hoffe ich übermorgen übersenden zu können. Ich bitte die Verzögerung zu entschuldigen, da mit z. Zt. nur die späten Abendstunden zur Verfügung stehen.“ [77]

Eine Woche später schrieb Graf:

> „In 2 Sendungen gestatte ich mir, die Revisionen zu Seiten 5 bis 120 zurückzureichen. Bei den eingetragenen Änderungen handelt es sich um kleine Fehler. Da von der Seite 106 ab Verschiebungen vorgenommen sind, wäre auf Seite 24, 4. Zeile von unten, später zu prüfen, ob die dort vorgegebenen Zahlen noch stimmen. Die Zusammenstellungen hoffe ich morgen senden zu können.“[78]

---

[76] Bei den Korrekturarbeiten, die Graf im Juni 1914 in Brüssel ausgeführt hatte, handelte sich um den gemeinsamen Aufsatz von Bach und Graf: “Versuche mit allseitig aufliegenden quadratischen und rechteckigen Platten“, der im Heft 30 des Deutschen Ausschusses für Eisenbeton (Berlin 1915) erschienen ist.

[77] UACh: Nachlass Carl Bach 302_III_014_0018.jpg.

[78] UACh: Nachlass Carl Bach 302_III_014_0020.jpg.

Graf fand sogar die Zeit, die neuen Veröffentlichungen in seinem Fachbereich zu verfolgen. Darüber schrieb er am 14. Juni 1914 an Carl Bach:

> „Von [...] ging mir ein Sonderdruck über Säulenversuche zu, den ich in den nächsten Tagen eingehend durchsehen werde. Abgesehen von einigen Bemerkungen, die seine Sache nicht stützen, scheint die Äußerung auf der Seite 16 unten auf etwas missverständliche Auffassungen zu beruhen. Im Ganzen hat Salinger wieder nach seiner besonderen Methode zu arbeiten, d.h. die Versuche von anderen sind wiederholt einschließlich der wesentlichen Schlussfolgerungen." [79]

Bereits im Sommer 1915 wurde der Aufgabenumfang von Otto Graf innerhalb der Organisation des Generalgouvernements Belgien erheblich erweitert. Er übernahm innerhalb des Ingenieur- und Pionierkorps die Leitung der sogenannten Fabrikabteilung. Es handelte sich zuerst um drei Fabriken, die überwiegend Stacheldraht für die Kampfhandlung der Truppe hergestellt haben. Hinzu kam im August 1915 ein Drahtwalzwerk, das das Rohmaterial für die anderen Fabriken lieferte. Außerdem war er für die gesamten Materialbestellungen für alle Aktivitäten seines Korps zuständig und beklagte sich über die anwachsende Bürokratie der militärischen Verwaltung. Der Posten und die Aufgaben, die Otto Graf übernommen hatte, müssten normalerweise von einem Offizier ausgeführt werden. Sein Vorgesetzter Generalmajor Bailer stellte mit einem Schreiben vom 6. September 1915 an die Reserve-Kompagnie des Ersatz-Infanterie-Bataillons in Schwäbisch Gmünd den Antrag auf Grafs Beförderung zum Offizier. In dieser Angelegenheit schrieb Graf an Carl Bach mit der Bitte und Unterstützung, weil er Probleme mit seiner Beförderung befürchtete. Carl Bach setzte am 20. September ein Schreiben an den Württembergischen Kriegsminister in Stuttgart auf mit der Bitte um Unterstützung des Vorschlags von General Bailer. Offensichtlich war die politische Aktivität Bachs zugunsten seines Mitarbeiters Graf erfolgreich.

Schon am 30. September 1915 schrieb der Kriegsminister an Carl Bach,

> „[...] dass der Offiziersstellvertreter O. Graf im Stab der Pioniere beim Generalgouvernement in Belgien durch allerhöchster Order zum 27. dMt. zum Leutnant der Landwehr [...] befördert worden ist."[80]

Bei dieser Gelegenheit kann man über die Verflechtungen und die gegenseitig erbrachten Leistungen zwischen Carl Bach und dem Generalmajor Julius von Bailer berichten, die den direkten Fronteinsatz von Otto Graf nach seiner

---

[79] UACh: Nachlass Carl Bach 302_III_014_0023.jpg.

[80] UACh: Nachlass Carl Bach 302_III_014_0041.jpg.

Genesung verhinderten, seine Beförderung zum Offizier durchsetzten und seine Beschäftigung im Stab des Ingenieur- und Pionierkorps in Belgien bis zum Ende des Krieges sicherten. Die Abkommandierung von Otto Graf nach Brüssel am 1. Januar 1915 und seine Unterstellung dem Generalmajor Julius von Bailer können im Zusammenhang mit dem Antrag der von Carl Bach geleiteten Abteilung Maschineningenieurwesen an der Technischen Hochschule Stuttgart vom 21. Mai 1915 bezüglich Bailers Ernennung zum „Doktor-Ingenieur-Ehrenhalber" gesehen werden. Man kann ebenfalls einen Zusammenhang feststellen zwischen der ersten Aufgabe, die Graf im Stab von Bailer zu erledigen hatte – die Analyse und Beurteilung der Beschießung von belgischen und französischen Festungen –, und der anderweitigen Nutzung der von Graf erbrachten Ergebnisse durch General Bailer. Dem Schreiben des Kommandanten des Generalgouvernements in Brüssel, Generaloberst Frh. Moritz von Bissing, vom 24. Oktober 1915 an Carl Bach ist zu entnehmen:

> „Der Generalmajor von Bailer hat sich als mein General des Ingenieur- und Pionierkorps für den Wiederaufbau der von uns in Besitz übernommenen belgischen Festungen ein besonderes Verdienst erworben. Durch die Abfassung einer geheimen Denkschrift über die Ergebnisse der Beschießung der Festungen Lüttich, Namur, Antwerpen und Maubeuge sowie des Forts Manoviller im Jahre 1914 hat er ein Werk geschaffen, welches nicht nur für den jetzigen Krieg, sondern auch für die Zukunft äußerst verdienstvoll ist."[81]

Der Zusammenhang zwischen den Aufgaben, die Otto Graf am Anfang des Jahres 1915 ausgeführt hatte und der o.g. „Denkschrift" ist mehr als auffallend. Im Lebenslauf von Julius von Bailer in der NDB 1 (1953) 1., S. 545 steht, dass er

> „[...] auf Grund der [...] verfassten Denkschrift über den Wert neuzeitlicher Festungsbauten durch die TH Stuttgart zu Dr. Ing. e.h. promoviert wurde."

Nach einstimmigem Beschluss des akademischen Senats hat seine Majestät König Wilhelm II. von Württemberg aus Anlass seines 25jährigen Regierungsjubiläums am 6. Oktober 1916 den württembergischen Generalmajor von Bailer zum Doktor-Ingenieur Ehrenhalber promoviert.[82] Offensichtlich hatte Otto Graf eine Arbeit auf höchstem Hochschulniveau geleistet.

---

[81] UACh: Nachlass Carl Bach 302_III_014_0045.jpg (Dieses Schreiben kann als Zeugnis eines Vorgesetzten und Empfehlung für das bei der TH Stuttgart laufende Promotionsverfahren des Generalmajors Bailer angesehen werden).

[82] UAS – Jahresbericht der TH Stuttgart für die Studienjahre 1913 – 1918. S. 7.

Otto Graf wurde mit der Zeit zum Vorstand von einigen Fabriken und Produktionsstellen im Zuständigkeitsbereich des Generalgouvernements in Belgien ernannt und übernahm die Verantwortung für die gesamte Produktion der Eisen- und Stahlverarbeitung für den Frontbedarf. Der konkrete Umfang seiner Aufgaben ist nicht bekannt. Er schrieb, dass ihm die Absperrung der Grenzen viel Arbeit bereitet, und über den Bau von Hochspannungszäunen. Er berichtete, dass er auch für die Bestellungen von großen Zementmengen für die Front verantwortlich sei. Anfang März 1916 schrieb Graf an Bach, dass schon 2.300 Menschen, u.a. auch belgische Bürger, unter seiner Leitung stehen und dass die Zahl weiter steigen würde. Dabei hatte er erhebliche Schwierigkeiten, Fachleute für leitende Positionen zu finden, und suchte in dieser Angelegenheit Hilfe auch bei Carl Bach. Des Weiteren bereitete ihm die stark ausufernde Bürokratie große Probleme; z.B. trafen im Mai 1916 bei der Fabrikabteilung in nur zwei Tagen sogar 240 Briefe ein, die er mit seinen Mitarbeitern zu bearbeiten hatte.

Die Erweiterung des Aufgabengebietes von Otto Graf in der zweiten Hälfte des Jahres 1915 schränkte sehr stark seine zeitlichen Möglichkeiten, sich mit den Angelegenheiten der Materialprüfungsanstalt zu beschäftigen, ein. Carl Bach drängte aber auf den Abschluss einer Reihe von Versuchen und die geplante Veröffentlichung deren Ergebnisse. Es handelte sich um die Bearbeitung von weiteren Versuchen mit Eisenbetonbalken. Bei der MPA in Stuttgart sind diese Versuche unter der Leitung von Carl Bach und mit Beteiligung von Graf nach einem bereits seit Jahren festgelegten Forschungsplan ausgeführt worden. Der Arbeitsplan wurde bereits 1912 während der Verhandlungen festgelegt, die Emil Mörsch[83] einerseits und Carl Bach sowie Otto Graf andererseits mit dem Deutschen Ausschuss für Eisenbeton in Berlin vereinbart hatten. Offensichtlich war beabsichtigt und zwischen Bach und Graf vereinbart, dass die Ergebnisse dieser Versuche von Otto Graf in Brüssel bearbeitet und bewertet werden sollten. Diese Versuche waren in Stuttgart im Laufe der Jahre 1914 und 1915 soweit fortgeschritten, dass an die Zusammenstellung der Ergebnisse herangetreten werden konnte. Das gesamte Paket der Versuchsergebnisse (insgesamt elf Anlagen) hatte Carl Bach Anfangs Januar 1916 nach Brüssel geschickt.

[83] Mörsch, Emil (1872 – 1950), deutscher Bauingenieur, Forscher und Hochschullehrer, Professor für Statik, Brückenbau und Eisenhochbau am Eidgenössischen Polytechnikum Zürich (1904 – 1908) und Professor für Statik, Brücken und Eisenbetonbau an der Technischen Hochschule Stuttgart (1916 – 1939)

Offensichtlich fand Graf kaum Zeit für diese Arbeit, weil vier Monate später eine Mahnung von Bach kam:

> „Es beunruhigt mich allmählich so stark, dass der Bericht noch immer nicht fertig ist, dass ich dringend bitten muss, mir Bestimmtes angeben zu wollen. Wir sind dem Ministerium der öffentlichen Arbeiten in Berlin die Fertigstellung schuldig. Die Schuld ist schon längst fällig."[84]

Die Antwort von Otto Graf zeigt seine Verzweiflung aufgrund der fehlenden Möglichkeiten dem Wunsch von Bach schnellsten nachzugehen. Er schrieb:

> „Auch mir ist es unangenehm, dass die Arbeit noch nicht fertig gestellt werden konnte. [...] Ich habe die besondere Gunst, eine Arbeit zu tun, die verspricht, dass sie zu Erfahrungen führt, welche die spätere Friedensarbeit höherwertig macht. Doch ist dieser Gesichtspunkt jetzt belanglos. [...] jetzt die Arbeit für das Vaterland vorangehen muss, ist eben eine höhere Pflicht."[85]

Den besagten Bericht über die Analyse und Schlussfolgerung dieser Forschungsarbeit konnte Otto Graf erst im Herbst 1916 fertigstellen.[86] Diese Arbeit bestand aus zahlreichen Versuchen mit Eisenbetonbalken hinsichtlich ihrer Zug- und Druckelastizität sowie der Festigkeit des Betons in beiden Belastungsfällen. Die Kontrolle und die gezielte Zusammenstellung der Ergebnisse dieser langen Versuchsreihe, die Otto Graf in Brüssel bearbeitete, bildeten den wesentlichen Wert dieser Arbeit. Sie bestand aus tabellarischen Zusammenstellungen der Überprüfung von Zement, Sand mit Kies und Bewehrungseisen sowie aus detaillierten Messergebnissen der Belastungen der Betonbalken in 15 Versuchsreihen.[87] Die Veröffentlichung dieser neuen Arbeit wurde dann auch durch die Bedenken des Personalchefs des General-gouvernements in Belgien verzögert, der eine Zensierung des Berichts von Otto Graf durch das Kriegsministerium verlangt hatte. Auch hier reichte die von Graf erbetene Intervention von Carl Bach aus, um diesen Bericht trotz Bedenken der Militärbürokratie veröffentlichen zu können.

---

[84] UACh: Nachlass Carl Bach 302_III_014_0055/56.jpg.

[85] UACh: Nachlass Carl Bach 302_III_014_0058.jpg.

[86] Bach, Carl; Graf, Otto: Versuche mit Eisenbetonbalken zur Ermittlung der Beziehungen zwischen Formänderungswinkel und Biegungsmoment (Deutscher Ausschuss Für Eisenbeton, Heft 38), Ernst & Sohn Verlag Berlin 1917.

[87] Die einzelnen Eisenbetonbalken der jeweiligen Versuchsreihen unterschieden sich durch ihren Höhen und Breiten mit unterschiedlichen Bewehrungsgrößen. Die Baustoffe und die Herstellung waren identisch, das Betonalter betrug 45 Tage, die Größe und Art der Lasten waren vergleichbar.

Seine Verbundenheit mit der Materialprüfungsanstalt in Stuttgart bewies Otto Graf auch durch seine Bemühungen, die maschinellen Einrichtungen der MPA zu erweitern. Am 12. August 1917 berichtete Otto Graf über ein Schreiben des Kommandanten des Generalgouvernements an den Baurat Friedrich in der Militär-Generaldirektion der Eisenbahnen in Brüssel, in dem stand:

> „In den Eisenbahn-Werkstätten in der belgischen Stadt Mecheln eine ziemlich gut ausgestattete Versuchsanstalt liegt. Diese Versuchsanstalt enthält mehrere große Maschinen, die während des Krieges sicher nicht sehr gebraucht werden, da zu deren Handhabung ein besonders erfahrenes Personal nötig ist, das eben nur einzelnen Versuchsanstalten zur Verfügung steht. Andererseits haben die mit geringen Mitteln ausgestatteten Versuchsanstalten in Deutschland ein Interesse daran, ihre Einrichtungen zu verbessern, um den hohen Anforderungen der Kriegsindustrie entsprechen zu können und auch für Aufgaben, welche ihnen bereits in Friedenszeiten gestellt sind."[88]

Otto Graf besichtigte diese Versuchsanstalt in den ersten Novembertagen 1917 und legte Carl Bach eine lange Liste der zur Verfügung stehenden Maschinen und Werkzeuge vor. Aus dieser Liste wurden einige Maschinen (eine Zerreißmaschine, eine Steinsäge, eine hydraulische Presse und eine Kugeldruckpresse) ausgewählt, in den ersten Monaten des Jahres 1918 nach Stuttgart transportiert und in der Materialprüfungsanstalt der Technischen Hochschule aufgestellt wurden.[89]

Die sich bereits im Jahr 1917 ständig verschlechternde Lebensmittelversorgung in Deutschland war für den bereits 70-jährigen Carl Bach ein großes Problem. Auch in dieser Angelegenheit konnte Otto Graf helfen. Aus seinen zahlreichen Briefen und kurzen Notizen, die er seit Mitte 1917 und im Jahr 1918 an Carl Bach verschickt hatte, zeigt sich, dass Graf in Brüssel in der Lage war, Carl Bach mit bestimmten Lebensmitten, wie Schinken, Kaffee, Kakao u.a. zu versorgen.

Am 6. Dezember 1917 schrieb Graf:

> „Ich benütze die Gelegenheit, um einen Kriegsschinken zu übersenden. Kosten M 73,- einschließlich M. 3,- Besorgungskosten, das Gewicht soll 5 kg sein, an Weihnachten hoffe ich, etwas Kaffee mitbringen zu können."[90]

---

[88] UACh: Nachlass Carl Bach 302_III_014_0083.jpg.
[89] Diese Maschinen sind nach dem Kriegsende infolge der Reparationen nach Belgien zurückgebracht worden.
[90] UACh: Nachlass Carl Bach 302_III_014_0086.jpg.

Im privaten Bereich von Otto Graf gingen während der Kriegsjahre erwähnenswerte Ereignisse vonstatten. So verlobte er sich am 5. November 1916 mit Frau Else Kollmer. Die Hochzeit fand am 15. Juni 1918 in Zuffenhausen statt.

Drei Monate früher schrieb Otto Graf an Carl Bach:

> „Der Friede im Osten und Erfolge im Westen bringen den Mut, von der Zeit nach dem Krieg zu denken. Diese bringt für mich sehr unklare Verhältnisse, weil meine Tätigkeit vor dem Kriege ohne dauernde Unterlage war, was ich als unverheirateter Mann unbedenklich in Kauf nehme, und so mehr als ich ihrem unbegrenzten Wohlwollen eins sehr erfreuliche Zeit hatte. Inzwischen habe ich neue Pflichten auf mich genommen und bin in ein Alter gekommen, in dem die wirtschaftliche Sicherheit geschaffen sein sollte. Diese Tatsachen und Gedanken veranlassen mich, Eurer Hochwohlgeborenen um einen Rat zu fragen, ob und in welcher Form meine weitere Tätigkeit im Rahmen der Materialprüfungsanstalt Stuttgart gedacht oder vorgesehen ist."[91]

Die Antwort von Carl Bach auf Grafs Schreiben ist nicht bekannt. Unabhängig von dieser persönlichen Angelegenheit, dauerte Grafs Korrespondenz mit Bach, sowohl was die Lieferung von Lebensmitteln betrifft als auch bezogen auf die beruflichen Themen, weiter an. Der letzte erhaltene Brief von Otto Graf aus Brüssel trägt das Datum des 15. Septembers 1918 und behandelte eine angekündigte Besichtigung von Eisenbetonsäulen beim Materialprüfungsamt in Berlin-Lichtenfelde, welche Otto Graf ablehnte.[92]

---

[91] UACh: Nachlass Carl Bach 302_III_014_0088.jpg.

[92] UACh: Nachlass Carl Bach 302_III_014_0091.jpg.

Baumaterialforscher und Hochschullehrer in den Jahren der Weimarer Republik

Bild 4. Otto Graf im Jahr 1927.[93]

Der militärische und politische Zusammenbruch Deutschlands am Ende des Ersten Weltkrieges im Jahr 1918 stellte die Stuttgarter Materialprüfungsanstalt vor erhebliche organisatorische und vor allem finanzielle Probleme. Die schlechte Wirtschaftslage brachte nur wenige Aufträge ein, die öffentlichen Gelder für die Forschung waren praktisch nicht vorhanden, und die MPA konnte in den ersten Nachkriegsjahren ihre Betriebs- und Personalkosten fast ausschließlich lediglich durch Spenden finanzieren. Zu den wichtigen Spendern gehörte auch Carl Bach selbst, der den Wiederaufbau der Anstalt durch Eigenkapital unterstützte. Seine im Jahr 1917 beim Verein Deutscher Ingenieure gegründete Carl-Bach-Stiftung erbrachte bereits 1918 einen Betrag von 349.000 RM, der leider kurze Zeit darauf aufgrund herrschender Inflation bedeutend an tatsächlichem Wert verloren hatte. In der entstandenen Notlage wurde auf Anregung von Bach, der noch einmal seine nach wie vor engen Kontakte mit der Industrie nutzen konnte, am 3. März 1923 die „Vereinigung von Freunden der Technischen Hochschule in Stuttgart" gegründet. Der überwiegende Teil der Zuwendungen dieser Vereinigung kam der Abteilung des Maschineningenieurwesens sowie der Materialprüfungsanstalt zugute.

[93] Otto Graf im Jahr 1927. In: UAS Sign. 3371/1637, Bl. 1927.

Otto Graf befand sich im Herbst 1918 noch in Brüssel, wo er im Rahmen des Generalgouvernements nach wie vor aktiv war. An welchen Orten er sich zur Zeit des Waffenstillstandes von Compiègne am 11. November 1918 befand und wann er nach Hause kam, ist nicht bekannt. Es ist möglich, dass er den Rückzug zusammen mit dem Württembergischen Infanterie-Regiment Nr. 121 angetreten war, das über den Rhein zum Sammelpunkt im Raum Marburg marschierte und von da aus zu den eigenen Garnisonen in Württemberg zurückkehrte.[94] Auf jeden Fall kam Otto Graf Anfang 1919 wieder nach Zuffenhausen und meldete sich bei seinem bisherigen Arbeitgeber, der Materialprüfungsanstalt in Stuttgart-Berg, wieder zum Dienst zurück. Trotz seiner unklaren Arbeitsverhältnisse und finanziellen Schwierigkeiten des Arbeitgebers konnte er seine Arbeit bei der MPA fortsetzen. Es ist davon auszugehen, dass sein Arbeitsverhältnis zu diesem Zeitpunkt auf dem vor dem Krieg gültigen Arbeitsvertrag basierte. An eine Veränderung dieses Vertrages und an die von Graf angestrebte Übernahme ins Beamtenverhältnis war damals überhaupt nicht zu denken. Allerdings gab es bei der MPA im Jahr 1920 eine wichtige personelle Veränderung. Richard Baumann,[95] der bereits ab 1910 als außerordentlicher Professor an der Technischen Hochschule Stuttgart und als Ingenieur für Metallografie bei der MPA tätig war, wurde zum stellvertretenden Vorstand der Materialprüfungsanstalt ernannt und damit von Carl Bach für zu seinem zukünftigen Nachfolger auserkoren.

Zu den vielen neuen Aktivitäten, die Otto Graf seit 1919 begonnen hatte, gehörte auch die Organisation von Beratungen, Schulungen und Kursen über den Betonbau für Bauunternehmungen, zunächst nur aus dem nahen württembergischen Raum. Dieses von der Bauindustrie gerne aufgenommene Schulungsangebot vergrößerte bald den Bekanntschaftsgrad von Otto Graf als ausgesprochenen Fachmann der Baustoffkunde mit dem Schwerpunkt Betonbau. Auch diese Aktivitäten von Graf trugen zur stetigen Steigerung der Auftragszahlen der MPA bei. Mit der Besserung der Wirtschaftssituation der MPA verbesserten sich auch die Möglichkeiten, neue Mitarbeiter einzustellen.

---

[94] In einem Personalbogen vom 16.06.1948 gab Graf das Ende seines militärischen Dienstes mit dem Datum 16.12.1918 an.

[95] Baumann, Richard (1879 – 1928), Mitarbeiter und Vorstand der Materialprüfungsanstalt (1903 – 1928), Professor an der TH Stuttgart (1910 – 1928), siehe auch DBE Bd. 1, S. 337.

Leider war die Frage der Verbesserung des Arbeitsvertrages von Otto Graf bei der MPA Stuttgart im Jahr 1922 immer noch nicht geklärt. Im August 1922 wandte er sich erneut an Carl Bach mit einem Schreiben, in dem er festhielt:

> „Der Umstand, dass ich im laufenden Etatjahr nicht zu einer planmäßigen Anstellung komme, macht mir immer wieder ernste Sorgen um mein ferneres Fortkommen; dazu tritt, dass meine jetzige Anstellung heute nach der rechtlichen Seite ganz unklar ist und erheblich ungünstiger liegen dürfte als bei einfachen Anstellungen in der Privatindustrie. Ich beginne in wenigen Tagen mein 20. Dienstjahr in der Materialprüfungsanstalt und bin noch nicht planmäßig angestellt, was im Staatsdienst ein außerordentlich seltener Zustand und für solche, welche die Verhältnisse nicht kennen, den Eindruck machen kann, dass das an meinen persönlichen Eigenschaften liege. Schließlich komme ich in ein Alter, in dem eine Anstellung durch aus nicht mehr gewünscht wird. Die Regelung meiner Anstellung könnte nun wohl mit der Regelung mit der Neubesetzung der Vorstandsstelle der Anstalt verknüpft werden, namentlich weil heute die Abteilung für Baumaterialprüfung nicht weniger umfangreich ist als der gesamte übrige Teil der Anstalt. [...] Hierbei erscheint auch wichtig, dass sich die Forschung auf dem Gebiet des Baumaterials sehr mannigfach und umfangreich gestaltet hat, auch in einer Entwicklung steht, welche die wissenschaftliche Auswertung der jetzt vorliegenden Erkenntnisse mit raschen Schritten zu ermöglichen scheint und so für die Praxis an Bedeutung noch gewinnen wird."[96]

Carl Bach versprach erneut sich in der Sache der planmäßigen Anstellung von Otto Graf bei der Verwaltung der Technischen Hochschule Stuttgart bzw. bei den zuständigen Ministerien durchzusetzen. Offensichtlich ist das aber erst im Zusammenhang mit der bevorstehenden Pensionierung von Bach und der Neubesetzung des Postens des MPA-Vorstandes gelungen.

Mit dem 1. Oktober 1922 legte der bereits 75-jährige Carl Bach seine zahlreichen Ämter als langjähriger Vorstand der Materialprüfungsanstalt, als ordentlicher Professor an der Technischen Hochschule sowie als Vorsitzender des Württembergischen Dampfkessel-Revisionsvereins nieder. Zu seinem Nachfolger auf dem Posten des Vorstandes der MPA wurde zwei Jahre später sein bisheriger Stellvertreter Richard Baumann ernannt. Baumann galt inzwischen als allgemein anerkannte Kapazität in der Metallografie sowie als Theoretiker und Praktiker des Kesselbaus und Kesselbaustoffkunde und war bereits im Jahr 1916 zum ordentlichen Professor in der Abteilung des Maschineningenieurwesens der Technischen Hochschule Stuttgart ernannt worden. Nach seiner Ernennung behielt er die bisherige Ausrichtung der Aktivitäten der MPA auf drei Tätigkeitsfelder bei: Prüfungsleistungen für die

[96] UACh: Nachlass Carl Bach 302_III_014_0093.jpg.

Industrie, Unterricht für die Studierenden und Forschungsarbeiten im Bereich der Materialkunde. Für die bessere Umsetzung dieser Ziele bildete er schon 1924 innerhalb der Materialprüfungsanstalt drei Bereiche – Metallstoffe, Dampfkessel-Revision und Baustoffe –, die von drei Oberingenieuren Max Ulrich,[97] Otto Haberer[98] und Otto Graf, geleitet wurden. In diesem Zusammenhang wurde Otto Graf zum Oberingenieur ernannt und mit dem 1. April 1925 in das Beamtenverhältnis übernommen. Gleichzeitig begann er im Rahmen der Abteilung für das Bauingenieurwesen der TH Stuttgart die Lehrtätigkeit als Privatdozent.[99] Als beauftragter Dozent für die Baustofflehre und Materialprüfung an der TH Stuttgart lehrte er die Herstellung, zweckmäßige Behandlung und den konstruktiv sinnvollen Einsatz von Baustoffen, ihre mechanischen und statischen Eigenschaften, Festigkeit und Elastizität sowie die praxisbezogene Materialprüfung. Seine Vorträge untermauerte er mit praktischen Materialprüfungen, die die Studierenden unter seiner Aufsicht in der Materialprüfungsanstalt ausüben konnten.

Die Personalsituation in der Materialprüfungsanstalt nahm kurz darauf eine tragische Wende. Der frisch ernannte Vorstand der MPA, Richard Baumann, wurde ernsthaft krank und verstarb im Jahr 1928. Bereits während seiner Krankheit hatte er die Materialprüfungsanstalt aufgrund der fortschreitenden Spezialisierung der wachsenden Tätigkeitsgebiete auf zwei weitgehend selbstständig agierende Abteilungen aufgeteilt. Die Leitung der Abteilung „Maschinenbau" übernahm Max Ulrich, die Abteilung „Bauwesen" Otto Graf. Otto Haberer, der Dritte der bisherigen Oberingenieure übernahm keine leitende Funktion und schied im Jahr 1930 aus der MPA aus. Max Ulrich, Schüler und langjähriger Mitarbeiter von Bach und Baumann, übernahm in seiner Abteilung „Maschinenbau" die bereits in ganz Deutschland bekannten Prüfungsaktivitäten in der Werkstoffkunde, sowie die Überwachungen und Prüfungen in der Maschinenindustrie, insbesondere bei den Dampfkesselkonstruktionen. Otto Graf vertrat die Materialforschung und Werkstoffprüfungen im Bauwesen. Nach dem Ableben von Richard Baumann übernahm Otto Graf die kommissarische Leitung der gesamten Materialprüfungsanstalt,

[97] Ulrich, Max (1883 – 1949), seit 1894 in der Materialprüfungsanstalt Stuttgart, ab 1927 Leiter der Abteilung „Maschinenbau" und ab 1940 in Rotation mit Graf Vorstand der MPA. 1944 wegen Probleme mit den Nationalsozialisten zurückgetreten und MPA verlassen.

[98] Haberer, Otto (1864 – 1947), Betriebs- und Oberingenieur der Materialprüfungsanstalt Stuttgart (1890 – 1930).

[99] Siehe: Jahresbericht der TH Stuttgart für das Studienjahr 1924/25, S. 17.

was bis zur Ernennung des neuen Vorstandes andauern sollte. Als wertvolle Ergänzung seiner Lehrtätigkeit dienten seine zahlreichen Veröffentlichungen über die Ergebnisse der von ihm durchgeführten Prüfungen und Versuche über Materialeigenschaften von verschiedenen Baumaterialien, wie Zement, Mörtel, Beton und Eisenbeton mit ihren Zuschlagsstoffen sowie Holz, Glas, Straßenbaumaterialien u.a.

In dieser Zeit wechselte Graf seinen Wohnsitz und siedelte mit seiner Ehefrau und der am 24. April 1921 geborenen Tochter Isolde nach Stuttgart-Berg um, wo sie eine neue Wohnung in der Villastr. 12 in unmittelbarer Nähe der Materialprüfungsanstalt bezogen. Mit Klärung seines Arbeitsverhältnisses innerhalb der Materialprüfungsanstalt und der Übernahme des Lehrauftrags an der TH Stuttgart erreichte Otto Graf endlich die seit Langem angestrebte Klarheit und Stabilität seiner Stellung und konnte sich mit noch größerem Einsatz seinen Forschungsaufgaben widmen. Neben seiner Lehrtätigkeit in der Abteilung für Bauingenieurwesen vertiefte sich Grafs Zusammenarbeit mit den führenden Persönlichkeiten dieser Abteilung, dem Eisenbeton- und Brückenbauer Emil Mörsch, dem Stahl- und Holzbauer Hermann Maier-Leibnitz[100] sowie dem Straßen- und Städtebauer Erwin Neumann,[101] was sich auch bei der gemeinsamen Baustoffforschung niederschlug.

Die Bedeutung von Otto Graf und seiner Arbeit wuchs nicht nur innerhalb der MPA und der TH Stuttgart, sondern bei zahlreichen technischen Organisationen und Verbänden und vor allem bei der gesamten Bauindustrie. Der ausgezeichnete Ruf der Stuttgarter Materialprüfungsanstalt basierte nicht zuletzt auf den hervorragenden Leistungen ihres Gründers und langjährigen Vorstandes Carl Bach und wurde mit Recht auf Otto Graf als einen seiner besten Mitarbeiter übertragen. Otto Graf feierte im Jahr 1928 seine 25jährige Betriebszugehörigkeit als einer der besten Spezialisten der Beton- und Eisenbetontechnologie sowie Materialkunde mit nationaler und internationaler Anerkennung. Dank der erfolgreichen wissenschaftlichen und wirtschaftlichen Entwicklung in der zweiten Hälfte der 1920er Jahre stieg die Materialprüfungsanstalt der Technischen Hochschule Stuttgart in die erste Riege der renommierten deutschen Prüfungsinstitute auf, nicht zuletzt dank der Arbeit

[100] Maier-Leibnitz, Hermann (1885 – 1962), Professor für Statik im Stahl-, Holz- und Industriebau an der TH Stuttgart (1919 – 1954), siehe DBE Bd. 6, S. 572.

[101] Neumann, Erwin (1881 – 1967), Professor für Straßenbau und Städtebauwesen an der TH Braunschweig (1921 – 1926) und (1926 – 1949)an der TH Stuttgart.

von Otto Graf und seiner Abteilung. Mithilfe der vielen Investitionen und durch die Unterstützung von zahlreichen Stiftungen wurde die technische Ausrüstung der Anstalt in dieser Zeit auf den neuesten technischen Stand gebracht.

Mörtel, Beton und Eisenbeton

Nach seiner Rückkehr aus dem Ersten Weltkrieg beschäftigte sich Otto Graf mit der Umsetzung der anfangs vereinzelten Industrieaufträge und widmete sich überwiegend den Forschungsarbeiten und vor allem der Veröffentlichung von Ergebnissen seiner bisherigen Forschungsarbeiten auf dem Gebiet des Betons und der Eisenbetonarbeiten. Zwischen 1919 und 1922 veröffentlichte Graf als alleiniger Verfasser 23 Aufsätze und Bücher über die Thematik der Betonkonstruktionen. Darunter erschienen vier Veröffentlichungen zusammen mit Carl Bach und eine mit Emil Mörsch, der seit 1916 den Lehrstuhl für Statik, Eisenbeton und Brücken in der Abteilung des Bauingenieurwesens an der Technischen Hochschule Stuttgart innehatte. Außerdem zeigte Graf durch zwei Veröffentlichungen über das Holz als Baumaterial, dass er sein Forschungsgebiet in dieser Zeit auf Holzkonstruktionen erweitert hatte. Der mit Emil Mörsch gemeinsam veröffentlichte Aufsatz über Schubfestigkeit von Eisenbeton gibt uns zum ersten Mal den Hinweis, dass Otto Graf die Zusammenarbeit mit der Abteilung für Bauingenieurwesen aufgenommen hatte, bei der er sich bessere Entwicklungsmöglichkeiten als bei der Abteilung für Maschineningenieurwesen erhoffte.

Wie bei den Versuchen über die Eisenbetonkonstruktionen, die eine Kontinuität seit ihren Anfängen im Jahr 1908 aufweisen, lag Grafs vordringliches Interesse in der Erkundung und Bekanntmachung der Beziehung zwischen dem Aufbau und den theoretischen Eigenschaften des Betons und seiner praktischen Herstellung und Anwendung als Baukonstruktion. Er legte auf die Bedeutung von Druckversuchen von Betonwürfeln großen Wert, ebenso darauf, wie sich die Größe der Proben, ihre Verdichtung, Lagerung, Form, Druckflächen und Alter auf ihre Festigkeit auswirken. Graf beschäftigte sich mit Raumänderungen des Zements beim Abbinden, mit der Widerstandsfähigkeit des Betons gegen Abnutzung, mit der Beziehung zwischen Druckfestigkeit und Druckelastizität des Betons sowie mit der Vorausbestimmung der Festigkeitseigenschaften und allgemein mit der zweckmäßigen Zusammensetzung des Zementmörtels und des Betons.

Im Herbst 1922 schrieb Otto Graf ein Buch unter dem Titel „Der Aufbau des Mörtels im Beton"[102], eine Arbeit, die in den kommenden Jahren zum Lehrbuch ganzer Generation von Technikern und Ingenieuren im Bauwesen werden sollte. Graf sammelte hier die Ergebnisse seiner fast 20-jährigen Forschungen und Versuche über die Festigkeitseigenschaften von Mörtel und Beton. Es handelte sich hierbei um die Eigenschaften von Zement und Zuschlagstoffen (Sand, Kies, Schotter) sowie die Bedeutung der Wassermenge im Beton; es wurden dort die damaligen Herstellungsmethoden von Mörtel bzw. Beton beschrieben und kritisch analysiert. Graf zeigte die Beziehungen zwischen Wasser- und Zementgehalt und der Druckfestigkeit des Zementmörtels und Betons auf. Weiterhin beschäftigte sich Graf mit dem Einfluss des Raumgewichtes und der Hohlräume auf die Druckfestigkeit des Mörtels bzw. des Betons und untersuchte schließlich den Einfluss der Beschaffenheit und der Körnergröße des Sandes bzw. des Kieses auf die Festigkeit dieser Materialien. Graf analysierte diese Materialeigenschaften aus der Sicht der praktischen Anwendung auf den Baustellen, gab Vorschläge und Hinweise für die Herstellung der gewünschten Mörtel- bzw. Betonqualität. Diese Arbeit wurde von der Robert-Bosch-Stiftung zum großen Teil finanziert und von einigen Bauunternehmungen (z.B. durch das Bauunternhmen Carl Baresel Stuttgart) durch kostenlose Materiallieferungen für die Versuche unterstützt. Die große Bedeutung dieser Arbeit für die praktische Ausführung von Betonarbeiten spiegelte sich in mehrfachen Auflagen dieses Buches in den nächsten Jahren wider. Die von Graf gewonnenen Erkenntnisse und seine Vorschläge (u.a. für die einfachen Betonprüfungen auf der Baustelle mit dem Siebsatz, den Sieblinien bis zum Ausbreitungsversuch u.a.) wurden unmittelbar nach Veröffentlichung in der Praxis umgesetzt.

Holz als Baukonstruktionsmaterial

Mit dem Baustoff Holz begann sich Graf erst nach dem Ende des Ersten Weltkrieges zu beschäftigen, als das Interesse der Investoren an den

[102] Graf, Otto: Der Aufbau des Mörtels im Beton. Julius Springer Verlag Berlin 1923.

Holzkonstruktionen stark gestiegen war. Die Untersuchungen der Holzeigenschaften als konstruktives Baumaterial wurden bei der Materialprüfungsanstalt der Technischen Hochschule Stuttgart bereits vor dem Ersten Weltkrieg durchgeführt (darüber hatte Richard Baumann im Jahr 1921 in einem Aufsatz berichtet). Sie erhielten in den ersten 1920er Jahren einen starken Auftrieb, u.a. in Bezug auf die Herstellung von hölzernen Funktürmen durch die Stuttgarter Baufirma Karl Kübler AG beim Ausbau des damals neuen Stuttgarter Hauptbahnhofs. Sowohl diese Baufirma als auch die für den Bahnhofsbau zuständige Reichsbahndirektion Stuttgart beauftragten die MPA Stuttgart mit einigen Orders hinsichtlich der Durchführung von umfangreichen Untersuchungen der statischen und physikalischen Eigenschaften von Bauhölzern und deren Verbindungen. Diese Untersuchungen und die daraus gewonnenen neuen Erkenntnisse *„über die Widerstandsfähigkeit gegen Druckbelastung"*[103] sowie *„über die Schraubenverbindungen von Holzkonstruktionen"*[104] veröffentlichte Otto Graf bereits in den Jahren 1921 und 1922. Er hatte sehr früh erkannt, dass es nicht ausreichte, die Eigenschaften von kleinen, fehlerfreien Holzproben zu kennen, sondern dass es notwendig war, das Holz als Bauholz so zu bewerten, wie es gewachsen ist, also mit seinen Ästen, mit der Baumkante und anderen Wuchseigenschaften.

Die Untersuchungen der Holzeigenschaften beschäftigten Graf und seine Mitarbeitern auch in den kommenden Jahren. Es wurde intensiv die Problematik der Holztrocknung und die der Messung des Holzfeuchtigkeitsgehalts studiert. Besonders wichtig war ihm die Untersuchung der Festigkeitseigenschaften von verschiedenen Holzarten. Über die Ergebnisse dieser Versuche, die seit vielen Jahren bei der Stuttgarter Materialprüfungsanstalt durchgeführt wurden, berichtete Graf bei nationalen und internationalen Kongressen, wie z.B. beim Kongress des Internationalen Verbandes für Materialprüfungen in Amsterdam (1927), beim Deutschen Ausschuss für wirtschaftliches Bauen in München (1928) oder bei der Hauptversammlung des Vereins Deutscher Ingenieure in Königsberg (1929). Große Beachtung fanden auch seine grundlegenden Untersuchungen über die Knick- und Biegefestigkeit gegliederter Holzstäbe, über die er 1930 in Heft

[103] Graf, Otto: Beobachtungen über den Einfluss der Größe der Belastungsfläche auf die Widerstandsfähigkeit von Bauholz gegen Druckbelastung quer zur Faser. In: Bauingenieur Nr. 2 (1921), Heft 18, S. 498–501.

[104] Graf, Otto: Untersuchung über die Widerstandsfähigkeit von Schraubenverbindungen in Holzkonstruktionen. In: Bauingenieur Nr. 3 (1922), Heft 4, S. 100–104 und Heft 5, S. 141–145.

319[105] der Forschungsarbeiten auf dem Gebiet des Ingenieurwesens berichtete. An der im Jahr 1931 erfolgten Gründung des Fachausschusses für Holzfragen beim Verein Deutscher Ingenieure und dem Deutschen Forstverein war Otto Graf maßgeblich beteiligt. In einer Reihe von Arbeitsausschüssen des Fachbereiches für Holzfragen wirkte Graf fortlaufend mit.

Glas als Baustoff

Otto Graf zählt zu den weltweit ersten Forschern, der sich mit Glas als konstruktives Baumaterial beschäftigte. Im Jahr 1925 begann er eine Reihe von Versuchen, um Erkenntnisse über die Elastizität und Festigkeit von Baugläsern verschiedener Art und Herkunft gewinnen zu können. Schon zu Beginn konnte er nachweisen, dass Spiegelglas eine wesentlich höhere Festigkeit als Rohglas, bei gleicher Zusammensetzung und Herstellungscharge, aufweist. Dieses Erkenntnis konnte er durch die Tatsache erklären, dass der Vorgang des Abschleifens bei der Herstellung des Spiegelglases die mit hohen Vorspannungen versehenen Außenschichten des Rohglases beseitigt.[106, 107]

Diese Untersuchungen von Otto Graf fanden bald die Unterstützung der Deutschen Glastechnischen Gesellschaft, die erkannte, dass für die Verbesserung der Glasproduktion, deren Vertrieb bzw. Einsatz theoretische und praktische Forschungsarbeiten notwendig sind.[108] Die Anwendung von Glas als Baumaterial in den Baukonstruktionen benötigte des Weiteren die Bestimmung seiner Widerstandsfähigkeit und anderer wichtiger statischer Eigenschaften. Es wurden Versuche über die Eisenbetondecken mit einbetonierten Glaseinlagen durchgeführt und festgestellt, dass Glas an der Kräfteübertragung der Bauteile selbst beteiligt werden kann. Außerdem wurde das Verhalten von Glasplatten über Öffnungen in Eisenbetondecken untersucht. Diese Forschungsarbeiten führten zu Grafs Vorschlägen über die Festlegung der zulässigen Festigkeitsgrenzen von Baugläsern und bestätigten,

---

[105] Graf, Otto: Druck- und Biegeversuche mit gegliederten Stäben aus Holz Forschungsarbeiten auf dem Gebiet des Ingenieurwesens, Heft 319. In: VDI-Verlag Berlin 1930.

[106] Graf, Otto: Besondere Festigkeitseigenschaften von Kristall-Spiegelglas. In: Mitteilungen des Vereins deutsche Spiegelglas-Fabriken (1926), H. 5, S. 144–146.

[107] Graf, Otto: Biegungsfestigkeit von Spiegelglas vor und nach Schleifen. In: Mitteilungen deutscher Spiegelglas-Fabriken (1926), H. 7, S. 20–208.

[108] Graf, Otto: Versuche über die Elastizität und Festigkeit von Glas als Baumaterial. In: Glastechnische Berichte 3 (1925), H. 5, S. 153–194.

dass die an den Rändern einbetonierten Glasplatten eine erheblich größere Belastung als frei aufliegende Platten ertragen können. Für die Beurteilung der Tragfähigkeit großer Glasplatten auf eisernen Sprossen hat Graf im Jahr 1928 eine Versuchsreihe durchgeführt.[109] Seine Arbeiten über das Bauglas schufen für die konstruktive Baupraxis wichtige Grundlagen für den zukünftigen Einsatz als Baumaterial.

Betonstraßen

Mitte der 1920er Jahre erweiterte Otto Graf das Spektrum seiner Forschungen um die Fragen der Verwendung des Beton- und Eisenbetons im Straßenbau. Für den Automobilverkehr in dieser Zeit kann, aufgrund der wirtschaftlichen Entwicklung der führenden Länder in Europa und in den Vereinigten Staaten sowie der sprunghaften Technikentwicklung im militärischen Bereich, von einem Quantensprung gesprochen werden. Die Belastungen der Straßenfahrbahnen stiegen durch den erhöhten Einsatz von motorisierten Fahrzeugen (Achsenlasten, Geschwindigkeit, Bremskräfte u.a.) erheblich an. Der schnelle Autoverkehr verlangte eine stabile, widerstandsfähige und staubfreie Straßenoberfläche; das waren Bedingungen, die die bisherigen Schotterstraßen nicht leisten konnten.

Der Bau von Betonstraßen entwickelte sich zuerst in den USA. Im Jahr 1908 wurde die *„Long Island Motor Parkway"* in New York als erste Autostraße gebaut, die nur für den motorisierten Fahrzeugverkehr zugelassen war. Nachdem ihre Fahrbahndecke zur Vermeidung von Staub zuerst als ölgetränkte Schotterstraße errichtet wurde, baute man sie später abschnittsweise zu einer Betonstraße um. Nach Angaben des *Federal Aid Road Act* erreichten die Betonstraßen im Zeitraum zwischen 1916 bis 1924 in den USA ca. 38,4% der insgesamt gebauten Straßenflächen.

Der italienische Ingenieur Piero Puricelli begann 1923 in Italien den Bau der *„Autostrada"* von Mailand zu den oberitalienischen Seen bei Como und Varese. Sie wurde als 86 Kilometer lange Betonstraße mit einer 15 Zentimeter starken Betonfahrbahn geplant und zählt zu den ersten Betonstraßen dieser Dimension in Europa.

---

[109] Graf, Otto: Versuche mit großen Glasplatten auf eisernen Sprossen. In: Z.-VDI 72 (1928), Heft 17, S. 566–573.

Der Bau von Betonstraßen war in Deutschland bis zum Ende des Ersten Weltkrieges sowohl bei den Straßenbauverwaltungen als auch bei den Straßenbauunternehmen völlig unbekannt. Die Straßen wurden damals normalerweise als Schotterstraßen ohne bzw. mit Oberflächenbehandlung (zwecks Staubbindung) oder als Pflasterstraßen gebaut. Die Entwicklung der Motorisierung verlangte aber einen stark belastbaren und staubfreien Straßenbelag. Die positiven Erfahrungen mit Betonstraßen im Ausland verleiteten zur Änderung der bisherigen Praxis und zum Bau von derartigen Straßen auch in Deutschland. Der grundsätzliche Durchbruch in der Frage der Planung und Erstellung von Betonstraßen konnte nur durch Klärung von grundlegenden theoretischen und technologischen Fragen erreicht werden, die mithilfe von Forschungen, Versuchen und Überprüfungen der Eigenschaften derartiger Straßenkonstruktion zu beantworten waren. Nach 1920 wurden in Deutschland zahlreiche Forschungsarbeiten über den Betonstraßenbau begonnen und einige Probestrecken eingerichtet.

Im Jahr 1926 wurde Erwin Neumann, ein allgemein anerkannter Wissenschaftler und Kenner der Problematik des Straßen- und Städtebaus, auf den Lehrstuhl für Straßen- und Städtewesen der Technischen Hochschule Stuttgart berufen. Er kam aus der Technischen Hochschule Braunschweig, wo er fünf Jahre lang den Lehrstuhl für Straßen- und Städtewesen innehatte und dort in einem Baustofflaboratorium zahlreiche Versuche mit den Straßenbelägen durchführen konnte. 1924 wurde Neumann in die Studiengesellschaft für Automobilstraßenbau STUFA[110] berufen und übernahm dort die Leitung des Ausschusses für Asphaltstraßen. Ein Jahr später besuchte er erneut[111] die USA, studierte dort den amerikanischen Städte- und Landstraßenbau und nahm am Internationalen Kongress für Städtebau und Landesplanung teil. Mit der Person Neumann gewann die Technische Hochschule Stuttgart einen erfahrenen Tiefbau- und Straßenbauspezialisten, dessen theoretische und praktische Erfahrungen eine positive Entwicklung in der Erforschung der Fragen des Straßenbaus versprachen. Anfangs zeichnete sich zwischen Erwin Neumann und Otto Graf eine erfolgreiche Zusammenarbeit ab, vor allem hinsichtlich der Erforschung von Betonstraßenbau. Nach der Zurverfügungstellung der mit der

---

[110] STUFA – Studiengesellschaft für Automobilstraßenbau, eine 1924 in Berlin gegründete private Gesellschaft, die eine gesamtdeutsche Planung eines leistungsfähigen Straßennetzes für die Autostraßen fördern sollte.

[111] Neumann besuchte die USA bereits im Jahr 1913 als Stadtbaumeister der Stadt Charlottenburg, um dort die Problemlösungen des städtischen Straßenbaus und Verkehrs kennenzulernen.

Einholung von Erwin Neumann nach Stuttgart zugesagten finanziellen Mittel wurde auf dem Gelände der MPA in Stuttgart-Berg ein neues Gebäude für die Versuche über die unterschiedlichen Straßenbeläge gebaut. Dieses Gebäude sollte ursprünglich sowohl durch den Lehrstuhl von Erwin Neumann als auch durch die von Graf geführte Bauwesen-Abteilung gemeinsam genutzt werden.

Die Erforschung und vor allem die Versuche über den Betonstraßenbau wurden in Württemberg durch einige Stuttgarter Bauunternehmungen[112] in den Jahren 1928 bis 1931 auf speziell eingerichteten Versuchsstrecken durchgeführt.[113] Mit der Materialauswahl, der Betonherstellung vor Ort sowie mit den Prüfungen von Materialproben wurde, aufgrund der seit Jahren existierenden Verbindungen, die von Otto Graf geleitete Abteilung „Bauwesen" der MPA Stuttgart beauftragt. Diese Prüfungen führte Graf mit seinen Mitarbeitern auch in dem auf dem MPA-Gelände bereits neu erstellten Straßenversuchsgebäude aus. Dort hatte Graf auch eigene Forschungsversuche durchgeführt und die er später in eigenen Veröffentlichungen[114] über die Betonstraßen beschrieb. Damit wurden allerdings die Kapazitäten der Einrichtungen des Straßenversuchsgebäudes zum großen Teil durch die MPA in Anspruch genommen. Aus diesem Grund entstanden damals zwischen Erwin Neumann und Otto Graf die ersten Konflikte, die sich im Laufe der nächsten Jahre noch stark vertiefen sollten.

Diese intensiven theoretischen und praktischen Untersuchungen von verschiedenen konstruktiven Varianten der Betonfahrbahnen, die Otto Graf in den 1920er Jahren in Zusammenarbeit mit einigen Bauunternehmungen durchführen konnte, brachten ihm zahlreiche nützliche Erfahrungswerte, die er bei zukünftigen Forschungsarbeiten anwenden konnte. Sie betrafen die Probleme der Vorbereitung von gleichmäßig tragfähigem Straßenunterbau, die optimalen Lösungen für die Straßenentwässerung, die alternativen Stärken der Betonplatten, die Anordnung von Quer- und Längsfugen, die Qualität von Zementen und Bewehrungseisen, die Betonherstellung vor Ort und die Nachbehandlungsarbeiten sowie vieles mehr. Die Erkenntnisse über den Betonstraßenbau, über die Straßenbaumaschinen und über die sich bei der

---

[112] Fa. Wayss & Freytag, Fa. Baresel, Fa. Ludwig Bauer und andere.

[113] Siehe Schreiben des Süddeutschen „Cement-Verbands", Frankfurt/M. an die MPA vom 16. November 1933, In: Vgl. Schriftverkehr in: UAS – Sign. 3371/1371.

[114] Graf, Otto: Eine neue Einrichtung zur Bestimmung der Reibung von Kraftwagenreifen auf Fahrbahnflächen. In: Straßenbau 22 (1931), H. 9, S. 133–134.

MPA befindlichen Prüfmaschinen für Verkehrsmittel bildeten die Themen, über die Graf ab 1926 in verschiedenen Fachzeitschriften berichtete.

Schulungen

Die Verbundenheit zwischen Forschung und Praxis hat Graf in den durchgeführten Versuchsreihen und Untersuchungen stets mehr oder minder auf die Bedürfnisse der Praxis ausgerichtet. Darüber hinaus legte Graf Wert darauf, dass die in der Baupraxis stehenden Poliere, Ingenieure und verantwortlichen Fachkräfte, durch Teilnahme an Kursen und Lehrgängen, die in der Stuttgarter Anstalt in regelmäßigen Zeitabständen organisiert wurden, weitergeschult und mit den neueren Erkenntnissen der Bauforschung durch die Darstellung neuerer Verarbeitungsweisen zur Schaffung hochwertiger und zweckmäßiger Bauteile und der Prüfung derselben vertraut gemacht wurden.

Frühzeitig erkannte Graf die Notwendigkeit, dem Baubetrieb, d.h. der Baustelle selbst, eine einfache, dabei aber zweckentsprechende Qualitätsprüfung der gelieferten und bearbeiteten Baustoffe zu ermöglichen. Diesen Zweck konnte neben der vereinfachten Zementprüfung vor allem der von ihm entwickelte Siebversuch, der Einbringversuch und der Ausbreitversuch erfüllen. Im Baubetrieb fanden diese Prüfverfahren breite Anwendung weit über die Grenzen Deutschlands hinaus.

Die direkt nach dem Ende des Krieges von der Materialprüfungsanstalt Stuttgart angebotenen und von Otto Graf ausgeführten Schulungen über die Materialkunde mit dem Schwerpunkten Beton- und Eisenbetonarbeiten, Problematik der Betonherstellung sowie Qualitätsprüfungen auf der Baustelle fanden sowohl bei den staatlichen und kommunalen Behörden als auch bei den ausführenden Bauunternehmungen ein immer größeres Interesse. Da sich für die Durchführung solcher Schulungen die Winterzeit am besten eignete, weil dann die Bauarbeiten aus Witterungsgründen praktisch eingestellt wurden, hatte die MPA die Termine solcher Schulungen auf Anfang Januar des jeweiligen Jahres festgelegt. Wenn in den ersten Jahren die Teilnehmer überwiegend aus Stuttgart und der näheren Umgebung kamen, wurden diese Schulungen in der zweiten Hälfte der 1920er Jahre in ganz Deutschland bekannt. Es meldeten sich sogar Interessenten aus dem Ausland (z.B. aus der Sowjetunion und Bulgarien) an.

Die Schulungen sollten unter der Schirmherrschaft des Deutschen Beton-Vereins stattfinden. In dieser Angelegenheit schrieb Graf an das Vorstandsmitglied dieses Vereins, Wilhelm Petry, am 29. Mai 1929:

> „Nach den Erfahrungen in den letzten 10 Jahren schlage ich vor, wie im letzten Winter Kurse von 5-tägiger Dauer abzuhalten. Diese Kurse werden halbtägig durch Vorträge eingeleitet und zum größten Teil durch praktische Übungen ausgefüllt. Bei diesen Übungen werden Aufgaben behandelt, wie sie auf der Baustelle vorkommen; auch können die Teilnehmer selbst ihre Materialien mitbringen. Die Probekörper werden während des Kurses geprüft. Außerdem wird eine größere Anzahl Probekörper vorher vorbereitet, u.a. auch Eisenbetonbalken, um einen umfassenden Einblick in den heutigen Stand der Baukontrolle und des Wesens des Betons und des Eisenbetons geben zu können. Die Teilnehmerzahl bei einem Kurs sollte 40 nicht überschreiten, womöglich nicht über 35 betragen [...]."[115]

Mit der Zeit erreichten diese Schulungen eine immer höhere fachliche Qualität und zeichneten sich vor allem durch die gelungene Mischung aus Theorie und Praxis aus.

Tabelle 2. Beispiel des Programms einer Schulung im Januar 1930 [116]

Dienstag, den 7. Januar 1930	
10:00 bis 12.00	Vortrag über Zement und Zementprüfung
14:00 bis 17:00	Übungen mit Zement (Herstellung v. Zementkuchen, Temperatureinfluss
17:00 bis 18:00	Erörterungsstunden
Mittwoch, den 8. Januar 1930	
8:00 bis 10:00	Vortrag über Mörtel und Beton
10:00 bis 12:00	Übungen (Prüfung d. Kuchen von Dienstag, Sande – Siebversuche)
14:00 bis 15:00	Vortrag über Mörtel und Beton (Fortsetzung)
15:00 bis 18:00	Übungen (Einfluss der Sandkörnung auf Konsistenz und Mörtelfestigkeit)
Donnerstag, den 9. Januar 1930	
8:00 bis 10:00	Vortrag über Beton
10:00 bis 12:00	Übungen (Prüfung d. Mörtel v. Mittwoch, Raumgewicht, Feuchtigkeitsgehalt)
14:00 bis 15:00	Vortrag über Beton (Fortsetzung)
15:00 bis 18:00	Übungen (Herstellung v. Betonwürfel, Messung v. Konsistenz, Zementgehalt)
Freitag, den 10. Januar 1930	
8:00 bis 10:00	Vortrag über Baukontrolle
10:00 bis 12:00	Übungen (Prüfung von Biegebalken und Würfel bei versch. Lagerung)
14:00 bis 15:00	Übungen (Anordnung der Eiseneinlagen, Rostschutz)
15:00 bis 18:00	Übungen (mit Eisenbetonbalken – 150 t Presse bzw. 10 t Presse)
Samstag, den 11. Januar 1930	
8:00 bis 10:00	Vortrag über Mauerwerk und andere Baustoffe
10:00 bis 12:00	Erörterung, Fragenkasten, Restarbeiten (Prüfung der Betonwürfel von Donnerstag)
Nachmittags	Besichtigung eines Bauwerks

[115] Schreiben von Graf an den Deutsche Betonverein vom 29.05.1929. In: UAS Sign. 33/1/1093.
[116] Vgl. Schulungsprogramm in UAS Sign. 33/1/1093.

Sie wandten sich an die leitenden Angehörigen der Institutionen, die sich mit der Betonherstellung in der Praxis beschäftigen, vor allem an Poliere und Ingenieure. Da die Teilnehmerzahl auf maximal 40 Personen begrenzt war, kamen die ersten Anmeldungen bereits mehrere Monate vor Beginn der jeweiligen Schulung an. Das Programm dieser Schulungen wurde detailliert von Otto Graf festgelegt; bei der Umsetzung im Lehrgang nahmen außer der Person Graf auch seine Mitarbeiter teil. Die Teilnahme an den Schulungen war kostenpflichtig und der Preis für eine Schulung, die meistens von Dienstag bis Samstag dauerte, betrug 95 Mark.

Veröffentlichungen

In der Schrift „Die Dauerfestigkeit der Werkstoffe und der Konstruktionselemente“[117] setzte sich Otto Graf mit der Problematik der Elastizität und Festigkeit von verschiedenen Baumaterialien, wie Stahl, Stahlguss, Guss, Stein, Beton, Eisenbeton, Holz, Glas u.a. auseinander. Diese Arbeit stellt eine seltene Ausnahme dar, weil Graf hier vor allem die Eigenschaften der metallischen Materialien (über 75% der Buchseiten) untersucht hatte, was normalerweise der Gegenstand der Forschung einer Maschinenbauabteilung war.

Tabelle 3. Veröffentlichungen von Otto Graf in den Jahren 1919 bis 1932[118]

Jahr	Beton	Straßenbeton	Holz	Glas	Stahlbau	Andere	**Summe**
1919	2						**2**
1920	5						**5**
1921	8		1				**9**
1922	8		1				**9**
1923	13		1			2	**16**
1924	6					2	**8**
1925	6			2		2	**10**
1926	12	2		5		5	**24**
1927	8	2	3	4		4	**21**
1928	12	2	4	4		6	**28**
1929	13		7	2		4	**26**
1930	17	1	8			2	**28**
1931	9	3	3			9	**24**
1932	2	1	4		6	4	**17**
SUMME	**121**	**11**	**32**	**17**	**6**	**40**	**227**

[117] Graf, Otto: Die Dauerfestigkeit der Werkstoffe und der Konstruktionselemente. Berlin Springer-Verlag 1929.
[118] Zusammengestellt durch den Verfasser aufgrund der detaillierten Angaben über Grafs Veröffentlichungen – siehe Anhang.

In diesem Fall agierte Otto Graf offensichtlich in der Eigenschaft des kommissarischen Vorstandes der gesamten Materialprüfungsanstalt. Diese Arbeit zeigt Grafs steigendes Interesse an der Problematik des Stahlbaus, und zwar vor allem an die Konstruktion und die statischen Eigenschaften der Niet- und Schweißverbindungen. Von der Vielseitigkeit der Themen, mit denen sich Otto Graf beschäftigte, zeugt die immer steigende Anzahl seiner Veröffentlichungen. Hier sei als Beispiel ein Auszug aus der langen Liste seiner im Jahr 1930 erschienenen Arbeiten vorgestellt:

Mörtel, Beton, Eisenbeton „Versuche über das Verhalten von Zementmörtel in heißem Wasser"; Äußerungen betr. Versuchsanlage für Beton-Spritzverfahren mit Flottmann-Kompressoren"; Verhalten von erhärtetem Mörtel und Beton in Luft und Wasser mit hoher Temperatur"; Verhalten von Mörtel und Beton bei niederer Temperatur"; Ein Beitrag zu der Frage: Erfolgt die Erhärtung des Betons im Innern massiver Konstruktionsglieder langsamer als im Probewürfel?"; Untersuchungen über den Schutz des Betons gegen angreifende Wässer". „Mitteilungen aus neueren Versuchen über die Bewehrung von Eisenbetonbalken gegen Schubkräfte"; Aus Versuchen über die Wärmedurchlässigkeit von Eisenbetonschornsteinen".
Zement – „Wichtige Zementeigenschaften für die der Zementverbraucher vom Lieferer noch keine Gewährleistung erhält"; Einfluss der Körnung des Zements"
Sand, Kies, Gesteine – „Versuche mit verschiedenen Kiessanden"; Auswahl und Abnahme von Sand und Kies zu Beton, insbesondere zu Eisenbeton"; Über die Kornbegrenzung von Sand und Kies zu Eisenbeton", „Untersuchungen über den Abschleifwiderstand von Baustoffen, insbesondere von Gesteinen"
Holz Verbindungen – „Druck- und Biegeversuche mit gegliederten Stäben aus Holz"; „Biegeversuche mit verdübelten Holzbalken"; „Versuche über die Widerstandsfähigkeit von Knotenpunkt-Verbindungen aus Bauholz", „Über wichtige technischen Eigenschaften der Hölzer"; Versuche mit Sperrholz für Tragteile"; „Eigenschaften der technisch wichtigen Hölzer in Bezug auf ihre Erhaltung".
" Stahl – „ Einfluss hoher Temperaturen auf die Widerstandsfähigkeit von Stahl"
„Andere Werkstoffe – „Arbeitet mit den Ergebnissen der Forschung"; Einige Bemerkungen über die Wahl der zulässigen Anstrengungen der Werkstoffe"; Über die Dauerfestigkeit der Werkstoffe".

Kommissarischer Vorstand der Materialprüfungsanstalt

Mit dem Tod von Richard Baumann im Jahr 1928 wurde Otto Graf zum kommissarischen Vorstand der gesamten Materialprüfungsanstalt Stuttgart ernannt. Er führte gleichzeitig die durch Baumann gegründete Abteilung „Bauwesen" an und lehrte als Privatdozent in der Abteilung des Bauingenieurwesens an der Technischen Hochschule das Fach Baustofflehre und Materialprüfung.

Eine der vordringlichen Aufgaben für die weitere Entwicklung der Materialprüfungsanstalt war die Beschaffung von neuen leistungsfähigen Prüfmaschinen und anderen notwendigen Einrichtungen. In der kurzen Zeit, in der Otto Graf die gesamte Materialprüfungsanstalt führte, war es ihm gelungen, von der Industrie und von den Stiftungen für diesen Zweck recht beträchtliche Finanzmittel zu erhalten.

Zunächst wurde eine Einrichtung, bestehend aus zwei geeigneten, neuzeitlichen Pressen und einer Steuerung, die fortlaufende Wechsel zwischen Belastung und Entlastung ermöglichte, angeschafft. Im Jahr 1929 und im folgenden Jahr erwarb man bei der MPA zwei Maschinen mit 50 Tonnen Kraftäußerung und zugehörigen Pulsatoren für die Ausübung von 100 bis 500 Lastwechseln je Minute und schließlich zwei Pressen für 60 Tonnen Höchstlast samt Pulsatoren bzw. Steuereinrichtungen. Diese neugewonnene Ausstattung der Materialprüfungsanstalt mit den leistungsfähigen Prüfmaschinen für oftmals wiederholte Belastung und Entlastung ermöglichte die ersten zuverlässigen Erkenntnisse über das Verhalten von Hölzern unter oftmals wiederholter Belastung. Die vorhandenen Pressen für je 60 Tonnen Höchstlast, die zunächst nur rund vier Lastwechsel je Minute gestatteten, wurden im Jahr 1930 durch den Einbau direkter Kontaktsteuerung auf eine Leistung von 20 Wechseln je Minute gebracht und außerdem für die Vornahme von Zugversuchen nach eigenen Plänen ausgerüstet. Dem dringenden Bedürfnis nach einer noch größeren Dauerprüfeinrichtung kam Graf im selben Jahr dank der Unterstützung spendabler Förderer durch Beschaffung einer neuartigen Maschine für 200 Tonnen Höchstlast (für Zug oder Druck oder Biegung oder Zug und Druck) nach, mit der größere Bauglieder von Brücken, Kränen, großen Kraftmaschinen usw. der Dauerprüfung unterzogen werden konnten. Bei einer Gesamthöhe der Maschine von rund zehn Metern könnten Probekörper mit bis zu 5,5 Meter Länge geprüft werden.

Die Auftragslage der MPA erhöhte sich immer mehr, die Anzahl der Mitarbeiter stieg stetig an. In dieser günstigen Lage feierte die Materialprüfungsanstalt im Mai 1929 das 100-jährige Gründungsjubiläum. Aus diesem Anlass schrieb Carl von Bach (dieser Text hat Otto Graf in Bachs Vertretung vorgetragen):

> „Der Tätigkeitsbereich der Materialprüfungsanstalt hat seit dem Krieg eine erhebliche Ausdehnung erfahren. Nach Möglichkeit wurde in erster Linie auf den bisherigen

> Arbeitsgebieten eine Verbesserung der Einrichtungen angestrebt. [...] Es ist uns gelungen, diese Einrichtungen so umfangreich zu gestalten, dass unser Institut in Deutschland für diese wichtige Aufgabe wohl zurzeit am besten ausgerüstet ist. [...] Der Umfang der Arbeit hat außerordentlich zugenommen. Im Jahr 1914 waren 37 Personen in der Materialprüfungsanstalt tätig, [...] heute sind es 67."[119]

Die erfolgreiche Entwicklung der Materialprüfungsanstalt wurde durch die große Finanzkrise des Jahres 1929 und die sich daraus entwickelten Wirtschaftskrise der Jahre 1930 bis 1932 mit steigender Massenarbeitslosigkeit unterbrochen; die dort bis dahin aufgebauten Forschungs- und Untersuchungskapazitäten waren nicht ausgelastet. Die beiden Abteilungen der MPA – Maschinenbau und Bauwesen – waren von diesem Problem in gleicher Weise betroffen. Die Krisenzeit 1931 bis 1932 wurde durch Arbeitskürzungen, Austausch einiger Arbeitskräfte innerhalb der Abteilungen, aber auch durch einige Entlassungen überbrückt. Die von Otto Graf geführte Abteilung „Bauwesen" behauptete sich nur durch die Ausführung von kleinen Aufträgen für das Handwerk und die öffentliche Hand. Man widmete sich unter Hinnahme finanzieller Verluste verstärkt den didaktischen Aufgaben der Hochschule. Die Zahl der Beschäftigten bei der gesamten MPA sank von 75 Personen im Jahr 1930 (davon 45 bei der Bauwesenabteilung) bis zum Ende 1932 auf 69 (bei der Abteilung „Bauwesen" waren es 39) Personen. Es ist Otto Graf zu verdanken, dass es bei der Materialprüfungsanstalt in dieser Zeit zu keinen nennenswerten Entlassungen kam.

Am 1. April 1930 wurde Otto Graf im Alter von 49 Jahren und nach 27-jähriger Betriebszugehörigkeit bei der MPA zum planmäßigen, aber nur außerordentlichen Professor der Technischen Hochschule ernannt. Es zeigte sich im Vergleich zu vielen gleichaltrigen Kollegen aus anderen Abteilungen der Technischen Hochschule Stuttgart, dass diese Ernennung Grafs nicht dem Rang entsprach, den er für sich aufgrund seiner langen und sehr erfolgreichen Tätigkeit auf dem Gebiet der wissenschaftlichen Baumaterialforschung beanspruchte.[120] Offensichtlich bedeutete für die bürokratische Hochschul-

---

[119] Bach (1929), S. 8.

[120] Von den Persönlichkeiten der Abteilung für Bauingenieurwesen der TH Stuttgart wurden viele schon bedeutend früher als Graf zum ordentlichen Professor berufen:
- In der Abt. für Bauingenieurwissenschaften: Emil Mörsch (Jahrgang 1872) - im Jahr 1916, Leopold Rothmund (Jahrgang 1879) – im Jahr 1926, Emil Neumann (Jahrgang 1881) – im Jahr1926, Carl Pirath (Jahrgang 1885) - im Jahr 1926, Hermann Maier-Leibnitz (Jahrgang 1885) – im Jahr 1919, sowie
- in der Abt. für Architektur: Paul Bonatz (Jahrgang 1877) – im Jahr 1908, Paul Schmitthenner (Jahrgang 1884) – im Jahr 1918.

verwaltung die nicht vorhandene Hochschulbildung von Graf auch in der Zeit der Weimarer Republik viel mehr als seine Erfolge und der Ruf, einer der besten Baumaterialforscher in ganz Deutschland zu sein.

Gegen Ende des Jahre 1931, in dem der Gründer der Materialprüfungsanstalt, Staatsrat und Professor Dr.-Ing. e.h. Carl von Bach in seinen 85. Lebensjahr verstarb, wurde auf den Lehrstuhl für Festigkeitslehre und Werkstoffkunde in der Abteilung für Maschineningenieurwesen der Technischen Hochschule Stuttgart der Abteilungsleiter am Kaiser-Wilhelm-Institut für Eisenerforschung in Düsseldorf, Dr.-Ing. Erich Siebel, zum ordentlichen Professor berufen und zugleich als Vorstand der dortigen Materialprüfungsanstalt eingesetzt. Nach der Abgabe der Interimsleitung der MPA wurde Otto Graf zum stellvertretenden Vorstand der Materialprüfungsanstalt ernannt, führte nach wie vor die bereits selbstständig agierende Abteilung „Bauwesen“ und setzte als außerordentlicher Professor seine Lehrtätigkeit in der Abteilung für Bauingenieurwesen der TH Stuttgart fort. Im Studienjahr 1932/33 hielt er folgende Vorlesungen und Übungen: Baustofflehre und Materialprüfung, neue Ergebnisse der Materialprüfung und Materialprüfung für Architekten.[121]

[121] UAS: Studienprogramm der TH Stuttgart (1932/33), S. 50 und 57.

Betontechnologe und Qualitätsüberwacher der Reichsautobahnen 1933–1939

Bild 4. Otto Graf in seinem Büro in Stuttgart-Berg im Jahr 1927[122]

Der Beginn der 1930er Jahre in Deutschland stand unter den sich verschärfenden politischen Auseinandersetzungen zwischen den Vertretern der Grundprinzipien der Weimarer Republik und den immer stärker werdenden Nationalsozialisten. Der Beruf der Hochschullehrer repräsentierte zwar nur eine sehr kleine gesellschaftliche Gruppe, genoss aber in der Öffentlichkeit bereits vor dem Ersten Weltkrieg große Achtung und Prestige. Die politische Haltung dieser Gruppe, u.a. in der Frage der Konsequenzen des verlorenen Krieges und des Versailles-Vertrages, war in den 1920er Jahren bereits sehr gespalten. Eine Minderheit bekannte sich öffentlich zur Republik, der wesentlich größere Teil tendierte mehr nach rechts und unterstützte deutschnationale Tendenzen. Über die politische Einstellung von Otto Graf vor 1933 lässt sich aufgrund fehlender Quellen nichts Konkretes sagen. Er wuchs in der Kaiserzeit auf, und es darf angenommen werden, dass er einer patriotischen und monarchistischen Einstellung nicht abgeneigt war. Er nahm aktiven Anteil am Ersten Weltkrieg, wurde dort verwundet – später militärisch gefordert und gefördert. Es wäre nicht verfehlt anzunehmen, dass Graf mit dem Ausgang des Ersten Weltkrieges und der politischen Wirklichkeit in der Weimarer Republik unzufrieden war. Hinzu kam seine persönliche Unzufriedenheit aufgrund seiner nach wie vor nicht ganz zufriedenstellenden Anstellung bei der MPA sowie an

[122] Otto Graf in seinem Stuttgarter Büro im Jahr 1937. In: UAS Sing. 337171637, Bl. 1927.

der Stuttgarter Hochschule. Auch die zwischen 1925 und 1932 von ihm erreichten leitenden Positionen innerhalb der MPA und an der TH Stuttgart betrachtete Graf nur als eine Zwischenstufe seiner wissenschaftlichen Entwicklung und beruflichen Karriere. Er dürfte sich in seinen weiteren beruflichen Erwartungen nicht nur auf seine Fähigkeiten und Erfahrungen stützen, sondern auch auf den angenommenen Wahrheitsgehalt der nationalsozialistischen Parolen über die Technisierung der Wirtschaft und den versprochenen Aufschwung. Die an der Technischen Hochschule Stuttgart herrschenden völkisch-nationalen Einstellungen vieler Professoren und der überwiegenden Mehrheit der Studierenden übten selbstverständlich auch auf Grafs politische Einstellung Einfluss aus, schließlich arbeitete er in der Nähe der Architekturabteilung der TH Stuttgart, deren führenden Vertreter (Stortz, Schmitthenner u.a.) große Sympathisanten der NSDAP waren und für die politischen Ziele der Nationalsozialisten offen Werbung betrieben.

Diese Erwartungen von Otto Graf sollten sich relativ schnell bewahrheiten. Die nach 1933 anziehende Baukonjunktur bescherte der MPA eine steigende Anzahl von Prüfungs- und Versuchsaufträgen. Für die Realisierung ihrer Pläne bevorzugten die Nationalsozialisten die Zusammenarbeit mit bereits existierenden wissenschaftlichen Instituten und Anstalten, die mit ihrer technischen Ausrüstung und erfahrenen Mitarbeitern solche Aufträge schnell realisieren konnten. Die bestens ausgestattete Materialprüfungsanstalt in Stuttgart entsprach diesen Erwartungen. Die erfolgreiche Entwicklung der Abteilung „Bauwesen“ unter der Leitung von Otto Graf wurde bald aufgewertet, indem sie im Jahr 1936 innerhalb der MPA in das „Institut für Bauforschung und Materialprüfungen des Bauwesens“ umbenannt wurde und noch größere Selbstständigkeit erhielt. Otto Graf als Direktor dieses Institutes galt als Garant für hohe wissenschaftliche Qualität. Unter dem Rektor der Technischen Hochschule Stuttgart, Wilhelm Stortz, einem seit 1931 aktiven Mitglied der NSDAP, war es für Otto Graf leicht, endlich die lang ersehnte ordentliche Professur zu erhalten. Er wurde am 9. Juni 1936 zum Ordinarius für Baumaterialkunde und Materialprüfungen in der Abteilung für Bauingenieurwesen an der Technischen Hochschule Stuttgart berufen.

Reichsautobahnen[123]

Kurz nach der Regierungsübernahme durch die Nationalsozialisten am 30. Januar 1933 in Deutschland kündigte Adolf Hitler den Bau eines gesamtdeutschen Straßensystems an. Diese Investitionsmaßnahme wurde durch das Gesetz vom 27. Juli 1933 über die Errichtung des Unternehmens „Reichsautobahnen" amtlich bekannt gemacht. Das umfassende Straßenbauprogramm (auch als „Straßen des Führers" bekannt) wurde von Hitler als Heilmittel gegen die damalige Massenarbeitslosigkeit in Deutschland propagiert. Das Konzept dieses Programm basierte auf den in der Zeit der Weimarer Republik durch die Organisation HAFRABA[124] entwickelten Plänen für den Bau von sogenannten Nur-Autostraßen sowie auf dem organisatorischen Konzept einer Studiengesellschaft STUFA;[125] es wurde jedoch durch die Nationalsozialisten als Hitlers Erfindung missbraucht. Der Generalinspektor für das deutsche Straßenwesen, Fritz Todt,[126] ein langjähriges Mitglied der NSDAP und erfahrener Straßenbauexperte, stand der neugegründeten Obersten Reichsbehörde und der Direktion des Unternehmens „Reichsautobahnen" in Berlin als Gesamtverantwortlicher für die Realisierung des Reichsautobahnenbaus vor. Das Unternehmen „Reichsautobahnen" erhielt das ausschließliche Recht zum Planen, Bauen und Betreiben der zukünftigen Autobahnen in ganz Deutschland und wurde personell durch die Übernahme, überwiegend aus dem Fachpersonal der Deutschen Reichsbahn, der besten deutschen Bauexperten aufgestellt. Die Planungsleistungen wurden durch eine neugegründete „Gesellschaft zur Vorbereitung der Reichsautobahnen e.V." (GEZUVOR) erarbeitet, die durch die Umwandlung des früheren Vereins HAFRABA im August 1933 entstanden war. Für die im Bereich des Straßenbauwesens dringend notwendigen Forschungsarbeiten wurde im Dezember 1934 eine „Forschungsgesellschaft für das Straßenwesen e.V." in Berlin neu gegründet, die ebenfalls aus der früheren Studiengesellschaft STUFA hervorgegangen war. Die Leitung dieser Forschungsgesellschaft übernahm ebenfalls der General-

---

[123] Vgl. Umfassende Darstellung in Ditchen (2009).

[124] HAFRABA – Verein zur Förderung der Autostraße **Ha**nsestädte-**Fra**nkfurt/M.-**Ba**sel, gegründet am 19. 11.1926 in Frankfurt.

[125] STUFA – Studiengesellschaft für den Automobilstraßenbau, gegründet am 21. 10.1924 in Berlin.

[126] Todt, Fritz (1891 – 1942), Straßenbauingenieur, Mitglied der NSDAP seit 1923, Generalinspektor für das deutsche Straßenwesen seit 1933, Erbauer des Westwalls und Chef und Namensgeber der Organisation Todt seit 1938, Generalbevollmächtigter für die Regelung der Bauwirtschaft seit 1938, Generalinspektor für Sonderaufgaben im Vierjahresplan seit 1940, Reichsminister für Bewaffnung und Munition seit 1940 und Generalinspektor für Wasser und Energie seit 1941.

inspektor für das deutsche Straßenwesen, Fritz Todt. Zur Vorbereitung, Durchführung und Überwachung von Bauarbeiten der etwa 7.000 Kilometer langen geplanten Autobahnen wurden regional in ganz Deutschland 15 Oberste Bauleitungen der Reichsautobahnen (OBR)[127] eingerichtet. Der Bau des ersten Abschnittes der Reichsautobahnen Frankfurt/Main-Darmstadt begann (mit der Verwendung der in der HAFRABA bereits vorliegenden Pläne) mit einem von nationalsozialistischer Medienpropaganda begleitenden „ersten Spatenstich" am 23. September 1933.

Die Reichsautobahnen waren ausschließlich für den ungehinderten motorisierten Schnellverkehr mit gummibereiften Kraftfahrzeugen geplant. Bei der Frage des Materials für die Fahrbahndecken standen im Jahr 1934 Zementbeton, Asphalt oder Teerbeton sowie Natursteinpflaster als sogenannte schwere Deckenarten zur Wahl. Die damals getroffene Entscheidung, die Fahrbahndecken der Reichsautobahnen überwiegend aus Beton herzustellen, war das Ergebnis verschiedener Faktoren. Zu den wichtigen zählte die Absicht der Politik, einzelne, relativ kurze Teilabschnitte der Reichsautobahnen bauen zu wollen und sie möglichst schnell in Betrieb zu nehmen. Damit erhoffte man sich einen anhaltenden propagandistischen Effekt des schnellen Erfolgs bei der Realisierung des großen Programms des nationalsozialistischen Reichsautobahnbaus. Um dieses Ziel zu erreichen, war es notwendig, eine Straßendeckenart zu wählen, die dank eigener Steifigkeit in der Lage war, die Ungleichheiten des Straßenunterbaus problemlos zu überbrücken, umso mehr, als nach den anfangs noch in Handarbeit ausgeführten Erdarbeiten solche Ungleichheiten sicher zu erwarten waren. Aus wirtschaftlichen Gründen sollten bei der Wahl des Materials für die Straßendecken möglichst viele heimische Baustoffe verwendet werden, um die Transportkosten zu senken, das volkswirtschaftlich wichtige Prinzip der Materialautarkie umzusetzen und die Beschäftigung von örtlichen Arbeitskräften (Arbeitslosen) zu ermöglichen. Die zahlreichen Untersuchungen bestätigten die Annahme, dass der Bau von Fahrbahndecken aus Zementbeton am besten die notwendige Qualität für die angestrebte Art der Nutzung sichern könnte.

Der Bau der Reichsautobahnen als Betonstraßen stellte alle Beteiligten in Verwaltung, Wirtschaft und Wissenschaft vor vielen neuen und häufig

[127] In der Anfangsphase der Realisierung des Programms „Reichsautobahnen" wurden diese örtlichen Organisationen als die „Obersten Bauleitungen der Kraftfahrbahnen" (OBK) genannt.

dringenden Aufgaben. Den damaligen deutschen Straßenbauunternehmungen fehlten Erfahrungen im Betonstraßenbau in der bei den Reichsautobahnen notwendigen Dimension, vor allem beim Fahrbahndeckenbau. Für die Lösung der anstehenden theoretischen und ausführungstechnischen Probleme setzte der Generalinspektor für das deutsche Straßenwesen, Fritz Todt, die unter seiner Leitung stehende „Forschungsgesellschaft für das Straßenwesen" ein; dort wurden für einzelne Problemgebiete Arbeitsgruppen gebildet, die sich aus den besten Spezialisten aus ganz Deutschland zusammensetzten. Die Direktion des Unternehmens „Reichsautobahnen" in Berlin gründete in ihrem Tätigkeitsbereich für Problemfälle technische Beiräte. Da die meist anstehenden technischen Probleme des Betonstraßenbaus sowohl für die Straßenverwaltungen als auch für das technische Personal der Baufirmen neu, unbekannt und nicht ausreichend erforscht waren, wurde ein großes Bildungsprogramm ins Leben gerufen. Das eingeführte Schulungsprogramm basierte auf den Erfahrungen und Ergebnissen der breit angelegten Forschungsarbeiten, die auf Versuchsstrecken, in den Materialprüfungsämtern und -anstalten sowie in Hochschulinstituten durch theoretische Ansätze in Versuchen erforscht, überprüft und in Ausführungsrichtlinien und technischen Normen erfasst wurden.

Der Vorsitzende des Beirats für die Erforschung der Betonfahrbahndecken, der innerhalb des Unternehmens „Reichsautobahnen" seit Frühjahr 1934 aktiv war, Prof. Dr. Ing. Paul Kögler,[128] wandte sich in einem Schreiben vom 9. April 1934 an Otto Graf in der Materialprüfungsanstalt in Stuttgart:

> „[Die] Direktion der Reichsautobahnen hat einen Beirat geschaffen, der sich in der Frage beraten soll, die für die Gestaltung und Herstellung der Straßendecke von grundlegender Bedeutung sind. Hierzu gehören u.a. die Eignung der Zemente und ihre etwaige Verbesserung. Da Sie auf diesem Gebiet als Fachmann anerkannt sind, so erlaube ich mir als Vorsitzender dieses Beirats an Sie die ergebene Frage zu richten, ob Sie wohl bereit wären, uns über die oben angedeutete Frage einen kurzen Vortrag zu halten oder ein schriftliches Referat zu erstatten. Erwünscht wäre Stellungnahme zu folgenden Einzelfragen:
>
> 1. Anforderungen an den Zement bei seiner Verwendung für Betondecken der Reichsautobahnen.
> 2. Wieweit erfüllen die deutschen Zemente diese Anforderungen?
> 3. Sind ausländische Zemente in dieser Beziehung besser als unsere deutschen?

[128] Kögler, Paul (1882 – 1939), Regierungsbaumeister, Professor für Technische Mechanik und Baukunde an der Bergakademie in Freiberg/Sachsen.

4. In welcher Richtung, wieweit und mit welchen Mitteln lassen diese sich verbessern?

Ich weiß, dass manche dieser Fragen sich nicht sofort endgültig beantworten lassen, glaube sie aber trotzdem stellen zu sollen, um möglichst klar zu umreißen, worauf es im Augenblick ankommt. Da Sie mitten in der Erörterung dieser Fragen stehen, so dürfte es Ihnen nicht schwer werden, einen Überblick über den augenblicklichen Stand zu geben. Aus dieser Überzeugung schöpfe ich auch Hoffnung, dass es Ihnen möglich sein wird, eine solche Darstellung recht bald zu geben."[129]

Mit diesem Schreiben begann die lang anhaltende und komplexe Zusammenarbeit der Stuttgarter Materialprüfungsanstalt und ihrer Abteilung „Bauwesen" unter der Leitung von Otto Graf mit allen für die Forschung und Bauüberwachung von Reichsautobahnen zuständigen und verantwortlichen Personen und Stellen, beginnend mit Fritz Todt, dem Generalinspektors für das deutsche Straßenwesen, mit der „Forschungsgesellschaft für das Straßenwesen" in Berlin, mit der Reichsautobahndirektion in Berlin sowie mit fast allen Obersten Bauleitungen der Reichsautobahnen in ganz Deutschland. Das Schreiben von Kögler zeugt gleichzeitig vom hervorragenden wissenschaftlichen Ruf, den die Stuttgarter MPA und Otto Graf persönlich im Bereich der Baumaterialkunde in Deutschland innehatten.

Otto Graf entsprach der an ihn herangetragenen Bitte von Kögler und erklärte sich bereit, an der ersten Sitzung des Beirats der Reichsautobahndirektion am 27./28. April 1934 in Frankfurt/Main teilzunehmen und dort zu den gestellten Fragen zu sprechen. In seinem Vortrag unter dem Titel „Über die Beurteilung der Zemente zum Betonstraßenbau" analysierte Otto Graf die gesamte Qualitätsproblematik der in Deutschland hergestellten Zemente hinsichtlich deren Anwendung bei der Erstellung von Betonfahrbahndecken der Reichsautobahnen. Er wies auf die auf dem Markt fehlenden Spezialzemente und auch auf die für ihre Herstellung in Deutschland noch nicht vorhandenen technischen Normen hin. Ebenso betonte er die Notwendigkeit einer systematischen Qualitätsüberwachung von derartigen Bauleistungen. Seine Ausführungen schloss Graf wie folgt ab:

„Wie kann man aus der Mannigfaltigkeit der Zemente die für den Betonstraßenbau geeigneten wählen? Die Antwort ist meines Erachtens einfach. Man beschreitet den bisher üblichen Weg, d.h. man benutzt ausgewählte Zemente, allerdings muss die Wahl anders als bisher geschehen. Man kann durch Ermittlung der Druck- und Biegefestigkeit, der Raumänderung, der Empfindlichkeit, der Festigkeit beim

[129] Schreiben von Kögler an Otto Graf vom 9. April 1934. In: UAS Sign. 33/1/1391..

Austrocknen, die Dehnungsfähigkeit vergleichsweise feststellen, welche Zemente in den einzelnen Bezirken für den Straßenbau besonders geeignet sind. Dabei sind weich anmachende Mörtel oder praktisch guter Beton zu benutzen. Mit so ausgewählten Zementen sollte zunächst gebaut werden.

Darüber hinaus ist das Verhalten bei niederer Temperatur beim Anmachen und Verarbeiten zu prüfen, damit für die Anwendung bei niederer Temperatur Klarheit entsteht und andere praktische Umstände gebührend beachtet werden können. Naturgemäß sind diese Untersuchungen beschleunigt auszuführen. Man kann annehmen, dass man wenigstens eine grobe Auslese in wenigen Wochen erhalten kann, die feine Auslese selbstverständlich erst später. Ich bin überzeugt, dass wenn man mit der Auswahl der Zemente wie vorgeschlagen vorgeht und im Übrigen bei der Betonherstellung das beachtet, was man seit Jahren in Deutschland weiß, ausgezeichnete Betonstraßen entstehen."[130]

Das Manuskript dieses Vortrages von Otto Graf vom 27. April 1934 wurde an alle Obersten Bauleitungen der Reichsautobahnen sowie an die deutschen Prüfungsstellen verschickt; es galt für viele Jahre als Grundlage und Einleitung bei der Auswahl von Zementen für die Betonfahrbahndecken der Autobahnen. Für die ersten Teilabschnitte der ausgeführten Reichsautobahnen wurden nach dem von Graf vorgeschlagenen Verfahren ausgewählte Portlandzemente zugelassen. Gleichzeitig wurde auch der Vorschlag von Otto Graf angenommen, die Qualität dieser ausgewählten und bestellten Zemente bereits in ihren Zementwerken prüfen zu lassen. Die meisten Obersten Bauleitungen der Reichsautobahnen haben die Stuttgarter Materialprüfungsanstalt mit der Überwachung der Zementproduktion in den Zementfabriken sowie mit der Klärung von Ausführungsdetails bei der Herstellung des Betons auf den Straßenbetonbaustellen beauftragt.

Unter dem Eindruck, den Otto Graf mit seinem Vortrag hinterlassen hatte, wurde ihm die Mitgliedschaft in diesem technischen Beirat bei der Reichsautobahndirektion in Berlin angeboten. Graf meldete dem Vorsitzenden Kögler sein Interesse an dieser Mitgliedschaft an, jedoch nicht nur für eine beschränkte Zuständigkeit für den Bereich „Zement":

„Wenn ich als Mitglied Ihres Beirats dauern wirken soll, so darf ich wohl annehmen, dass sich dabei meine Tätigkeit nicht bloß auf den Zement beschränkt, weil ich doch mindestens eben so viel über Beton beibringen kann und überdies seit langer Zeit auch mit der Gestaltung von Baumaschinen und derartigen Dingen verbunden bin."[131]

---

[130] Graf, Otto: Über die Beurteilung der Zemente zum Betonstraßenbau. Vortrag vom 27. April 1934 in Frankfurt/M. In: UAS Sign. 33/1/1391.

[131] Schreiben von Otto Graf an P. Kögler vom 15. Mai 1934. In: UAS Sign. 33/1/1391.

Mit dem Schreiben von Vorstand des Unternehmens „Reichsautobahnen" Rudolphi an Otto Graf vom 21. September 1934 wurde seine Mitgliedschaft beim technischen Beirat an der Reichsautobahndirektion in Berlin formal bestätigt.

Die geschildeten Aktivitäten dieses Beirats waren noch nicht umgesetzt, als die ersten Qualitätskontrollen von Betonfahrbahndecken an der Teilstrecke der Reichsautobahn Frankfurt/Main-Darmstadt erhebliche Mängel aufdeckten. Dementsprechend richtete Fritz Todt eine scharfe Mahnung an die Führung des Deutschen Betonvereins. Es kam zur intensiven Abstimmung zwischen dem Betonverein und dem Beirat, was in kurzer Zeit zur Erarbeitung und Einführung der ersten „Technischen Grundsätze für die Ausbildung von Betondecken auf Autobahnen" führte. In dieser gemeinsamen Arbeit, die aus zwei Hauptteilen – „Bauausführung" und „Bauüberwachung" – bestand, war Otto Graf besonders für die Kapitel „Baustoffe", mit dem Schwerpunkt Zement, Zuschlagstoffe und Kornzusammensetzung, sowie für den gesamten Teil „Bauüberwachung" verantwortlich. Graf nahm in seiner Zuständigkeit als Mitglied des technischen Beirats bei der Reichsautobahndirektion den Kontakt mit allen Obersten Bauleitung der Reichsautobahnen auf und versuchte, überall sein Verständnis von Qualitätsarbeit bekannt zu machen und durchzusetzen.

Bei der nächsten Sitzung des Technischen Beirats der Reichsautobahndirektion am 28. September 1934 in Berlin hielt Otto Graf ein Referat über die „Zemente. Eignung und Prüfung, Auswahl und Bezeichnung der geeigneten Marken" und stellte fest, dass:

> „[...] der Beton hochwertig sein [muss] und eine hohe Tragfähigkeit, große Druckfestigkeit und insbesondere Biegungsfestig besitzen. Hierzu ist eine sorgfältige Herstellung des Betons entsprechend den Richtlinien unter scharfer dauernder Kontrolle erforderlich. Für die Kontrolle ist die Normprüfung nicht ausreichend. Es werden noch zusätzliche Prüfungen vorgeschrieben werden."[132]

Ferner erarbeitete Otto Graf einen neuen Entwurf der „Richtlinien für die Prüfung und Abnahme von Zement, Zuschlägen und Beton auf den Baustellen der Reichsautobahnen", die die Grundlage für die Durchführung von Qualitätskontrollen bilden sollten. Diesen Entwurf stellte Graf auf der Sitzung des „Ausschusses für Fahrbetondecken" der Reichsautobahndirektion am 16. Oktober 1934 in Frankfurt/Main vor. Die vom Graf vorgelegten „Richtlinien"

[132] Niederschrift über die Besprechung vom 28. September 1934. In: UAS Sign. 33/1/1391.

wurden, nach vielseitigen und zum Teil kontroversen Diskussionen, die eine Erweiterung deren Inhalts um die Prüfungen für bituminöse Fahrbahndecken und Decken aus Pflastersteinen zur Folge hatten, mit einem neuen Titel „Richtlinien für Fahrbahndecken – bearbeitet von dem Ausschuss der Fahrbahndecken der Reichsautobahnen" in gebundener Buchform im März 1935 herausgegeben.

Der technische Beirat der Reichsautobahndirektion, der jetzt häufiger unter dem Namen „Beratender Ausschuss für die Fahrbahndecken" auftrat, beschäftigte sich seit 1935 mit der Ausarbeitung weiterer Standarddokumente; seine Arbeit nahm aber immer mehr bürokratische Züge an. Aus diesem Grund verlagerte Otto Graf den Schwerpunkt seines Interesses auf die Unterstützung der Bauleitungen bei der Anwendung der eingeführten Richtlinien, bei der Ausführung verschiedener Materialprüfungen vor Ort sowie auf die weiteren Untersuchungen von Baumaterialien. Er und seine Mitarbeiter von der Materialprüfungsanstalt Stuttgart waren dann überwiegend mit der Durchführung und Auswertung von Untersuchungen auf den Probe- und Versuchsstrecken im ganzen Reichsgebiet beschäftigt.

Die Zusammensetzung der einzelnen Bestandsteile des Betons für die Betonfahrbahndecken, ihre Konstruktion und das Verhalten unter den Verkehrs- und Witterungsbedingungen erforderten Untersuchungen, die nicht nur im Labor, sondern vor allem in der Natur durchgeführt werden sollten. Otto Graf lag großen Wert auf die Überprüfung der theoretischen Ansätze in der Praxis. Auf seinen Vorschlag hin wurden an geeigneten Stellen der Reichs-autobahnen Versuchsstellen errichtet, wo die Tests nach einem vom Otto Graf erarbeiteten Programm durchgeführt wurden. Die ersten derartigen Versuchsstrecken wurden auf den ersten realisierten Autobahnen der Obersten Bauleitungen Frankfurt/Main und München eingerichtet. Dann kamen weitere, insgesamt 18 Versuchsstellen in ganz Deutschland hinzu. Die Durchführung der Untersuchungen vor Ort wurde der Materialprüfungsanstalt Stuttgart übertragen. Die Ergebnisse dieser Untersuchungen wurden bei der MPA bearbeitet, ausgewertet und dann in zahlreichen Veröffentlichungen veröffentlicht.

Zur Klärung der Probleme der Betonfahrbahndecken der Reichsautobahnen und zur Vorbereitung der theoretischen und praktischen Unterlagen für die zukünftigen Richtlinien über die Ausführungsregel von derartigen Bauleistungen hatten Otto Graf mit seinen Mitarbeitern Gustav Weil,[133] Karl Walz[134] und Erwin Brenner in den Jahren 1934 und 1935 zahlreiche Versuchsstellen während des Baus des Autobahnabschnittes Stuttgart–Ulm eingerichtet und, um die gewonnenen Ergebnisse verifizieren zu können, parallel ähnliche Versuche auf den sich ebenfalls im Bau befindlichen Reichsautobahnstrecken München–Holzkirchen und Frankfurt/M.–Heidelberg durchgeführt. Für die notwendigen Messungsarbeiten wurden bei der Materialprüfungsanstalt Stuttgart neue Versuchs- und Messverfahren entwickelt. Die Arbeiten vor Ort leitete Gustav Weil, an der Auswertung der Ergebnisse waren auch Karl Egner[135] und andere MPA-Ingenieure beteiligt. Bei der Realisierung dieses von Otto Graf geleiteten umfangreichen Forschungsprogramms entwickelte sich unter seiner Ägide eine Gruppe von Ingenieuren, die sich in den Fragen des Betonstraßenbaus spezialisierten. In Rahmen dieses geführten Untersuchungs- und Messprogramms wurden folgende konstruktive Probleme bearbeitet:

1. Dehnungen an der Oberfläche der Betonplatten unter dem Einfluss ruhender Lasten bei verschiedener Dicke der Platten und bei verschiedener Beschaffenheit des Untergrundes,
2. Biegefestigkeit und zulässige Beanspruchung des Untergrunds,
3. Bruchversuche der Fahrbahnplatten,
4. Anstrengung des Betons in den Fahrbahndecken bei beweglicher Last und Änderung der Widerstandsfähigkeit der Fahrbahndecken mit steigendem Alter,
5. Einsenkung der Fahrbahnplatten,
6. Berechnung der Formänderungen und der Anstrengungen der Betonfahrbahnplatten unter den Verkehrslasten,
7. Temperaturveränderungen der Betonfahrbahnplatten und Ermittlung der Temperatur, die als die mittlere für die Berechnung angenommen werden sollte,

[133] Weil, Gustav Adolf (1903 – 1972), Maschinenbauingenieur, Schüler, Doktorand und Mitarbeiter von Otto Graf, kommissarischer Leiter des Instituts für Bauforschung und Materialprüfungen des Bauwesens in Jahren 1946 – 1948 und 1950 – 1952, Professor für Baustoffkunde an der TH Stuttgart und Direktor des Instituts (1956 – 1972).

[134] Walz, Kurt Paul Otto (1908 – 1972), Bauingenieur, Schüler, Doktorand und Mitarbeiter von Otto Graf, apl. Professor für Baustoffkunde an der TH Stuttgart (1948 – 1956)

[135] Egner, Karl (1906 – 1987), Bauingenieur, Schüler, Doktorand und Mitarbeiter von Otto Graf, ao. Professor für Holzbau und Direktor der Amtlichen Forschungs- und Materialprüfungsanstalt an der TH Stuttgart.

8. Änderungen der Weite der Querfugen während eines Tages und während langer Zeit mit der Ermittlung des Einflusses auf die Plattenlänge und Güteforderungen für die Fugenmasse.[136]

Die wissenschaftliche Erforschung und praktische Umsetzung der Forschungsergebnisse über die Baumaterialien und Ausführungstechnologie bei den Reichsaustobahnen gehörten zu den Aufgaben der „Forschungsgesellschaft für das Straßenwesen" in Berlin. Für die Realisierung dieser Ziele wurden die besten Wissenschaftler und die bekanntesten deutschen Institute eingebunden. Die Arbeitsrichtung war vor allem durch den Bau der Reichsautobahnen vorbestimmt, da die Betonfahrbahndecken den überwiegenden Teil der Reichsautobahnen stellten. Aus diesem Grund wurde bei der „Forschungsgesellschaft" eine Arbeitsgruppe „Betonstraßen" gebildet, deren Hauptaufgabe es war, die technische Voraussetzung für den qualitativ optimalen Bau von Betonfahrbahndecken zu schaffen. Otto Graf übernahm zu Beginn innerhalb der Forschungsgruppe „Betonstraßen" die Verantwortung für den Bereich „Zementprüfung". Nachdem seine Position und die Bedeutung seines Aufgabengebiets stetig an Umfang und Komplexität zunahmen, wurde er als Obmann von drei Untergruppen – „Zementprüfung", „Beton" und „Bau" – gewählt.

Die Arbeit der Forschungsgruppe „Betonstraßen" richtete sich ab 1936 nach einem langfristigen Forschungsplan, der aufgrund zusätzlicher Ergänzungen im Jahr 1937 einen dauerhaften Charakter erhielt und erst im Jahr 1941 aufgrund der kriegsbedingten Veränderungen unterbrochen werden musste. An der Realisierung dieses Programms waren neun bekannte deutsche Hochschulinstitute beteiligt, darunter auch das von Otto Graf geleitete „Institut für Bauforschung" der Stuttgarter Materialprüfungsanstalt. Die einzelnen Aufgaben dieses umfangreichen Forschungsprogramms wurden jeweils den Gruppen von Forschungsinstituten gestellt, die dafür aufgrund ihrer Spezialisierung, Erfahrung und vorhandener Kapazitäten geeignet waren, wobei für jeden Themenbereich einem von der Forschungsinstitute die Federführung, einschließlich die Pflicht der Berichterstattung, zugewiesen wurde. Die Materialprüfungsanstalt an der Technischen Hochschule Stuttgart und

[136] Graf, Otto: Aus Versuchen mit Betondecken der Reichskraftfahrbahnen, durchgeführt in den Jahren 1934 und 1935. In: Betonstraße (1936), Heft 9, S. 193–203; Heft 11, S. 272–281; ferner in: Schriften der Forschungsgesellschaft für das Straßenwesen e.V., Arbeitsgruppe „Betonstraßen", Heft 5, Zementverlag Berlin 1936.

persönlich Otto Graf als Leiter des „Instituts für Bauforschung" waren an fast allen Forschungsthemen dieses Programms beteiligt und übernahmen bei den folgenden Themen die Federführung:

1. Schwingungsprobleme der Betonfahrbahndecken,
2. Verhalten der Zemente im Wechsel zwischen Trocken- und Nasszustand,
3. Verhalten der Zemente abhängig vom Zementalter,
4. Untersuchung der Festigkeit der Zementproben in Würfel-, bzw. Zylinderform,
5. Betonermüdung durch wiederholte Durchfeuchtung und Austrocknung
6. Bewehrung der Betonfahrbahndecken,
7. Eignung der Streckmetalle,
8. Untersuchung der Fugen der Betonfahrbahndecken,
9. Untersuchung von Fugendübeln,
10. Messungen der Verwerfungen der Fahrbahnplatten,
11. Zweckmäßige Auflagerung der Fahrbahndecken (Auflagerschwellen, Randschwellen, Sandschicht usw.),
12. Entwicklung eines Prüfverfahrens zur Bestimmung der Verdichtung des frisch gefertigten Betons,
13. Maßnahmen zur Ausbesserung der mangelhaft ausgeführten Betondecken.[137]

Für diese Forschungsthemen erstattete Otto Graf jährlich einen Tätigkeitsbericht über den Stand dieser Forschung bzw. über die im Berichtsjahr erzielten Ergebnisse. Diese Berichte wurden seitens der Materialprüfungsanstalt bis zum Ende des Kriegsjahres 1940 erarbeitet und abgegeben.

Stahl- und Holzbau

Das aktive und vielseitige Engagement von Otto Graf und seines „Instituts für Bauforschung und Materialprüfungen im Bauwesen" hinsichtlich der Thematik der Betonstraßen und der Realisierung von Reichsautobahnen bildete in der zweiten Hälfte der 1930er Jahre den Schwerpunkt seiner Aktivitäten. Das bedeutete aber nicht, dass er andere Themenbereiche vollkommen vernachlässigt hätte. Das von Otto Graf geführte Institut der MPA leistete für die konkreten Bauausführungen theoretische und praktische Unterstützung,

[137] Vgl. BAB-Akten R 4601. In: UAS – Archivsignatur 630.

nicht nur bei der Auswahl und Anwendung von geeigneten Baumaterialien, sondern auch durch technische Beratung bei Konstruktionsproblemen.

Eine Reihe von Untersuchungen, die Otto Graf in dieser Zeit intensiv weitergeführt hatte, betraf die Optimierung von Niet- und Schweißverbindungen im Stahlbau. Es handelte sich um die zweckmäßige Gestaltung und Ausführung von Straßenbrücken mit derartigen Verbindungen.[138]

Von Beispielen der konstruktiven Beratung und Materialuntersuchung beim Brückenbau berichtet Fritz Leonhardt, einer der größten deutschen Brückenbauer der zweiten Hälfte des 20. Jahrhunderts. Für die Autobahnbrücken des Abschnitts Stuttgart–Ulm hatte Leonhardt zusammen mit seinem Vorgesetzten Karl Schaechterle eine Leichtfahrbahn aus den mit Beton ausgesteiften, geschweißten Tonnen- und Buckelblechen vorgeschlagen. Diese damals konstruktive Neuigkeit in Deutschland brachte Leonhardt von seinem Studienaufenthalt in den USA mit; sie wurde später auch von einem bekannten Berliner Brückenbauer, Georg Schaper, angewendet. Diese Konstruktionsart bildete auch den Gegenstand der Untersuchungen von Otto Graf, der seine Schlussfolgerungen später veröffentlichte.[139]

Fritz Leonhardt baute in den Jahren 1938 bis 1941 für die Reichsautobahnen eine der damals größten Hängebrücken über den Rhein bei Köln-Rodenkirchen. Er schrieb über die Aktivitäten der Stuttgarter Professoren Maier-Leibnitz und Otto Graf bei der Realisierung dieser Brücke:

> „Da bei dem damaligen Stand der Berechnungsmethoden für Hängebrücken [...] ließ ich in der MPA Stuttgart unter Betreuung von Prof. Maier-Leibnitz Messungen an einem statischen Modell im Maßstab 1:100 machen, um die Ergebnisse der Berechnungen zuverlässig zu überprüfen. [...] Der Montageleiter konnte mit diesem Modell ohne langwierige Berechnungen die Auswirkungen seiner Maßnahmen feststellen. Schließlich ließ ich erstmalig Windkanalversuche in Göttingen durchführen [...] Bei den Stahlpylonen verlangte ich Kontaktstöße in den horizontalen Fugen, damit kleine Stoßlaschen genügten [...] Bei all diesen Versuchen wirkten die Professoren Schaechterle, Maier-Leibnitz und Graf."[140]

---

[138] Graf, Otto: Versuche über das Verhalten von genieteten und geschweißten Stößen in Trägern I 30 aus St 37 bei oftmals wiederholter Belastung. In: Stahlbau 10 (1937).

[139] Graf, Otto: Über Leichtfahrbahntragwerke für stählerne Straßenbrücken. In: Stahlbau 10 (1937), H. 14/15, S. 110–112; H. 16, S. 123–127.

[140] Leonhardt (1998), S. 78f.

Auch auf dem Gebiet der Erforschung und Normierung des Holzbaus war Otto Graf nach wie vor aktiv. Der bereits in Kraft getretene Vierjahresplan der nationalsozialistischen Wirtschaft zog einen ungewohnt steigenden Bedarf an Holz als Werk- und Baustoff nach sich. In diesem Zusammenhang waren die Erfahrungen von Graf sehr dienlich. Seine bereits früher veröffentlichen Vorschläge über die Förderung des Ingenieurholzbaues hatten zu seiner Beteiligung an der Aufstellung der DIN-Norm 1052 „Holzbauwerke, Berechnung und Ausführungsgrundlagen für hölzerne Brücken" sowie zu deren Verbesserung und Ergänzung geführt. Grafs grundlegende Vorschläge hinsichtlich der Einteilung der Bauhölzer in Güteklassen[141] sowie seine wichtigen Untersuchungen über den Einfluss der Holzbeschaffenheit auf die Tragfähigkeit erhielten hiermit große praktische Bedeutung. Mit der Untersuchung und Anwendung von wasserbeständigem Kunstharzleim betrat Graf weiteres Neuland der Leimbauweise im Holzbau. Es öffnete sich ein weites Feld für die Untersuchungen der zweckmäßigen Anwendung der sich auf dem Markt befindlichen Leime und für die sachgemäße Ausbildung der Bauteile von Holzkonstruktionen.[142]

Ordinarius für Baumaterialkunde und Materialprüfung

Neben dem Druck, der aus der Arbeit und der Verantwortung als Leiter der Abteilung Bauwesen und später als Direktor des Instituts für Bauforschungen und Materialprüfungen des Bauwesens resultierte, hatte Graf seine Lehrtätigkeit stets mit besonderer Liebe und Hingabe ausgeübt. Seine Vorlesungen und die von ihm persönlich geführten Übungen und Exkursionen waren bei den Studierenden sehr beliebt. Fritz Leonhardt, einer seiner Schüler, der später zum größten deutschen Brückenbauer werden sollte, schrieb: *„Bei Otto Grafs Baustoffkunde versäumte ich keine Vorlesung und keine Übung."* [143]

---

[141] Graf, Otto: Tragfähigkeit der Bauhölzer und der Holzverbindungen. Grundlage für die Beurteilung der Hölzer nach Güteklassen. Zusätzliche Beanspruchungen. In: Mitteilungen des Fachausschusses für Holzfragen beim VDI und dem Deutschen Forstverein. Berlin 1938.

[142] Graf, Otto; Egner, Karl: Versuche mit geleimten Laschenverbindungen aus Holz. In: Roh- und Werkstoff 1. (1938), H. 12, S. 460 – 464.

[143] Leonhardt (1998), S. 15f.

Viele wertvolle Dissertationen wurden unter seiner Leitung und Anregung erarbeitet. Die folgenden 30 Dissertationen entstanden unter seiner verantwortlichen Berichterstattung bis zum Beginn des Zweiten Weltkrieges:

- 1929 Cantz, Hermann: „Erfahrungen mit der Baukontrolle im Eisenbetonbau bei der Errichtung des Schuppenspeichers VII im Stettiner Freihafen“
- 1930 Charpentier, Walter: „Über die Zusammenhänge von Verschleiß und Korrosion an Konstruktionsstählen bei Kaltbearbeitung durch Druckwechsel, rollende Reibung und gleitende Reibung“
- 1930 Walz, Kurt: „Die heutigen Erkenntnisse über die Wasserdurchlässigkeit des Mörtels und Betons“
- 1930 Barner, Gottlob: „Der Einfluss von Bohrungen auf die Dauerzugfestigkeit von Stahlstäben“
- 1931 Wellinger, Karl: „Eigenspannung, Gefüge und Festigkeit warmgeschlagener Nieten“
- 1931 Pfeiffer, Erich: „Dauerversuche mit Flacheisenschweißungen bei Beanspruchung auf Biegung. Untersuchung der zugehörigen Prüfmaschinen usf.“
- 1931 Woernle, Rolf: „Untersuchungen über die Kraftverteilung in Nietverbindungen“
- 1932 Sonnleithner, Emil: „Verlauf der Feuchtigkeit innerhalb des Holzes während der Trocknung“
- 1933 Seybold, Berthold: „Über die Scherfestigkeit spröder Stoffe“
- 1933 Roschmann, Robert: „Untersuchung von Beton und Natursteinen auf Frostbeständigkeit“
- 1934 Weil, Gustav: „Über die Reibungsbeiwerte zwischen Rad und Fahrbahn“
- 1934 Egner, Karl: „Beiträge zur Kenntnis der Feuchtigkeitsbewegung in Hölzern usf.“
- 1934 Hessler, Hans: „Dauerwechselfestigkeit gebohrter Flachstäbe aus weichem Stahl usf.“
- 1934 Vater, Max: „Über die Elastizität der metallischen Werkstoffe und ihre Veränderung durch eine Wechselbeanspruchung“
- 1935 Strang, Max Kurt: „Polarisations-optische Spannungsmessungen an einem Gelenkquader“
- 1935 Hirsch, Hermann: „Graphische Bestimmung der aus dem Brinellschen Kugeldruckverfahren sich ergebenden Härtekennzahlen usf.“

- 1935 Datta, Kramadiswar: „Versuche über die Verwendung von Bambus im Betonbau“
- 1935 Löffler, Kurt: „Messung raschwechselnder Formäderungen mit Hilfe einer Kondensator-Messdose“
- 1936 Busch, Helmut: „Feuereinwirkung auf nicht brennbare Baustoffe und Baukonstruktionen“
- 1936 Ehrmann, Walter: „Über die Scherfestigkeit von Fichten- und Kiefernholz“
- 1936 Seeger, Rudolf: „Untersuchungen über den Gütevergleich von Holz nach der Druckfestigkeit und nach der Schlagfestigkeit“
- 1937 Pohl, Helmut: „Einfluss der Korngröße des Quarzits, der Kalkzusatzes, der Pressdrucks und des Brands auf die Raumänderungen von Silikat-Steinen“
- 1937 Eberle, Karl: „Über Temperatur und Spannung bei Balken und Fahrbahndeckenplatte aus Beton“
- 1937 Nusser, Eugen: „Die Bestimmung der Holzfeuchtigkeit durch Messung des elektrischen Widerstandes“
- 1937 Wagenbach, Eugen „Eignung von Kunststoffen für polarisations-optische Versuche“
- 1939 Schink, Walter: „Über Gefügespannungen im Beton infolge Schwindens und die Art ihrer Messung“
- 1939 Malisius, Richard: „Formänderungen an Stahlträgern infolge der Schrumpfwirkung von Lichtbogenschweißungen in Längsrichtung“
- 1939 Kaiser, Otto: „Das Pumpen von Beton“
- 1939 Marten, Gerhard: „Über die Kraftübertragung in Nagelverbindungen“
- 1939 Wolfer, Egon: „Belastung von Rohrleitungen, Ermittlung der Erddrucke auf kreisrunde Eisenbetonrohre bei Grabenleitungen.“[144]

Netzwerke[145]

Durch die bereits über 30 Jahre andauernden wissenschaftlichen Aktivitäten von Otto Graf, die er sowohl innerhalb der Technischen Hochschule Stuttgart als auch in ganz Deutschland und im Ausland aktiv erfolgreich betrieben hatte, konnte er eine Reihe von beruflichen, persönlichen, aber auch politischen Verbindungen aufbauen. Diese Verbindungen entwickelten sich mit der Zeit zu

[144] Professor Graf zum 40-jährigen Dienstjubiläum von seinen Mitarbeitern. Stuttgart 1943. In: UAS Sign. 33/1/1637, Bl.1937.
[145] Eine breitere Ausarbeitung dieser Thematik, siehe Ditchen (2009).

festen Netzwerken. Otto Graf nutzte die technisch und wissenschaftlich hervorragende Position seines „Instituts für Bauforschung und Materialprüfungen im Bauwesen“ an der Technischen Hochschule Stuttgart zur Bildung von bedeutenden Gruppen von Partnern, die auch an einer dauerhaften Verbindung mit Graf interessiert bzw. sogar angewiesen waren.

Der erste wichtige Teil seines Netzwerks hatte sich innerhalb der Technischen Hochschule in Stuttgart herausgebildet. Otto Graf verstärkte in der zweiten Hälfte der 1930er Jahre die Zusammenarbeit mit vielen Instituten und Abteilungen der Hochschule, die in den von den Nationalsozialisten geführten wirtschaftlichen Programmen involviert waren. Es handelte sich dabei um die bedeutenden Professoren der Abteilungen für Architektur (Wilhelm Stortz, Paul Schmitthenner) und Bauingenieurwesen (Hermann Maier-Leibnitz, Erwin Neumann) sowie des Forschungsinstituts für Kraftfahrtwesen, Fahrzeug- und Flugmotoren (Wunibald Kamm) und des Flugtechnischen Instituts und der Forschungsgesellschaft „Graf Zepelin“ (Georg Madelung).

Innerhalb der Materialprüfungsanstalt versammelte Otto Graf in seinem Institut eine Gruppe von Ingenieuren, Doktoranten und Mitarbeitern, die voll Bewunderung für ihren erfolgreichen und überall angesehenen Vorgesetzten waren, der gleichzeitig die Bereitschaft zeigte, ihnen auch ihre weitere persönliche Entwicklung zu ermöglichen. Otto Graf war für seine Mitarbeiter (Gustav Weil, Kurt Walz, Erwin Egner u.a.) ein geachteter, aber auch sehr strenger und anspruchsvoller Vorgesetzter. Seine Beziehungen zum Vorstand der MPA, Erich Siegel, sowie zum Leiter der Abteilung „Maschinenbau“, Max Ulrich, wurden als problemlos beschrieben (nach 1945 gab es Stimmen, die über Konflikte zwischen den beiden berichteten).

Grafs Position innerhalb der TH und MPA Stuttgart hatte sich mit seinem Eintritt in die NSDAP am 1. Mai 1938 erheblich verbessert. Die Gründe oder Umstände, die Otto Graf zu diesem Schritt bewogen hatten, sind nicht bekannt. Es war vielleicht seine sich abzeichnende Nähe zu Wilhelm Stortz, einem bekennenden Nationalsozialisten und Rektor der Technischen Hochschule, der Grafs Ernennung zum Ordinarius ermöglichte. Es ist auch sehr wahrscheinlich, dass auf ihn ein gewisser Druck ausgeübt wurde oder dieser Eintritt als Folge der Bevorzugung durch den Generalinspektor für das deutsche Straßenwesen, Fritz Todt, zustande kam. Otto Graf war von 1938 bis 1945 zahlendes Mitglied der NASDAP mit der Mitgliedsnummer 589248 ohne Ämter oder Auszeichnungen. Es scheint aber, dass es keine Notwendigkeiten gab, die Graf gezwungen hätten, zu diesem Zeitpunkt in die Partei einzutreten (z.B. Erich Siebel, Vorstand des gesamten Materialprüfungsamtes und Vorgesetzter von Graf, war kein Parteimitglied und wurde trotzdem später weiter befördert). Aufgrund seiner wissenschaftlichen Position, die allgemein bekannt war, und der starken Beteiligung an einer für die Nationalsozialisten so wichtigen Maßnahme, wie der Bau von Reichsautobahnen, hätte Graf eine Entfernung aus seinem Amt nicht fürchten müssen. Er war für die Nationalsozialisten auch ohne Parteibuch äußerst wertvoll.

Sein Eintritt in die NSDAP verstärkte Grafs Position auch außerhalb der Stuttgarter Hochschule. Er wurde aktives Mitglied des Nationalsozialistischen Bundes Deutscher Technik (NDBDT). Durch die vielseitigen Aktivitäten bei der Reichsbahndirektion und ihrem technischen Beirat sowie als Obmann von einigen Ausschüssen der Forschungsgesellschaft für das Straßenwesen wurde Graf in allen Obersten Bauleitungen der Reichsautobahnen in ganz Deutschland als Betonfachmann bekannt und war als strenger Qualitätsüberwacher gefürchtet.

Zu einer anderen Gruppe der Netzwerke von Otto Graf gehörten die deutschen Forschungsinstitute, die ihre Leistungen für die Reichsautobahnen und den gesamten deutschen Straßenbau unter dem Schirm der Forschungsgesellschaft für das Straßenwesen lieferten. Zu diesen Instituten, die die Aufgaben im Zusammenhang mit der Realisierung des Forschungsplans der Berliner Forschungsgesellschaft erledigten, gehörten im Jahr 1938:

- Staatliches Materialprüfungsamt, Berlin-Dahlem
- Kaiser-Wilhelm-Institut für Silikonforschung, Berlin-Dahlem
- Forschungsinstitut für Maschinenwesen im Baubetrieb, Berlin
- Laboratorium des Vereins deutschen Portland-Zement-Fabriken, Berlin-Karlshorst
- Bautechnisches Laboratorium, München
- Forschungsinstitut der Hütten-Zement-Industrie, Düsseldorf
- Forschungsinstitut des Vereins der deutschen Eisenportlandzement-werke, Düsseldorf.

Es wirkt überraschend, dass bei diesen Instituten, die entweder in Berlin oder in anderen wichtigen Zentren der deutschen Wissenschaft (München,

Düsseldorf) lokalisiert waren, die Federführung bei der Bearbeitung der meisten Forschungsthemen des Forschungsplanes in die Hände von Otto Graf in Stuttgart gelegt wurde, immerhin in die ziemlich weit von diesen Zentren liegende württembergische Hauptstadt. Es war unbestritten, dass die Ingenieure der MPA Stuttgart unter der Leitung von Otto Graf hervorragende Fachtechniker mit vielseitigen Erfahrungen bei Untersuchungen und bei der Erforschung von Beton- und Stahlbeton waren. Es kann aber auch sein, dass die besondere Rolle von Otto Graf in den Forschungsaktivitäten zusätzlich durch den persönlichen Einfluss des Generalinspektors für das deutsche Straßenwesen, Fritz Todt, verstärkt wurde. Es zeigt sich, dass die gemeinsame Herkunft[146] der beiden eine Bedeutung haben könnte und dass sich die Bevorzugung der Stuttgarter Ingenieure durch Fritz Todt aus der Einsamkeit eines in der Hauptstadt emporgekommenen „Fremdlings“ erklären lässt.

Nicht zuletzt spielten in den Netzwerken von Otto Graf seine engen und jahrelangen Kontakte mit der deutschen Bauindustrie eine große Rolle. Seit dem Jahr 1938 kam der immer engere Kontakt mit der Organisation Todt, die in dieser Zeit die dringenden militärischen Aufgaben beim Bau des Westwalls bekommen hatte, hinzu.

Otto Graf hatte auch an der Bearbeitung der amtlichen Vorschriften und Bestimmungen für die Berechnung, Bemessung, die bauliche Durchführung und Ausführung von Bauwerken des Hoch-, Tief- und Brückenbaues in Stahl, Eisenbeton, Holz und Mauerwerk tatkräftigt mitgewirkt und deren Fassungen oft entscheidend beeinflusst. Er war Obmann bzw. wichtiger Mitarbeiter in den Arbeitsgruppen des Deutschen Industrie-Normenausschusses, des Deutschen Ausschusses für Stahlbau, des Deutschen Ausschusses für Eisenbeton, des Fachausschusses für Holzfragen, des Reichssachverständigenausschusses für neue Bauweisen. Er war Vorstandsmitglied des deutschen Verbandes für die Materialprüfungen der Technik und korrespondierendes Mitglied der Hermann-Göring-Akademie der deutschen Forstwirtschaft. Außerdem war er als Mitglied der Forschungsstelle für die Ziegelindustrie und für Leichtbaustoffe sowie des Arbeitskreises Holztrocknung beim Fachausschuss für Holzfragen tätig. Graf nahm außerdem aktiv teil an den während des Krieges gegründeten Erfahrungsgemeinschaften für Baumaschinen und Geräte, für Rationalisierung

[146] Beide stammten aus dem Schwarzwald – Otto Graf war in der Nähe von Freudenstadt, Fritz Todt in Pforzheim geboren.

im Hochbau und für Straßenbrückenbaugeräte. Er arbeitete im internationalen Ausschuss für Talsperren, im Ausschuss für Massenbeton, bei der Neubearbeitung der Zementnormen und Stahlbetonbestimmungen mit und gehörte zum Beirat des Deutschen Betonverein.

Veröffentlichungen

Die Intensität der Veröffentlichungen von Otto Graf hatte sich in den 1930er Jahren nicht vermindert. Auch hier lag der Schwerpunkt auf der Thematik der Reichsautobahnen, aber Aufsätze und Bücher über den Stahl- und Holzbau erschienen in dieser Zeit ebenfalls. Die Ergebnisse der durchgeführten Untersuchungen veröffentlichte Graf meistens in Form von Mitteilungen, die in branchenspezifischen Reihen herausgegeben wurden, z.B.:

- Mitteilungen des Deutschen Ausschusses für Eisenbeton
- Mitteilungen der Forschungsgesellschaft für das Straßenwesen
- Mitteilungen des Fachausschusses für Holzfragen beim VDI

Die Arbeiten in Buchform konnte Otto Graf bei den größten und wissenschafts-technischen Kreisen angesehensten Verlagen erscheinen lassen, wie z. B.:

- Ernst & Sohn Verlag Berlin
- Springer Verlag Berlin (später Volk und Reich-Verlag)
- VDI-Verlag Düsseldorf

Tabelle 4. Veröffentlichungen von Otto Graf in den Jahren 1933 bis 1939[147]

Jahr	Beton	Straßenbeton	Holz	Gips	Stahlbau	Andere	**Summe**
1933	12		5		5	6	**28**
1934	8	5	4		6	1	**24**
1935	8	5	2	1	6	1	**23**
1936	5	10	4		6	3	**28**
1937	6	10	8		5	1	**30**
1938	2	5	5		6	1	**19**
1939	6	5	4		2	3	**20**
Summe	**47**	**40**	**32**	**1**	**36**	**16**	**172**

[147] Zusammengestellt durch den Verfasser aufgrund der detaillierten Angaben über Grafs Veröffentlichungen – siehe Anhang.

Aktivitäten während des Zweiten Weltkrieges

Bild 5. Otto Graf im Jahr 1941[148]

Die Technische Hochschule Stuttgart hielt den Studienbetrieb während der gesamten Zeit des Zweiten Weltkrieges 1939 bis 1945 ununterbrochen aufrecht. Um den stark rückläufigen Zahlen der Studierenden Rechnung zu tragen wurde im Jahr 1941 eine organisatorische Umstrukturierung der Hochschule durchgeführt, indem die Zahl der bisher fünf bestehenden Abteilungen auf drei verkleinert und dadurch auch das Verwaltungs- und Dozentenpersonal stark reduziert wurde. Es entstanden die Fakultäten:

- für Naturwissenschaften,
- für Architektur und Bauingenieurwissenschaften und
- für Maschineningenieurwesen.

Bei der Materialprüfungsanstalt waren zu Kriegsbeginn 151 Personen beschäftigt, davon 88 beim „Institut für Bauforschung und Materialprüfungen des Bauwesens". Die Auftragslage war nach wie vor günstig, weil die Prüfung und Forschung für den Bau der Reichsautobahnen zunächst fortgesetzt wurde.

Anfang 1940 kam es bei der MPA zu einer wichtigen personellen Veränderung. Beim führenden deutschen Materialprüfungsinstitut, dem Staatlichen Materialprüfungsamt in Berlin-Dahlem, war der bisherige Präsident, Ministerialrat Erich Seidl, verstorben. Um diese freigewordene Stelle bewarben

---

[148] Otto Graf im Jahr 1941. In: AUS Sign. 33/1/1637, Bl. 1941.

sich u.a. auch die beiden führenden Persönlichkeiten der Stuttgarter Materialprüfungsanstalt, deren Vorstandsvorsitzender Erich Siebel und sein Stellvertreter Otto Graf. Wie aus dem Schreiben des Reichsministers für Wissenschaft, Erziehung und Volksbildung vom 18. März 1940 zu entnehmen ist[149], war die Wahl auf Erich Siebel gefallen. Infolge dieser Wahl verließ Erwin Siebel die MPA im Mai 1940.

Bei der Besetzung der Stelle des MPA-Vorstands in Stuttgart wurde ein Rotationssystem vereinbart, nach welchem die Leiter der beiden innerhalb der MPA existierenden Institute die Vorstandsaufgaben der gesamten Anstalt, abwechselnd alle zwei Jahre, zu tragen haben sollten. Die bisherige Abteilung „Maschinenbau" wurde unter der Leitung von Max Ulrich in das „Institut für Maschinenbau der MPA" umbenannt, und Otto Graf führte sein Institut weiter, das jetzt unter einem neuen Namen „Staatliches Institut für Bauforschung und Materialprüfungen des Bauwesens der MPA" agieren sollte. Die Aufgabe des Vorstands der Materialprüfungsanstalt Stuttgart hatte für die nächsten zwei Jahre Otto Graf übernommen.

Nachdem Max Ulrich, seit 1940 Direktor des Instituts für Maschinenbau, am Ende 1942 die Aufgaben des MPA-Vorstandes übernommen hatte, war er im März 1944 aus politischen Gründen aus der Materialprüfungsanstalt Stuttgart auf eigenen Wunsch ausgeschieden. In dieser Situation übernahm Otto Graf die Leitung der beiden Institute und die Vorstandsaufgaben der gesamten MPA. Erst im Oktober 1944 übertrug der damalige Rektor der Technischen Hochschule Stuttgart die kommissarische Leitung des Instituts für Maschinenbau Karl Wellinger, dem bisherigen Mitarbeiter dieses Instituts. Otto Graf agierte bis zum Ende des Krieges als Vorstand der gesamten Materialprüfungsanstalt.

Die Personalpolitik des von Graf geführten Instituts der MPA Stuttgart gestaltete sich ab Herbst 1939, mit Ausbruch des Zweiten Weltkrieges, sehr viel komplizierter als zuvor. Nach dem im Sommer 1939 im Institut 88 Personen tätig waren, gab es dort am 31. März 1940 nur noch 75 Personen, darunter:

- „[...] 20 Ingenieure, 2 Assistenten für den Unterricht, 23 technische Hilfskräfte und Schreibgehilfinnen, 27 Handwerker, angelernte Arbeiter und Hilfsarbeiter sowie 3 Putzfrauen.

[149] Schreiben vom 18.03.1940 – UAS Sign. 33/1/1132.

- Der tatsächliche Bedarf an Arbeitskräften konnte nicht gedeckt werden, weil nach dem Ausbruch des Krieges ein erheblicher Teil [bisherigen] der Mitarbeiter zum Heer gerufen wurde.
- Nach Ausbruch des Krieges mussten eine große Anzahl von Forschungsarbeiten zurückgestellt werden, andere Aufgaben, die im Krieg wichtiger wurden, sind hinzugetreten und vorgezogen worden."[150]

Wie diesem Bericht zu entnehmen ist, war die Auftragslage der Materialprüfungsanstalt Stuttgart, und vor allem des Instituts für Bauforschung und Materialprüfungen des Bauwesens auch nach Beginn des Krieges nach wie vor komfortabel. Das Institut profitierte von den Netzwerken und Verbindungen, die Otto Graf während seiner Tätigkeit beim Bau von Reichsautobahnen in ganz Deutschland aufgebaut hatte. Seine Versuche und Beratungen beschränkten sich aber nicht nur auf Leistungen für die Reichsautobahndirektion und die Obersten Bauleitungen. Die Mitarbeiter dieses Instituts waren noch vor Beginn des Krieges auch beim Bau des Westwalls aktiv. Daraus ergab sich die immer engere Zusammenarbeit des Grafschen Instituts mit der Organisation Todt, die in den Kriegsjahren weiter fortgesetzt und noch verstärkt wurde.

Ein weiterer wichtiger Faktor war die sich abzeichnende Zusammenarbeit der gesamten MPA mit dem militärischen Sektor der deutschen Wirtschaft. Die MPA mit ihren beiden Ausrichtungen – Maschinenbau und Bauwesen – wurde bereits zu Beginn des Zweiten Weltkrieges zum engeren Kreis der Forschungsinstitute auserwählt, die das Recht hatten, für die Rüstungsindustrie arbeiten zu dürfen. Es war dabei von Vorteil, dass in dieser Zeit die Leitung der gesamten Materialprüfungsanstalt Stuttgart in den Händen von Otto Graf lag. Er war das Aushängeschild der MPA und eine politische Vertrauensperson, für die sich viele Türen öffneten. Für die reibungslose Ausführung der zukünftigen Aufträge für die Erforschung von militärischen Themen wurde bei der MPA das System der Dringlichkeitsstufen, nach der Vorgabe des Luftwaffenministeriums, eingeführt. Die Aufträge wurden unter „Sonderstufe" sowie nach Stufenreihen „Stufe Ia", „Stufe Ib" und „Stufe II" angeordnet.[151] Über die, aus Gründen der Geheimhaltung notwendige, ständig wechselnde Bezeichnungssystematik wurde Graf regelmäßig und aktuell informiert. Die MPA erhielt während aller

[150] Schreiben Gf/Eng/Si. – Bericht über die Tätigkeit des Instituts für Bauforschung und Materialprüfungen des Bauwesens im Geschäftsjahr vom 1. April 1939 bis 31. März 1940 vom 7. Juni 1940. In: AUS Sign. 33/1(76.

[151] Schreiben des Reichsministers der Luftfahrt und Oberbefehlshaber der Luftwaffe an Otto Graf vom 29. 11 1940. In: UAS Sign. 3371/83.

Kriegsjahre mehrere Aufträge für die Oberkommandos des Heeres, der Luftwaffe und der Marine. Die Leistungen der Materialprüfungsanstalt in Bereichen des Maschinen- und Stahlbaus hat Paul Gimmel in seinen Erinnerungen, wie folgt, beschrieben:

- *„Schäden an Kriegsfahrzeugen des Heeres, der Marine und der Luftwaffe wurden untersucht und Entwicklungsarbeiten zur Vermeidung solcher Schäden durchgeführt.*
- *Die laufend zunehmende Roh- und Werkstoffverknappung brachte immer wieder neue Aufträge, insbesondere im Gebiet der Nichteisenmetalle, hartbaren und warmfesten Stähle.*
- *Rohrverbindungen für Dauerleistungen bis zu 700°C Wandtemperatur wurden teilweise im Dauerbetrieb untersucht.*
- *Werkstoffe und Schweißverbindungen, die bei hohen und tiefen Temperaturen Verwendung fanden, mussten bei diesen Temperaturen geprüft werden.*
- *Prüfmaschinen wurden für Betriebsfestigkeitsversuche umgebaut.*
- *Verschließversuche mit Schmierstoffen mit besonderen Zusätzen untersucht; neue Verschließmaschinen entworfen und gebaut.*
- *Gegen Ende des Krieges wurde die Wirkung von Geräten zur Zerstörung von Verkehrswegen mitentwickelt und ausprobiert.“*[152]

Diese günstige Auftragslage und die stetig wachsende Bedeutung der Stuttgarter Materialprüfungsanstalt brachten in der Konsequenz einen wachsenden Umsatz und auch sich vergrößernden Bedarf an Arbeitskräften. Otto Graf als Vorstand der MPA bzw. Direktor seines Instituts war in den immer schwieriger werdenden Kriegsjahren in der Lage, seine Mitarbeiter weitgehend vor der Einbeziehung in die Wehrmacht schützen zu können. Die anhaltende hohe Auftragslage, die fast bis Ende des Jahres 1944 andauerte, erlaubte Otto Graf den hohen Personalstand, vor allem in seinem Institut, bis zum Ende des Krieges zu halten.

Betonstraßenbau

Die Arbeitsintensität bei der Realisierung des Baus von Reichsautobahnen verlangsamte sich bereits im Jahr 1938 aufgrund der Verschiebung der Kapazität der deutschen Bauwirtschaft hin zur Erstellung des Westwalls an der Grenze zu Frankreich. Die Gesamtpläne der deutschen Reichsautobahnen wurden aber nach dem Anschluss Österreichs erneut erweitert. Mit Kriegs-

[152] Gimmel (1949), S. 49.

beginn wurden neue Pläne für die Reichsautobahnen in den besetzten Ostgebieten entwickelt. Besondere Bedeutung kam der bereits von Anfang an geplanten Reichsautobahnstrecke Berlin–Königsberg (Ostpreußen) zu, die einen dringend notwendigen Anschluss an die Stadt Danzig bekommen sollte. Auch die Pläne der bisherigen Reichsautobahn Berlin–Frankfurt/Oder sollten in Richtung Posen (und vielleicht weiter nach Warschau) erweitert werden. Die bereits vollständig geplante, aber nur in Abschnitten gebaute Reichsautobahn Berlin–Breslau–Beuthen/Oberschlesien sollte über Kattowitz in Richtung Krakau verlängert werden. Alle diesen Autobahnverlängerungen in Richtung Osten erhielten angesichts des geplanten Russlandkrieges eine besondere militärische Bedeutung.

Die Forschungsarbeiten im Bereich des Betonstraßenbaus wurden mit Beginn des Zweiten Weltkrieges sowohl bei der Forschungsgesellschaft für das Straßenwesen als auch bei der Stuttgarter Materialprüfungsanstalt weitergeführt, es veränderten sich aber deren Schwerpunkte. Nach der Besetzung Polens durch die deutschen Truppen richtete sich die Aufmerksamkeit des Generalinspektors für das deutsche Straßenwesen und auch seiner Forschungsgesellschaft auf die neu besetzten Gebiete. Otto Graf wurde in die Erforschung der Materialversorgung für den Straßenbau in diesen Gebieten eingeschaltet. Hinsichtlich des Baumaterials für den Betonstraßenbau erörterte Otto Graf auch die dortigen Besonderheiten der Materialbeschaffung. Er meldete Befürchtung an, dass dort der Beton- und Zementschotterbau für den Straßenbau nur begrenzt in Betracht kommen könnte.[153] Das Problem sah er in den gebirgsarmen polnischen Landschaften, und den dortigen nicht ausreichend zur Verfügung stehenden Mengen des groben Gesteins als Zuschlagmaterial. Aus diesem Grund schlug Graf für Planung des Straßenbaus in Polen die Änderung der Betonzusammensetzung vor, die von dem bereits in Deutschland gewöhnlichen Straßenbeton abweichen musste.

Zu den jetzt militärisch wichtigen Themen gehörte u.a. auch die Erarbeitung praktischer Vorschläge für den Bau von Betonstraßen unter den bis dahin neuen, wenig bekannten Bedingungen. Die Frage, die bei der MPA Stuttgart dringend geklärt werden sollte, war die, ob es möglich war, mit den auf den polnischen Gebieten vorhandenen Zuschlagstoffen brauchbare Betonfahrbahn-

[153] Schreiben von Otto Graf an Rudolf Dittrich vom 7. und 13. 12 1939. In: UAS Sign. 33/1/1467. Professor Dr.Ing. habil Rudolf Dittrich war Referent des Generalinspektors für das deutsche Straßenwesen, Fritz Todt.

decken zu bauen. Es wurde z.B. durch die in Stuttgart durchgeführten Materialversuche der aus den neuen Ostgebieten stammenden 49 Sandproben festgestellt, dass für den qualitativ notwendigen Betonstraßenbau nur elf geeignet waren. Als Ergebnisse derartiger Untersuchungen wurden bei der MPA Stuttgart Vorschläge zur konkreten Zusammensetzung von Zement und den vorgefundenen Zuschlagstoffen erarbeitet. Man wies dabei auf die Tatsache hin, dass eine niedrigere Festigkeit des fertigen Betons zu erwarten sei. Über die Untersuchungen der Zemente, die nicht nur in Polen, sondern auch in anderen Ostgebieten hergestellt wurden, berichtete Otto Graf:

> „[...] 1938 bis 1940 hat der Berichter auf Veranlassung des Herrn Generalinspektor für das deutsche Straßenwesen alle Zementfabriken der Ostmark, des Sudetengaus und des Protektorats auf ihre Eignung zur Lieferung von Zement für die Fahrbahndecken untersucht. [...] Hieran schlossen sich Versuche mit Zementen aus Schlesien und aus dem Generalgouvernement Polen. Weiterhin haben mehrere Werke der Slowakei den Antrag auf Prüfung ihrer Zemente gestellt. Auf Wunsch der Fachgruppe Zementindustrie und mit Zustimmung des Herrn Generalinspektors für das deutsche Straßenwesen wurden die Ergebnisse der bezeichneten Versuche [...] zusammengestellt. Es handelt sich hiernach um Portlandzemente, hochwertige Portlandzemente und um einen Hochofenzement."[154]

Der Generalinspektor für das deutsche Straßenwesen, Fritz Todt, wurde angesichts des beginnenden Krieges mit zahlreichen neuen Aufgaben betraut. Im Dezember 1938 wurde er zum „Generalbevollmächtigen für die Regelung der Bauwirtschaft", im Februar 1940 zum „Generalinspektor für die Sonderaufgaben im Vierjahresplan" und ein Monat später zum „Reichsminister für Bewaffnung und Munition" ernannt. Die Fortführung der Bauarbeiten bei den Reichsautobahnen stockte aus vielen Gründen immer wieder. Diese bereits erheblich geminderten Aktivitäten gingen mit Beginn des Russlandkrieges im Juni 1941 allmählich zu Ende. Wegen der zahlreichen Einberufungen in die Formationen der „Organisation Todt" im Osten ordnete Fritz Todt zur Jahreswende 1941/42 an, alle Baumaßnahmen an den Reichautobahnen vorläufig stillzulegen. Mit seinem Ableben aufgrund einer Flugzeugkatastrophe am 8. Februar 1942 nach dem Start vom Flughafen Rastenburg/Ostpreußen war das Ende der Realisierung des Reichsautobahnprogramms praktisch gekommen.

---

[154] Graf, Otto: Bericht über die Tätigkeit der Gruppe B [...], In: Zement 29 (1940), H. 27, S, 342–344.

Die Forschungs- und Untersuchungsmaßnahmen, die die technische Sicherung des Straßenbaus für die militärischen Zwecke begleiteten, wurden dann im Auftrag der „Organisation Todt“ weitergeführt. Ab April 1942 hatten sich auf den besetzten russischen Gebieten neue sogenannte OT-Einsatzgruppen gebildet, die für die Unterhaltung der Straßen und Brücken zuständig waren. Die „Organisation Todt“ übernahm in ihren drei OT-Einsatzgruppen „Russland-Nord“, „Russland-Mitte“ und „Russland-Süd“ alle Erfahrungen und Arbeitskräfte aus der Zeit des Reichsautobahnbaus. Im Durchschnitt beschäftigte die „Organisation Todt“ in Russland etwa 400.000 Arbeitskräfte; zeitweise stieg die Zahl der Arbeiter sogar auf 800.000. Die MPA Stuttgart wurde regelmäßig mit den Untersuchungen und Begutachtungen für die Aktivitäten der „Organisation Todt“ beauftragt.

Porenbeton

In den letzten Jahren des Krieges intensivierte Otto Graf seine Forschungen und Untersuchungen von verschiedenen Formen des Leichtbetons. Dieses Interesse entsprach dem wachsenden Bedarf, der sich nicht nur von den öffentlichen, sondern vor allem von den militärischen Bestellungen ableitete. Es handelte sich um eine Reihe von Herstellungsverfahren, die einen Beton mit stark vermindertem Eigengewicht produzierten, damit massive monolithische Konstruktionen leichter werden sollten, aber die notwendige Tragfähigkeit, den Wärmeschutz, den Schallschutz und den Brandschutz gemäß den Normen trotzdem sichern. Zu den bei der MPA untersuchten Leichtbetonen gehörte vor allem der Porenbeton. Das Herstellungsverfahren des Porenbetons – ein Kalk-Sand-Mörtel in hochgespannten Wasserdampf – war bereits lange bekannt und basierte u.a. auf einem deutschen Reichspatent aus dem Jahr 1881. Ein solcher dampfgehärtete Baustoff wurde durch Zugabe der Stoffe hergestellt, die das Aufblähen des Materials vor der Erhärtung erzeugen. Die Steigerung der Porosität wurde auch durch zusätzliche chemische Substanzen, wie z.B. Calciumcarbid als Treibstoff erreicht. Eine Massenproduktion des Porenbetons unter dem Namen „Ytong“ wurde anfangs nach einem Patent von Eriksson in den 1930er Jahren in Schweden entwickelt.

Bereits im Jahr 1934 wurde ein Porenbeton bei der IG Farbenindustrie entwickelt, der aus Sand, Zement, Wasser und Wasserglas bestand und unter dem Namen „Iporit“ bekannt wurde. Mit der industriellen Produktion des Porenbetons wurde 1943 begonnen; sie wurde durch die theoretischen und praktischen Versuche an der Materialprüfungsanstalt der TH Stuttgart begleitet.

Es wurde bei solchen Untersuchungen auch ein Baustoff gesucht, bei dem die Verwendung von Bauschutt und anderen leicht erhältlichen Zuschlagstoffen möglich war. Der Bedarf für solches Baumaterial hatte sich aufgrund der kriegsbedingten Zerstörung deutscher Städte ergeben. Die Herstellung von großformatigen und zum Teil bewährten Bauteilen hatte Josef Hebel nach eigenem patentiertem Hebel-Verfahren in seinem Werk in Emmering bei Fürstenfeldbruck begonnen und unter einem neuen Namen „Gas-Beton“ verbreitet.

Die Aufträge für die Untersuchungen und Bestimmungen von physikalischen und statischen Eigenschaften verschiedener Formen der Leichtbetonelemente erhielt die Materialprüfungsanstalt Stuttgart auch vom Oberkommando des Heeres und von der „Organisation Todt“. In einem Schreiben vom 29. Juni 1943 beauftragte das Oberkommando des Heeres die MPA Stuttgart mit der Durchführung von Versuchen über die Verwendung von sogenannter „Porenit-Bauweise“, eines Baumaterials aus Porenbeton und Porengips, dessen Produktion in Haar bei München begonnen wurde. In diesem Auftrag sollten folgende Versuche durchgeführt werden:

- „Bestimmung des Schwindmaßes von Porenzement und Porengips bei verschiedenen Raumgewichten und evtl. bei verschiedenen Mischungs-verhältnissen
- Bestimmung der Druckfestigkeit (notfalls auch der Zug- und Biegefestigkeit) von Porenbeton in verschiedenen Raumgewichten und evtl. Mischungsverhältnissen.
- Bestimmung der Haftfestigkeit zwischen Porenbeton und Eiseneinlagen
- Untersuchung des Verhaltens von Porenbeton und evtl. Porengips gegenüber etwaigen Eisenanlagen und Eisenteilen hinsichtlich Korrosion usw.
- Bindefähigkeit zwischen den von den Firmen zu lieferten Bauplatten und im Herstellerwerk aufzubringenden Porenzement- bzw. Porengips-Schicht.
- Bestimmung der Wärmeleitzahl von Porenbeton und Porengips bei verschiedenen Raumgewichten und evtl. Mischungsverhältnissen, evtl. auch Untersuchung von kombinierten Platten auch mit Eisenanlagen von Luftschichten oder Zementfaserplatten auf ihr wärmetechnischen Verhalten.“[155]

[155] Schnellbrief von 29. 06. 1943. In: UAS Sign. 33/1/83.

Aus einer Zahlungsaufforderung der Materialprüfungsanstalt Stuttgart an die „Organisation Todt – Amtsgruppe München“ vom 6. Juni 1945 geht hervor, dass diese OT-Amtsgruppe im Zeitraum 1944/45 bei der MPA die Untersuchungen von folgenden Leichtbetonstoffen bestellt hatte:

- „Gas-Beton Hebel“, einschl. Versuche mit Flugasche und Schiefer
- Porenbeton „Ringeltaube“
- Kalkbeton
- Anhydrit-Binder
- Gips mit Flugasche
- Überwachung der Herstellung von Glaukonit
- Untersuchung von Kriegen und Schinden von Porenbeton.“[156]

Stahl- und Holzbau

Im Bereich des Stahlbaus lag der Schwerpunkt des Interesses von Otto Graf auf den Untersuchungen der Schadensfälle an geschweißten Brücken, die bei einigen Objekten auf den Reichsautobahnen zu verzeichnen waren. Die Ergebnisse wiesen auf die mangelhaften Festigkeiten der verwendeten Stahlelemente und Fehler bei den Schweißtechniken auf. Im Bericht vom 7. Juni 1940 schrieb Otto Graf:

> „Vorläufig abgeschlossen sind Untersuchungen über die zweckmäßige Gestalt der Enden von Gurtverstärkungen geschweißter Träger. Im Gange sind Untersuchungen über den zweckmäßigen Anschluss von Querträgern an geschweißten Brücken. Ferner sind die Untersuchungen über die Klemmwirkung von Nieten fortgesetzt worden, insbesondere wegen der Verwendung von besonders langen Nieten bei neuen Rheinbrücken. An in Bau befindlichen genieteten Brücken werden die Verschiebungen an besonders wichtigen Stößen während des Baues beobachtet.“[157]

Die zahlreichen Versuche an der im September 1941 in Betrieb genommenen großen Hängebrücke über den Rhein bei Köln-Rodenkirchen wurden zum Abschluss gebracht. Bei diesen Untersuchungen handelte sich um die Feststellung der Tragfähigkeit von Drahtseilen, Kabelschellen und anderen wichtigen Elementen. Besonders von Bedeutung waren die von Graf und seinem Mitarbeiter Erwin Brenner durchgeführten Untersuchungen des

---

[156] Schreiben Nr. B/Dr. Wa/Eck/L von 6.06.1945. In: UAS Sign. 33/1(76.
[157] Bericht vom 7.07.1940, In: UAS Sign. 33/1/76.

Verhaltens von Haupthängeseilen bei ihrer Durchbiegung, die zu einer Optimierung des Querschnitts dieser Seile führten.

Im Jahr 1940 übernahm Otto Graf mit seinen Mitarbeitern Versuche an der Stahl- und Betonkonstruktion der Kongresshalle in Nürnberg, um den Einfluss und die Verteilung der Temperatur in Bauwerken unter Witterungsveränderungen, einschließlich der damit verbundenen Lasten und Spannungen, zu erfassen. Diese Untersuchungen sollten verlässliche Angaben liefern, die bei den zukünftigen monumentalen Bautätigkeiten der von Hitler und Speer geplanten Neugestaltung der Hauptstadt Berlin gebraucht wurden.

Im Bereich des Holzbaus wurden Untersuchungen über die Gütebedingungen der Bauhölzer fortgesetzt. Es handelte sich vor allem um die Feststellungen des Einflusses der Baumkante und der Schwindrisse im getrockneten Bauholz. In diesem Zusammenhang nahmen die Untersuchungen über das Leimen der Hölzer großen Raum ein. Es wurde versucht, ein neues Verfahren anzuwenden, mit dem es gelingen sollte, den voll belastungsfähigen Holzträger in kürzester Zeit nach dem Leimvorgang zu erhalten.

Das Institut für Bauforschung und Materialprüfungen im Bauwesen in Stuttgart erhielt den Auftrag des Reichsarbeitsministers über eine umfassende Prüfung der Dübelverbindungen.

Modelluntersuchungen

Es wurden, aufgrund der eigenen Erfahrungen und bezogen auf die Erkenntnisse, die Otto Graf in seinen Auslandsreisen (USA, England, Belgien) gewonnen hatte, immer mehr Untersuchungen über das Verhalten von geplanten Konstruktionen an selbstgefertigten Modellen durchgeführt. Bei derartigen Untersuchungen strebte man eine enge Zusammenarbeit mit den für diese Konstruktionen zuständigen Statikern und Konstrukteuren an.

Im Zuge der großzügigen Umgestaltung der Stadt München, die nach Hitlers Wunsch in eine neue „Hauptstadt der Bewegung“ mit monumentaler nationalsozialistischen Architektur geändert werden sollte, plante die für diesen Zweck aus den besten deutschen Bauspezialisten zusammengesetzte Planungsgruppe ein neues Stadtzentrum, u.a. auch einen neuen Hauptbahnhof.

Die Architektur und Konstruktion dieses Bahnhofs planten die Stuttgarter – der Architekt Paul Bonatz und der Statiker Fritz Leonhardt. Es sollte eine riesige Kuppel über den ganzen Hauptbahnhof erstellt werden. Sie sollte mit einer Stahlkonstruktion von gigantischen Spannweiten einen stützenfreien Raum von 245 m Durchmesser und ca. 136 Metern Höhe (einschließlich Laterne) überdachen. Für die Überprüfung der statischen Ansätze wurde auf Vorschlag Leonhardts ein großes Modell dieser Kuppel angefertigt. Dieses Modell sollte bei Grafs Institut in Stuttgart angefertigt werden und als Testmodell für Grenzbelastungen und entsprechende Messungen herhalten. Aufgrund der hohen Arbeitsbelastung bei der Ausführung von anderen kriegswichtigen Aufträgen verzögerte sich die Anfertigung dieses Modells, einschließlich die vorgesehenen Untersuchungen. Aus diesem Anlass schrieb der Generalbaurat für die Hauptstadt der Bewegung, Hermann Giesler, an Otto Graf am 5. November 1940:

> „Herr Dr. Leonhardt unterrichtet mich von den Schwierigkeiten, die Ihnen bei den Versuchsarbeiten in Vorbereitung der Bahnhofkuppel entstehen. Ich unterrichte Sie davon, dass der Generalbevollmächtigte für die Regelung der Bauwirtschaft [Albert Speer] die Versuche für die neue Bahnhofkuppel in die Dringlichkeitsstufe 1 der kriegswichtigen Bauvorhaben eingereiht hat. Die Kennnummer des Bauvorhabens ist 1 J München 1. Ich hoffe, dass es Ihnen möglich ist, die auftretenden Schwierigkeiten zu beseitigen, wenn nicht, bitte ich Sie, mich zu verständigen."[158]

Das Modell der gigantischen Kuppel wurde beim Stuttgarter Institut angefertigt, und die notwendigen Messungen konnten vorgenommen werden, die die statischen Berechnungen von Fritz Leonhardt bestätigten. Zusätzlich wurden Pläne und Ausführungszeichnungen für ein großes Modell aufgestellt, das in München als Vorzeigemodell benutzt wurde. Die Planungsarbeiten für die Umgestaltung der Stadt München wurden dann im Jahr 1943 aus kriegsbedingten Gründen dauerhaft unterbrochen und nach dem Kriegsende verworfen.

Ein anderes markantes Modell für statische Untersuchungen und bautechnische Gestaltung für ein Projekt der Elbhochbrücke in Hamburg wurde dem Institut für Bauforschung und Materialprüfungen im Bauwesen in Stuttgart in Auftrag gegeben. Auch dieses Projekt wurde mit dem Beginn des Zweiten Weltkrieges verworfen.

---

[158] Schreiben von Giesler an Graf von 5.11.1940. In: UAS Sign. 33/1/777.

Bautechnische Auskunftsstelle der NSBDT

Mit Wirkung vom 1. März 1941 ordnete der Generalinspektor für das deutsche Straßenwesen, in dieser Zeit auch gleichzeitig der Generalbevollmächtigte für die Regelung der Bauwirtschaft, Fritz Todt, die Errichtung einer „Bautechnischen Auskunftsstelle" beim dem „Nationalsozialistischen Bund Deutscher Technik" (NSBDT) an. Die Leitung dieser Auskunftsstelle wurde Otto Graf übertragen. Im Hinblick auf den zur Verfügung stehenden reichen Erfahrungsschatz aus Praxis und Forschung des Bauwesens und dessen häufig ungenügende Verbreitung und Beachtung mit der Folge unvollkommener Arbeiten und häufiger Baufehler hatte Graf gefordert, dass *„die Erfahrungen in klarer Fassung und umfassend mit möglichst wenig Aufwand jedem Architekten und Ingenieur"*[159] durch eine solche Auskunftsstelle zugänglich gemacht werden sollten.

Zur Unterstützung der Arbeiten dieser Bautechnischen Auskunftsstelle hatte Graf, ebenfalls im Auftrag des Generalbevollmächtigten für die Regelung der Bauwirtschaft und im Auftrag der Fachgruppe Bauwesen im NSBDT, mit der Herausgabe einer Schriftenreihe „Fortschritte und Forschungen im Bauwesen" begonnen. Das Heft 1 der Schriftenreihe „A" wurde im Februar 1942 abgeschlossen und herausgegeben, das Heft 1 der Reihe B mit größeren, zusammenhängenden Forschungsarbeiten erschien ebenfalls im Laufe des Jahres 1942.

Die letzte Phase des Zweiten Weltkrieges

Otto Graf feierte am 15. August 1943 seine 40-jährige Betriebszugehörigkeit zur Materialprüfungsanstalt an der Hochschule Stuttgart und gleichzeitig seine fast 18-jährige Lehrtätigkeit an dieser Hochschule in der Fakultät für Bauingenieurwesen. Er war auf den Gebieten der Baustofflehre und Baumaterialprüfung national und international zum allgemein anerkannten Forscher und zum sehr geschätzten Hochschullehrer geworden. Sein Institut für Bauforschung und Materialprüfungen des Bauwesens zählte zu den führenden deutschen Forschungsinstituten seiner Branche, die Auftragslage war nach wie

[159] Jubiläumsausgabe ... In: UAS Sign. 33/1/1637, Bl.1942

vor zufriedenstellend – sie sicherte die ununterbrochen hohe Beschäftigung seiner Mitarbeiter.

Deutschland befand sich im vierten Jahr des Zweiten Weltkrieges, dessen Folgen nun längst allgemein zu spüren waren. In Russland, nach den verlorenen Schlachten bei Stalingrad und Kursk, befand sich die deutsche Wehrmacht in der Defensive. Das deutsche Afrikakorps hat im Mai 1943 kapituliert. Mit der Landung der alliierten Truppen im Mai 1943 in Süditalien wurde der zweite europäische Kriegsschauplatz eröffnet. Der Luftkrieg über die deutschen Städte nahm stark zu, was die immer größere Zerstörung ihrer Bausubstanz bedeutete. Die deutsche Bevölkerung stand vor immer größeren Entbehrungen. Ab 1943 wurde der Betrieb der gesamten Technischen Hochschule Stuttgart durch intensive Luftangriffe der Alliierten beeinträchtigt. Trotz vorgenommener Verlagerung der einzelnen Institute in Ortschaften außerhalb von Stuttgart war ihre Arbeit immer stärker gefährdet.

Trotz der ständig wachsenden Gefährdung hielt Otto Graf, als Leiter seines Institutes und bald, nach Ausscheiden von Max Ulrich aus der MPA, auch als amtierender Vorstand der gesamten Materialprüfungsanstalt, die Arbeit und den regelmäßigen Betrieb der MPA aufrecht. Die MPA beschäftigte am Ende des Jahres 1943 insgesamt 200 Personen, davon 119 beim Institut für Bauforschung und Materialprüfungen des Bauwesens. Das bedeutete eine Steigerung der Beschäftigung gegenüber dem Jahr 1940 von 132% (im Bauwesen von 135%). Diese hohe Beschäftigung war offensichtlich der persönliche Verdienst von Otto Graf, der sein komplexes Netzwerk für die Beschaffung kriegswichtiger Aufträge von der Wehrmacht, der Luftfahrt und Marine nach Stuttgart zu holen erfolgreich nutzte. Zwischen dem Institut für Bauforschung und Materialprüfungen des Bauwesens der MPA und dem Deutschen Reich, vertreten durch das Oberkommando des Heeres (OKH), wurde 1944 ein Geheimvertrag abgeschlossen, der auf dem ihm zur Verfügung gestellten Gelände die Errichtung einer Anlage, in der Brückenteile und alle Überbauten sowie die Folgen der dynamischen Belastung untersucht werden konnten, zum Inhalt hatte. Es kann nicht ausgeschlossen werden, dass es sich bei dieser Anlage um Teile einer Abschussrampe für die Raketen V1 und V2 handelte.

Um den immer größeren Auftragsumfang bewältigen zu können und die einberufenen MPA-Mitarbeiter zu ersetzen, wurden beim Institut für Bauforschungen und Materialprüfungen des Bauwesens der MPA Stuttgart auch sechs Kriegsgefangene und 40 Zwangsarbeiter beschäftigt:

- Kriegsgefangene
  - 6 Franzosen (davon 1 Ingenieur) – seit 1941, bzw. 194
- Fremdarbeiter
  - 3 Belgier – seit 1943,
  - 4 Holländer – seit 1943,
  - 1 Bulgare – seit 1943,
  - 6 Kroaten (davon 2 Ingenieure) – seit 1942.
  - 6 Tschechen (davon 3 Ingenieure und 3 Studenten) – seit 1941 bzw. 1942
  - 20 Ukrainer – seit 1944.[160]

Diese Kriegsgefangenen und Zwangsarbeiter wurden der MPA von der in der Stadt Stuttgart gegründeten Gesellschaft für die gemeinschaftliche Unterbringung aller auf dem Stadtgebiet eingesetzten Zwangsarbeiter zugewiesen.

Die seit 1943 durch geführte Luftangriffe auf die Stadt Stuttgart wurden vonseiten der Alliierten in den letzten Kriegsmonaten intensiviert. Durch den Luftangriff vom Februar 1944 wurde auf dem Gelände der Materialprüfungsanstalt die Windkanalprüfungsanlage stark beschädigt. Im Zeitraum von Juli bis September 1944 entstanden auf dem Hochschulgelände nach zahlreichen Luftangriffen große Schäden. Das Hauptgebäude der Technischen Hochschule Stuttgart wurde am 25. Juli 1944 in Brand gesetzt; die in der Innenstadt Stuttgart liegenden Hochschulbauten waren durch diese Angriffe zerstört oder stark beschädigt worden.

Es war Otto Graf, als Vorstand der Materialprüfungsanstalt und Direktor des Instituts für Bauforschung und Materialprüfungen des Bauwesens der TH Stuttgart, gelungen, den Betrieb der gesamten MPA trotz der fortschreitenden Zerstörung aufrechtzuerhalten. Er änderte die Arbeitsorganisation und hat die Sondermaßnahmen zum Erhalt der wertvollen Einrichtungen getroffen. Die wichtigen Akten wurden in die Kellerräume verlegt bzw. in Räumlichkeiten außerhalb der Stadt Stuttgart gebracht. Ein Teil der Prüf- und Werkzeugmaschinen wurde auch in verschiedenen Kellerräumen, innerhalb bzw. auch

[160] Vgl. Liste im Ordner „Feldpost 33". In: UAS Sign. 33/1/1294.

außerhalb des MPA-Geländes, untergebracht. Dank der Bemühungen von Otto Graf war die Anzahl der MPA-Mitarbeiter bis zum Ende des Krieges nahezu unverändert. Nur die Zahl der Kriegsgefangenen und Zwangsarbeiter hat sich mit der Zeit reduziert. Zuerst waren die tschechischen Ingenieure und Studenten entlassen worden, einer der gefangenen französischen Soldaten (René Lambert) starb im Jahr 1943, und auch fast alle Holländer und Kroaten verschwanden. Gemäß einer erhaltenen Personenliste waren an dem vom Otto Graf geführten Institut für Bauforschungen am 24. März 1945 folgende Personengruppen beschäftigt:

- Im Konstruktions- und Personalbüro – 40 Personen, davon:
    - Deutsche Mitarbeiter – 38 Personen
    - Kriegsgefangene – 1 Person (franz. Kapitän Robert Michoudet)
    - Zwangsarbeiter – 1 Person (kroat. Ingenieur Rudolf Horvat)
- In der Werkstatt – 65 Personen, davon:
    - Deutsche Mitarbeiter – 37 Personen
    - Kriegsgefangene – 4 Personen (4 franz. Soldaten)
    - Zwangsarbeiter – 24 Personen (3 Belgier, 3 Holländer, 18 Ukrainer)
- Insgesamt – 136 Personen.[161]

Alle Kriegsgefangenen und Zwangsarbeiter verblieben beim Institut für Bauforschung bis zur Befreiung der Stadt Stuttgart durch die französischen Truppen.

Der nächtliche Luftangriff auf das MPA-Gelände vom 14./15. April 1943 verursachte keine wesentliche Schäden, der nächste vom 26./27. November 1943 brachte Brandschäden, die schnell gelöscht werden konnten. Aber der große Nachtangriff vom 19./20. Oktober 1944, in dem fast der gesamte Stuttgarter Stadtteil Berg abbrannte, brachte für die Materialprüfungsanstalt erhebliche Beschädigungen. Es wurden alle Wohnhäuser, die Schreinerei, das Dach der Dauerprüfmaschinenhalle des Instituts für Bauforschung, das Dach der Maschinenwerkstatt sowie die Dächer des Maschinenlaboratoriums in Brand gesetzt. Die größten Beschädigungen auf dem MPA-Gelände hatte leider das eigene deutsche Sprengkommando verursacht, als es nach Anweisung der Behörden die König-Karl-Brücke über den Neckar in der Nacht vom 20. auf den

---

[161] Vgl. Liste vom 24.03.1945. In: UAS Sign. 33/1/76.

21. April 1945 sprengte. Dadurch war der Erweiterungsbau der MPA schwerer beschädigt worden als bei allen früheren Fliegerangriffen.[162]

Am 21. April 1945 besetzten die Einheiten der französischen Armee die Stadt Stuttgart und befreiten die bei der MPA arbeitenden französischen Kriegsgefangenen und Zwangsarbeiter. Otto Graf war es gelungen, die bisherigen deutschen Mitarbeiten zusammenzuhalten und weiter zu beschäftigen. Dank der Tatsache, dass die in verschiedenen Kellern erhaltenen Werkzeuge und Maschinen schnell wieder benutzbar waren, begann Graf, die technischen Kapazitäten seines Institutes zunächst der Stadtverwaltung, bei ihrer Bemühung die städtische Infrastruktur instand zu setzen, zur Verfügung zu stellen. Gleichzeitig wurde mit dem Räumungs- und Wiederaufbau der Materialprüfungsanstalt mit eigenen Kräften begonnen. Otto Graf stand der Stadt und der Wirtschaft bei ihren Wiederaufbauversuchen mit Fachkenntnis und Erfahrung zur Verfügung.

Die sofortige Beschäftigung eigener Mitarbeiter war u.a. auch dadurch möglich, dass die MPA und sein Institut für Bauforschung finanziell in der Lage waren, diese Aktivitäten zu tragen.

Tabelle 5. Der Kontostand des Instituts für Bauforschung und Material-prüfungen des Bauwesens wies zum 1. Juli 1945 folgende Beträge auf:[163]

Auftraggeber	**Beträge in RM**	**%**
Reichsautobahnen (RAB)	56.204,22	13,88
Betonbau (ohne RAB)	96.576,00	23,77
Stahlbau	39.040,00	9,61
Holzbau	58.994,00	14,52
Allgemein	35.850,19	8,82
Stiftungen	81.535,17	20,07
Zinsen	38.120,20	9,38
Summe	**406.319,78**	**100,00**

Interessant Ist die Tatsache, dass sich innerhalb der Kostenposition „Stiftungen" auch Beträge befanden, die aus den persönlichen Zuwendungen einiger Professoren der TH Stuttgart stammten (Maier-Leibnitz – 5.625,38 RM; Mörsch – 2.481,29 RM; Keuerleber – 836,93 RM), und zusammen 24% der gesamten Stiftungssumme ausmachen. Der Bilanz zeigt, dass Otto Graf nicht

[162] Gimmel (1949) Bd. I., S.31f.

[163] Zusammengestellt aus der Liste vom 06.07.1945. In: AUS – Personalakte von Otto Graf. Sign. 33/1/76.

nur ein berühmter Spezialist der Werkstoff- und Baumaterialkunde war; er konnte auch unter den schwierigsten Bedingungen eines verlorenen Krieges gut wirtschaften.

Otto Graf, als alleiniger Vorstand der MPA und Direktor seines Instituts für Bauforschung, leitete diese Anstalt in den wirtschaftlichen und politisch extrem schwierigen Zeiten mit allen ihm zur Verfügung stehenden Rechten. Er war bis zum Kriegsende bekennendes und zahlendes Mitglied der National-sozialistischen Deutschen Arbeiterpartei und ihr technisches Aushängeschild und nutzte dies in seiner Tätigkeit vollständig aus. Er realisierte sogar noch im Frühjahr 1945 Aufträge, die vom Militär beauftragt wurden und militärisch große Bedeutung hatten. Dabei nutzte er auch die billige Arbeitskraft der ausländischen Kriegsgefangenen und Zwangsarbeiter mit allen Gewaltmitteln des verbrecherischen Regimes aus.

Nach der Befreiung der Stadt Stuttgart durch die Französen machten sich die offensichtlich existierenden Probleme innerhalb der Institutsbelegschaft sowie zwischen der Betriebsleitung und den bis dahin dort arbeiteten Zwangsarbeitern bemerkbar. Es wurden Vorwürfe gegenüber der Instituts-leitung wegen der unmenschlichen Behandlung von Zwangsarbeitern öffentlich. Eine dafür angerufene Abordnung der französischen Truppen verhaftete die am 21. April 1945 vor Ort anwesenden leitenden Personen – Karl Wellinger und Paul Gimmel – zeitweise, ließ sie aber dank einer unterstützenden Aussage eines französischen Kriegsgefangenen kurz danach wieder frei.

Veröffentlichungen

Es ist erstaunlich, wie groß die Zahl der Veröffentlichungen von Otto Graf im Zeitraum von 1940 bis 1944 ist. Obwohl seine Arbeiten das breite Spektrum seiner bisherigen Tätigkeit betreffen; den Schwerpunkt in dieser Zeit stellten die Veröffentlichungen über verschiedene Formen der Betonarbeiten dar. Es handelte sich um Beschreibungen und Untersuchungen von verschiedenen Formen von Leichtbeton, wie z.B. Poren-, Bims-, Iporit und Siporexbetone. Diese Arbeiten basieren auf den Ergebnissen von Versuchen, die Graf in seinem Institut vor dem Kriegsende durchführte.

Tabelle 6. Veröffentlichungen von Otto Graf in den Jahren 1940 bis 1944.[164]

Jahr	Beton	Straßenbeton	Holz	Glas	Stahlbau	Andere	**Summe**
1940	4	5	7		1	2	**19**
1941	7	1	6	1	3	4	**22**
1942	10		5		1	4	**20**
1943	14		1		3		**18**
1944	15		5		1		**21**
Summe	**50**	**6**	**24**	**1**	**9**	**10**	**100**

[164] Zusammengestellt durch den Verfasser aufgrund der detaillierten Angaben über Grafs Veröffentlichungen – siehe Anhang.

Suspendierung und Entnazifizierung in den Jahren 1945 bis 1948[165]

Zu den Grundprinzipien der Alliierten nach der Kapitulation des Deutschen Reiches gehörte u.a. die Absicht zur radikalen Veränderung der während der nationalistischen Herrschaft entstandenen politischen, juristischen und gesellschaftlichen Zustände in Deutschland. Diese feste Absicht wurde in allen Konferenzen der alliierten Mächte – in Casablanca (Januar 1943), Moskau (August 1942 und Oktober 1943), Teheran (November 1943), Jalta (Februar 1945) und Potsdam (Juli/August 1945) – konsequent verfolgt und immer wieder offiziell bestätigt.

Bereits drei Tage vor der endgültigen Kapitulation des Deutschen Reiches am 8. Mai 1945 übernahmen die Siegermächte die oberste Regierungsgewalt in ganz Deutschland. Das Deutsche Reich wurde in vier Besatzungszonen eingeteilt, die Hauptstadt Berlin unter die Interalliierte Militärkommandantur gestellt sowie dort der Alliierte Kontrollrat geschaffen. Mit der Säuberung Deutschlands von nationalsozialistischen Personen in Führungspositionen wurde aufgrund einer amerikanischen Direktive *„Joint Chief of Staff"* (JCS) vom 26. April 1945 begonnen. Sie bestimmte, dass:

> „[...] alle Mitglieder der Nazipartei, die nicht nur nominell in der Partei tätig waren, alle, die den Nazismus oder Militarismus aktiv unterstützt haben, und alle Personen, die den alliierten Zielen feindlich gegenüberstehen, sollen entfernt und ausgeschlossen werden aus öffentlichen Ämtern und aus wichtigen Stellungen in halbamtlichen und privaten Unternehmungen [...]."[166]

Die Potsdamer Konferenz der Alliierten endete mit der Erklärung vom 2. August 1945, in der wichtige Grundsätze der Demilitarisierung, Denazifizierung, Demokratisierung und Dezentralisierung Deutschlands festgelegt wurden.

Die Stadt Stuttgart befand sich in der amerikanischen Besatzungszone, die aus den früheren deutschen Ländern Bayern, Bremen, Großhessen und den nördlichen Teilen der früheren Länder Württemberg und Baden (aus denen kurz danach das Land Württemberg-Baden gebildet wurde) sowie aus dem amerikanischen Sektor im Süden Berlins gebildet wurde. Die Regierungsgewalt übernahm dort eine neue amerikanische Behörde – *Office of Military*

---

[165] Vgl. Ditchen (2010).
[166] Vollnhals (1991), S. 99f.

Goverment of the United States (OMGUS) –, die die Aufgabe erhielt, die Entnazifizierung der deutschen Bevölkerung des amerikanischen Sektors umzusetzen. Aufgrund einer amerikanischen Direktive vom 7. Juli 1945 sollten alle erwachsenen Personen – insbesondere diejenigen, die vor dem 1. Mai 1937[167] in die NSDAP eingetreten waren – aufgrund eines abgegebenen großen Fragebogens mit 131 Fragepositionen, evaluiert werden. An den Hochschulen und Universitäten wurden amerikanische Umerziehungsoffiziere eingesetzt, die bei der Überprüfung und Beurteilung von Professoren und leitenden Angestellten meistens besonders strenge Maßstäbe setzten. Das Ergebnis einer solchen Überprüfung bestand in der Zuordnung der betroffenen Personen zu einer von fünf Gruppen mit vorgegebener Entlassungsverpflichtung oder der Befreiung von der NS-Belastung:

- Gruppe 1. Unbedingt entlassungspflichtig *(Mandatory Remowal)*
- Gruppe 2. Bedingt entlassungspflichtig *(Discretionary Removal)*
- Gruppe 3. Bedingt entlassungspflichtig, gegen weitere Beschäftigung bestehen Bedenken *(No Adverse Recommandation)*
- Gruppe 4. Kein Beweis für nationalsozialistische Betätigung *(No Evidence of Nazi Activity)*
- Gruppe 5. Beweis für antinationalsozialistische Betätigung *(Evidence of Anti Nazi Activity).*[168]

Die Entnazifizierungspolitik der US-Militärregierung, die mit Entlassungen zahlreicher Beamter des öffentlichen Dienstes und Firmenfachpersonal einherging, führte in den Jahren 1945/46 zu einem gravierenden Personalmangel und zur tiefgreifenden Umstrukturierung des öffentlichen Dienstes, darunter auch der Hochschulen und Universitäten, die die Funktion der öffentlichen Verwaltung sowie des Hochschulbetriebes ernsthaft behinderte. Diese Erkenntnisse führten auf der amerikanischen Seite zu Überlegungen über eine Veränderung der bisherigen Entnazifizierungspraxis.

Mit der Entscheidung des amerikanischen Gouverneurs in Deutschland, Dwight D. Eisenhower, vom 19. September 1945 waren die Voraussetzungen zur Bildung auf dem Gebiet der US-Besatzungszone von drei neuen Ländern – Bayern, Württemberg-Baden und Großhessen – gegeben. Die Regierung des

---

[167] Am 1. Mai 1937 wurden, aufgrund eines neuen Reichsbeamtengesetztes, alle Beamte und Angestellten des öffentlichen Dienstes aufgefordert, in die NSDAP einzutreten.

[168] Vgl. Botor (2006), S. 43.

Landes Württemberg-Baden wurde unter dem Ministerpräsidenten Reinhold Maier am 24. September gebildet, die Regierung Bayerns unter Wilhelm Hoegner am 28. September und die von Grosshessen unter Karl Geisler, Mitte Oktober 1945. Der von den drei Ländern gebildete gemeinsame Länderrat erhielt von der amerikanischen Seite, als einer der wichtigsten Aufgaben, die Verpflichtung zur schnellen Durchführung der Entnazifizierung der gesamten Bevölkerung ihrer Länder.

Mit dem, von der amerikanischen Seite genehmigten „Gesetz zur Befreiung von Nationalsozialismus und Militarismus" vom 5. März 1946[169] ging in den Ländern der amerikanischen Besatzungszone die Durchführung der Entnazifizierung auf die deutschen Verwaltungsstellen über; die US-Militärregierung behielt jedoch die Oberaufsicht über die ordnungsgemäße Anwendung des Gesetzes bei. Die Grundlage dieses neuen Verfahrens bildete die Registrierung aller Deutschen im Alter von 18 Jahren, die einen neuen Fragebogen abzugeben hatten. Die Bearbeitung dieser Unterlagen und die Beurteilung der Verantwortlichkeit dieser Personen im Sinne des neuen Gesetzes lagen im Verantwortlichkeitsbereich der neu geschaffenen örtlichen Spruchkammern. Das Beurteilungs- bzw. das Bestrafungsverfahren sollten, gemäß Gesetz Nr. 104, durch die Einstufung der betroffenen Personen in folgende fünf Gruppen umgesetzt werden:

I. Hauptbeschuldigte, gemäß Artikel 5 des Gesetzes Nr. 104.
II. Belastete (Aktivisten, Militaristen, Nutznießer), gemäß Art. 7 bis 9,
III. Minderbelastete (Bewährungsgruppe), gemäß Art. 11,
IV. Mitläufer, gemäß Art. 12[170],
V. Entlastete, gemäß Art. 13.

Dieses „Befreiungsgesetz" Nr. 104 vom 5. März 1946 wurde im Regierungsblatt des damaligen Landes Württemberg-Baden am 1. April 1946 veröffentlicht

[169] Gesetz Nr. 104 vom 5. März 1946 – Text in seiner ursprünglichen Form – siehe Auflage Nr. 1 von Schullze (1947).

[170] Nach Art. 12 des Gesetzes Nr. 104: Mitläufer ist:

I. Wer nicht mehr als nominell am Nationalsozialismus teilgenommen oder ihn nur unwesentlich unterstützt und sich nicht als Militarist erwiesen hat.
II. Unter dieser Voraussetzung ist Mitläufer insbesondere:
   1. Wer als Mitglied der NASDAP oder ihrer Gliederung, ausgenommen HJ und BdM, lediglich Mitgliederbeiträge bezahlte, an Versammlungen, deren Besuch Zwang war, teilnahm oder unbedeutende oder rein geschäftsmäßige Obliegenheiten wahrnahm, wie sie allen Mitgliedern vorgeschrieben waren.
   2. Wer Anwärter der NSDAP war und nicht endgültig als Mitglied aufgenommen wurde.

und war damit auf dem Gebiet dieses Landes wirksam.[171] Zum Generalverantwortlichen für die Durchführung dieses Gesetzes wurde der Schorndorfer Bürgermeister, Gottlob Kamm, ein Handwerker und SPD-Funktionär der Weimarer Republik, gewählt.

Nach der Befreiung der Stadt Stuttgart am 21. April 1945 beschäftigte sich die Belegschaft der Materialprüfungsanstalt an der Technischen Hochschule (jetzt ohne die freigelassenen Kriegsgefangenen und Zwangsarbeitern) zunächst mit der Beseitigung der in den letzten Monaten des Krieges auf dem Betriebsgelände entstandenen Schäden sowie mit den technischen Räumungsleistungen für die Stuttgarter Stadtverwaltung. Die Arbeitsorganisation wurde von Otto Graf, als amtierendem Vorstand der Anstalt und Direktor des Instituts für Bauforschung und Materialprüfungen des Bauwesens, geleitet; es bemühte sich, die alten Strukturen und das Personal beizubehalten. Es war der MPA-Leitung gelungen, einige Einrichtungsgegenstände, Maschinen und Materialien, die außerhalb der Stadt versteckt waren, zurückzuholen und damit den technischen Betrieb der Materialprüfungsanstalt so schnell wie möglich anlaufen zu lassen.

Die während des Krieges offensichtlich existierenden internen Probleme innerhalb der Mitarbeiter des Instituts, die bis dahin wegen des politischen und wirtschaftlichen Drucks vonseiten der Nationalisten unterdrückt worden waren, traten jetzt ans Tageslicht. Bereits direkt nach der Befreiung wurden, vor allem von den ukrainischen Zwangsarbeitern, Vorwürfe gegenüber der MPA-Leitung erhoben. Die damals anwesenden leitenden Angestellten der Materialprüfungsanstalt, Karl Wellinger und Paul Gimmel, wurden sogar durch französische Soldaten zeitweise verhaftet und in dieser Angelegenheit verhört.

Im Institut für Bauforschung wurde ein langjähriger Schlosser und Mechaniker aus der Werkstatt, Robert Kress, zum Betriebsrat gewählt. Er gehörte bis 1933 der KPD an und war während des Krieges als Vorarbeiter der Gruppe ukrainischer Zwangsarbeiter tätig. Kress äußerte damals offen seine Unzufriedenheit mit den bei der MPA herrschenden Verhältnissen, vor allem in Bezug auf die schlechten Lebens- und Arbeitsbedingungen der dort tätigen

[171] Kamm, Mayer (2005), S. 86.

Zwangsarbeiter. Kress wurde 1944 wegen kritischer politischer Äußerungen am Arbeitsplatz mit einer Meldung bei der Gestapo bedroht und musste kurz vor Kriegsende, aufgrund der drohenden Verhaftung, untertauchen. Nach dem Kriegsende verstand Robert Kress seine Aufgabe als Betriebsrat, die MPA und vor allem das Institut für Bauforschung schnellstens von den Nationalsozialisten zu säubern. Als er im Juni 1945 von Otto Graf, als Vorstand des Instituts, die Entlassung von zehn Mitarbeitern, die Mitglieder der NSDAP waren, verlangte und keine Zustimmung von ihm erhielt, richtete er seine Vorwürfe auch gegen ihn.

Otto Graf schilderte die Auseinandersetzung mit Kress in einem Schreiben an das Rektoramt der Technischen Hochschule Stuttgart:

> „Am 26. Juni verlangte Kress die sofortige Entlassung von 10 Betriebsangehörigen, im Namen der Alliierten Militärregierung zur Bekämpfung des Nazismus und der Säuberung der Betriebe. Als ich den Vorschlag machte, zunächst bei den einzelnen Männern und Frauen zu erörtern, warum sie zu entlassen seien, und auch betonte, dass solche Entlassungen wohl die Zustimmung der vorgesetzten Stellen bedürften, wurde in scharfer Weise das Verlangen bedingungslos wiederholt mit der Betonung, dass andernfalls die Verhaftung der Genannten und die meinige veranlasst wird. Dies geschah unvermittelt, obwohl ich in verbindlicher Form die Erörterung vorgeschlagen habe und wohl Herr Kress wenige Tage zuvor mir ohne sichtbaren Grund erklärt hatte, er werde sich dafür einsetzen, dass ich im Institut bleibe."[172]

Als Folge dieser Auseinandersetzung mit Otto Graf richtete Robert Kress am 18. Juli 1945 ein Schreiben an den Rektor der Technischen Hochschule Stuttgart und an die damals vorläufige Landesverwaltung für Kultus, Erziehung und Kunst in Stuttgart, in dem er den Antrag auf Entlassung Otto Grafs von einen Ämtern aufgrund folgender Tatsachen stellte:

1. Mitgliedschaft der NSDAP und diktatorisches Verhalten,
2. Denunzierung von Mitarbeitern,
3. Offene Kontakte mit namhaften NS-Persönlichkeiten,
4. Aufnahme des Nazi-Sympathisanten Professor Hess (Rektor der TH Stuttgart während des Zweiten Krieges bis 1945) in seiner Wohnung,
5. Kürzungen der Löhne und Gehälter der ihm unterstandenen Mitarbeiter, schädliches Verhalten gegenüber den Interessen des Instituts.[173]

---

[172] Schreiben von Otto Graf an das Rektoramt der TH Stuttgart und Landesdirektor für Kultus, Erziehung und Kunst vom 19. August 1945. In: Personalakte von Otto Graf. In: HStAS – EA/7150, Bü: 709. Bl. 2.

[173] Schreiben von Betriebsrat Kreis an die Landesverwaltung für Kultus, Erziehung und Kunst in Stuttgart vom 18. Juli 1945. In: HStAL – EA 902/20, Bü: 45498.

Am 28. Juli 1945 wandte sich Erwin Neumann, Professor für Straßenbau und Leiter der Forschungsstelle für Straßen- und Tiefbau an der Technischen Hochschule Stuttgart, mit einem vierseitigen Schreiben an den Rektor der TH Stuttgart, in dem er die Person Otto Graf und seine Politik in den NS-Zeiten grundsätzlich kritisierte. Er warf Graf ein für das Ansehen der Technischen Hochschule und konkret für die Forschungsarbeiten im Straßenbau schädliches Verhalten vor und meinte, dass der Wiederaufbau die Gelegenheit bieten sollte, das Geschehene wieder gutzumachen. Neumann schilderte, dass er die Professur an der TH Stuttgart nur unter der Bedingung angenommen hatte, dass er dort ein Straßenbaulaboratorium aufbauen und führen würde. Das war auch formal im Jahr 1926 geschehen. Die dafür vorgesehenen und erhaltenen finanziellen Mittel waren u.a. für den Bau eines Prüfungsgebäudes geplant, welches aus Platzgründen, nach Absprache zwischen Neumann und Graf, auf dem Gelände der MPA in Stuttgart-Berg errichtet wurde. In der Praxis allerdings wurde das Gebäude fast ausschließlich durch Grafs Institut für Bauforschung genutzt und damit die geplanten Forschungsaktivitäten von Neumann erheblich eingeschränkt. Die Inanspruchnahme dieser Finanzmittel durch Otto Graf und viele Aufträge, die aus diesem Grund Graf und das von ihm geführte Institut statt Neumann erhielt, führten als Konsequenz im Jahr 1937 zur Schließung des von Neumann gegründeten und geführten Forschungslaboratoriums für den Straßenbau. Neumann warf Graf außerdem das Ausnutzen der Kontakte zu wichtigen NS-Stellen, Versäumnisse in der Personalpolitik und einige theoretische Fehler vor, die Graf, nach Neumanns Meinung, bei seinen Forschungsarbeiten für die Brückenbauabteilung der Reichsautobahndirektion in Berlin begangen hatte.

Diese Vorwürfe gegen Otto Graf wurden bei den Säuberungsaktivitäten thematisiert, die auf der Technischen Hochschule Stuttgart als Folge der entsprechenden Anweisungen der dortigen amerikanischen Militärregierung begonnen wurden. Als Ergebnis der Beurteilung der gegen Otto Graf eingegangenen Vorwürfe, die der interne Ausschuss der TH Stuttgart Ende Juli 1945 vorgenommen hatte, wurde am 4. August 1945 ein Antrag auf Amtsaufhebung an die zuständige Landesverwaltung in Stuttgart gestellt, in dem insgesamt 14 Professoren, u.a. auch Otto Graf, namentlich genannt wurden. Dieser Antrag bildete die Grundlage für die folgende, durch die amerikanische Militärregierung befohlene Entscheidung der Landesverwaltung für Kultur, Erziehung und Kunst in Stuttgart, die mit dem Schreiben vom 8. August 1945 an den Rektor der TH Stuttgart verschickt wurde:

> „Über die Dauer der Prüfung ihrer Personalverhältnisse werden mit sofortiger Wirkung bis auf weiteres des Dienstes enthoben: Professor Kamm, Professor Göring, Professor Schmitthenner, Professor Wewerka, Professor Reyhar, Professor Leonhardt, Professor Bader, Professor Graf, Professor Cranz, Professor Tiedje, Professor Madelung, Professor Wiadra, Professor Ott." [174]

Die entsprechende Mitteilung des Rektoramtes an Otto Graf lautete:

> „ Die Landesverwaltung [...] hat mit Erlass vom 8. August 1945 Nr. H 202 verfügt, dass Sie über die Dauer der Prüfung Ihrer Personalverhältnisses mit sofortiger Wirkung bis auf weiteres des Dienstes enthoben werden. Mit der Dienstenthebung ist auch die Enthebung von dem von Ihnen verwalteten Institut für Bauforschung und Materialprüfungen des Bauwesens verbunden, mit dessen kommissarischen Leitung bis auf Weiteres Professor Dr.-Ing. Maier-Leibnitz beauftragt wird."[175]

In seiner Stellungnahme für das Rektoramt der TH Stuttgart und die württembergische Verwaltung widersprach Otto Graf in einem Schreiben vom 19. August 1945, welches er Ministerialrat Bauer dieser Verwaltung bei einem persönlichen Gespräch übergeben hatte, allen Vorwürfen des Betriebsrats Kress. Er schrieb (hier Auszüge):

- „Ich habe mich nie politisch betätigt [...]"
- „Das Denunzieren hasse ich [...]"
- „Ich habe Besuche aus aller Welt erhalten, weil meine Arbeit von vielen Ingenieuren in allen Bereichen beobachtet wird. Ob unter Besuchern Faschisten waren, weiß ich nicht."
- „Herr Professor Hess kam vor einer Zeit in mein Dienstzimmer, er suchte eine Unterkunft für eine Nacht, wegen der ich ihn zu Herrn Dr. Wellinger[176] verwies."
- „Ich habe mich u.a. durch viele Nachfragen überzeugt, dass Lohn- und Gehaltsstufung meiner Mitarbeiter [...] über das hinausgeht, was an anderen vergleichbaren Stellen geschehen ist."
- „Der Betriebsrat ist nach meiner Ansicht z.Zt. nicht in der Lage, die Erfordernisse des Instituts zu beurteilen."
- „Ich erwarte deshalb die Aufhebung meiner Amtsenthebung. Im Ganzen handelte sich bei den Behauptungen des Herrn Kress um haltlose Denunziationen, für die ich kein Opfer zu bringen habe."[177]

---

[174] Schreiben der Landesverwaltung für Kultur, Erziehung und Kunst in Württemberg Nr. H 202 vom 8. August 1945. In:– Personalakte von Otto Graf – In: StAS EA/7150, Bü: 709, Bl. 1.

[175] Schreiben des Rektoramtes der Technischen Hochschule Nr. 78 an Otto Graf vom 08.08.1945. In: UAS - Personalakte von Otto Graf – Sign. 57/329.

[176] In einem anderen Entnazifizierungsverfahren wurde im selben Zeitraum auch Karl Wellniger der Leitung der Abteilung Maschinenbau der MPA Stuttgart enthoben. Diese Leitung übernahm kommissarisch Paul Gimmel.

Die Suspendierung von Otto Graf stieß vor allem in den Kreisen der württembergischen Bauunternehmungen sowie in einigen politischen Gremien auf Widerstand. Der Stuttgarter Regierungsbaumeister H. Seitz schrieb an Direktor Theodor Bäuerle in der Landesverwaltung:

> „Herr Prof. Graf ist ein Fachmann, der auf seinem Gebiet in allen Teilen der Welt bekannt und hochgeschätzt ist. [...] Er ist außerdem ein hochgeschätzter Lehrer. Daneben aber ist Prof. Graf in allen Teilen der württ. Baustoffindustrie, wie auch Bauindustrie, als wissenschaftlicher Berater hoch geschätzt. [...] Meines Wissens ist Prof. Graf erst ziemlich spät – wohl 1938 – Parteigenosse geworden, er ist als solcher wohl nie irgendwie hervorgetreten. [...] Wenn er trotzdem PG geworden ist, so zweifellos aus demselben Grund, wie unendlich viele anständige Deutsche, die im Interesse unseres Volkes glaubten, nicht auf Dauer abseits stehen zu dürfen."[178]

Auf der Stuttgarter Verwaltungsebene wurden in der Sache Otto Graf Versuche unternommen, die gegen ihn erhobenen Vorwürfe zu relativieren. Das Innenministerium der im Herbst 1945 entstandenen Regierung des Landes Württemberg-Baden schrieb an das Kultministerium:

> „[...] Nach im Einzelnen nicht überprüfbaren Äußerungen soll die Amtsenthebung des Herrn Prof. Graf nicht aus rein politischen Gründen vorgenommen sein, sondern ihre Ursache in persönlichen Vorkommnissen gehabt haben. [...] Das Innenministerium kann zu diesen Äußerungen keinerlei Stellung nehmen und ist überzeugt, dass das Kultusministerium alle Schritte unternommen hat, um Herrn Prof. Graf in seinem Amte zu erhalten. Wenn es jedoch tatsächlich so sein sollte, dass Herr Prof. Graf auf Grund von Maßnahmen, die nicht in Rahmen der politischen Säuberungsaktion liegen, entlassen worden ist, würde sich das Innenministerium veranlasst sehen, auf die außerordentliche Wichtigkeit der Mitwirkung des Herrn Prof. Graf beim Wiederaufbau der zerstörten Städte und Gemeinden hinzuweisen."[179]

Als Antwort schrieb der Ministerialrat des Kultusministeriums:

> „Auf das dortige Schreiben vom 8. Dezember 1945 erwidere ich, dass Professor Graf bis jetzt von der Militärregierung noch nicht aus dem Amte entlassen worden ist. Das Kultministerium hat sich allerdings veranlasst gesehen, Professor Graf zusammen mit anderen Mitgliedern des Lehrkörpers der Technischen Hochschule schon im Juni 1945 (sic !) vorläufig von seinem Amt zu suspendieren und zuvor vor allem mit Rücksicht auf seinen engen Beziehungen zu früheren OT [...]."[180]

---

[177] Schreiben von Otto Graf an die Landesverwaltung vom 19.08,1945. In: HStAL – EA/ 7150, Bü: 709, Bl. 2.
[178] Schreiben von Dr.-Ing. H. Seitz vom VDI an Dir. Bäuerle in der Landesverwaltung vom 16.08. 1945. In: HStAS – EA(7150, Bü: 709, Bl. (2).
[179] Schreiben Nr. V Ho 297 des techn. Referats des Innenministerium an das Kultministerium vom 8. Dezember 19455. In: HStAS – EA/7150, Bü: 902, Bl. 3.
[180] Schreiben des Kultministeriums Nr. H1321 vom 02.01.1946. In: HStAS – EA/7150, Bü: 902 Bl. 4.

Die Bemühungen von verschiedenen öffentlichen und politischen Stellen, die Suspendierung von Otto Graf aufzuheben, wurden offensichtlich auch direkt der amerikanischen Militärregierung in Stuttgart angetragen. Obwohl uns in dieser Angelegenheit kein direktes Dokument vorliegt, weist das folgende Schreiben des Rektoramtes der Technischen Hochschule Stuttgart an das Kultministerium auf die Tatsache hin, dass die amerikanische Militärregierung bereits im Laufe des Monats Januar 1946 Bedenken in der Sache Otto Graf hatte:

> „[...] Nachdem die Militärregierung entschieden hat, dass Professor Graf nicht entlassen werden muss, besteht vorbehältlich der endgültigen Regelung der Frage seiner Wiedereinsetzung als Institutsdirektor keinerlei Grund, ihm die Abhaltung seiner Vorlesungen zu verbieten."[181]

Die bevorstehende Teilaufhebung der Suspendierung von Otto Graf brachte Unruhe in manche Kreise der Belegschaft des Instituts für Bauforschung und Materialprüfungen des Bauwesens und auch bei einigen Personen des Lehrkörpers der Abteilung für Bauingenieurwesen der Technischen Hochschule Stuttgart. Im Institut wurde eine Gruppe von Arbeitern um den Betriebsrat Robert Kress erneut aktiv. Am 8. Februar 1946 hing am Schwarzen Brett des Instituts folgender Anschlag des Betriebsrats:

> „Die Belegschaft des Instituts [des] Bauwesens bringt zur Kenntnis, dass ab sofort die Beziehungen zu Herrn Prof. Otto Graf abgebrochen werden, da derselbe nicht mehr zum Institut gehörig bezeichnet werden kann. Jede Verbindung zu Herrn Prof. Otto Graf ist zu unterlassen. Sollte das dennoch der Fall sein, sehen wir uns genötigt, mit der zuständigen Stelle dagegen einzuschreiten. Näheres in der demnächst stattfindenden Betriebsversammlung."[182]

Zeitgleich wurden neue schriftliche Erklärungen von den Mitarbeitern des Instituts abgegeben, die Otto Graf erneut schwer belasteten. Einer seiner engsten Mitarbeiter, sein Doktorand Erwin Brenner, schrieb:

> „Herr Professor Otto Graf hat die Züchtigung der Ostarbeiter angeordnet, was aber durch die betroffenen Aufsichtspersonen nicht zur Durchführung kam."[183]

---

[181] Schreiben des Rektors der TH Stuttgart an das Kultusministerium vom 25.01. 1946. In: HStAS – EA/7150, Bü: 902, Bl. 5.

[182] Anschlag am Schwarzen Brett des Instituts für Bauforschung und Materialprüfungen des Bauwesens vom 08. 02.1946, unterschrieben durch den Betriebsrat Robert Kress. In: Personalakte von Otto Graf. In: UAS Sign. 57/329.

[183] Schriftliche Erklärung von Erwin Brenner vom 22. Januar 1946. In: HStAS – EA/7150, Bü: 902, Anlage zum Bl. 7.

Und drei Arbeiter des Instituts, Paul Gintel, Berthold Schleck und Jakob Reif, erklärten:

> „Die Unterbringung der Fremdarbeiter widersprach zuletzt jedem menschlichen Empfinden. Obwohl Herr Professor Otto Graf auf diese Missstände aufmerksam gemacht wurde, hatte er sich in der ganzen Zeit nicht bekümmert, dieselben abzustellen. Seiner Schuld bewusst hatte er es vorgezogen, beim Einmarsch der alliierten Truppen das Institut seinem Schicksal zu überlassen, um nicht den Hass der Fremdarbeiter über sich ergehen zu lassen."[184]

Der Vorsitzende des Stuttgarter Ortsausschusses des Gewerkschaftsbundes Württemberg-Baden, Stetter, übergab diese schriftlichen Zeugenaussagen an das Rektoramt der TH Stuttgart. Die Schriftstücke wurden dann nach dem Ministerialrat des Kultusministeriums, Hans Rupp, weitergeleitet.

Diese neuen Erklärungen veränderten die bisherige Behördeneinstellung in der Sache Otto Graf. Das Rektoramt der Technischen Hochschule Stuttgart nahm seinen früheren Antrag schriftlich zurück:

> „Das Rektoramt bittet, den Antrag Nr. 161 vom 25. Januar 1946 betr. Wiedereinstellung von Professor Graf in sein Lehramt zu sistieren, bis die neuerdings von Seiten der Gewerkschaft vorgebrachten schweren Vorwürfe gegen Professor Graf geklärt sind."[185]

Das Innenministerium schaltete sich mit einem sehr kurz gefassten Schreiben ein, in dem es auf die politische Meinung der Gruppierung aus der ehemaligen Zentrum-Partei in der Sache Graf hinwies:

> „Material Graf liegt beim Rektoramt der Technischen Hochschule. Zeugen sind genannt. Lassen sie sich doch bitte die Unterlagen vom Gr. [?] geben. Das Zentrum setzt sich für Verbleiben Grafs ein. Wenn die Informationen durch die Zeugen erhärtet werden, müssen wir Anklage gegen Graf bei Generalstaatsanwalt erheben. Er ist informiert."[186]

Der Generalstaatsanwalt begann sich für diesen Vorgang zu interessieren; auf seine Anfrage vom 26. Februar 1946 antwortete der Rektor der TH Stuttgart, Richard Grammel:

> „[...] Wir haben diese mir vorgebrachten Meldungen am 12. Februar 1946 auf dem Dienstwege an das Kultministerium weitergeleitet, weil mir die Meldungen als Material

---

[184] Schriftliche Erklärung vom 01.021946. In: HStAS– EA/7150, Bü: 902, Anl. zum Bl. 7.

[185] Schreiben des Rektoramtes der TH Stuttgart an das Kultusministerium vom 09.02 1946. In: HStAS – EA/7150, Bü: 902 Bl. 6

[186] Schreiben des Generalsekretariats des Innenministeriums an Ministerialrat Rupp in Kultministerium vom 11.02.1946. In: HStAS – EA/7150, Bü: 902 Bl. 6a.

für die künftig zu bildenden Spruchkammern wichtig erscheint: sie können möglicherweise Aufschluss geben über die politische Gesinnung von Professor Graf. Ob diese Meldung zu einer Strafverfolgung nach dem Kontrollgesetz Nr. 10 ausreichen, vermag ich nicht zu beurteilen; ich möchte das eher bezweifeln."[187]

Parallel wandte sich Direktor Goetz vom Generalsekretariat des Innenministeriums in einem persönlich verfassten Schreiben an Theodor Heuss, den damaligen Minister des Kultministeriums in Stuttgart:

„Bekanntlich ist von Seiten der KPD in den öffentlichen Versammlungen (vor einiger Zeit durch den Parteileiter Buchmann auch in der Vorläufigen Volksvertretung) auf die Untragbarkeit des Professors Graf als Leiter der Materialprüfungsanstalt der Technischen Hochschule hingewiesen worden. Es werden in aller Öffentlichkeit schwerwiegende Anschuldigungen über das Verhalten Grafs während des Nazi-Regimes erhoben. Zeugenaussagen darüber sind dem Rektor Grammel von der Technischen Hochschule unterbreitet worden und sollen jetzt beim Kultusministerium liegen. Der Generalstaatsanwalt Richard Müller hält es für richtig, dass diese Unterlagen aus Anlass des Inkrafttretens des deutschen Entnazifizierungsgesetzes dem öffentlichen Ankläger zugleitet werden. Ich gebe diese Anregung nach einer Unterhaltung mit dem Generalstaatsanwalt verbunden an Sie weiter."[188]

Auch die amerikanische Militärregierung änderte ihre bisherige Meinung über die Person Otto Graf und stufte ihn, gemäß ihrer internen Direktive vom 7. Juli 1945, in die Gruppe der am schwersten Belasteten ein, die unbedingt entlassen werden müssen (*Mandatory Removal*):

„Further investigation of Professor Otto Graf, Technische Hochschule, Stuttgart has changed his classification from Employment-Discretionary-Adverse Recommendation to Mandatory Removal [...]"[189]

Dieser Entscheidung der amerikanischen Militärregierung zufolge schrieb das Kultusministerium an den Rektor der TH Stuttgart:

„Auf Befehl der amerikanischen Militärregierung kann Professor Otto Graf im Dienst nicht weiter verwendet werden. Die entsprechende Entlassungsverfügung wird mit dem Ersuchen um Aushändigung an den Betroffenen in der Anlage beigefügt. Ich ersuche noch dafür Sorge zu tragen, dass Professor Graf sich auch in Zukunft jeglicher Tätigkeit in der Materialprüfungsanstalt enthält."[190]

[187] Schreiben d es Rektors der TH Stuttgart an den Generalstaatsanwalt vom 07.03.1946.

[188] Schreiben des Innenministeriums an den Minister Theodor Heuss vom 14.03.1946. In: HStAS – EA/7150, Bü: 902 Bl. 8.

[189] Schreiben des Headquarters Office of Military Government Wuerttemberg-Baden an den Kultminister Dr. Heuss vom 03.04.1946. In: HStAS – EA/7150, Bü: 902, Bl. 11.

[190] Schreiben des Kultusministeriums an den Rektor der TH Stuttgart vom 10.04.1946. In: HStAS – EA/7150, Bü: 902, Bl. 12.

In der Zwischenzeit begann sich Otto Graf gegen diese im August 1945 ausgesprochene und damals als vorläufig verstandene Suspendierung, die jetzt zur endgültigen Entlassung vom Dienst an der TH Stuttgart und bei der MPA sowie zur Strafandrohung geführt hatte, zu wehren. In einem Schreiben an den Kultusminister, Theodor Heuss, bat Graf erneut um die Aufhebung seiner Suspendierung. Er schrieb:

> „[...] Die Sorge um das Institut war mein ständiger Begleiter, diese war auch der Grund für meinen Eintritt in die NSDAP im Jahr 1938, nachdem ich wiederholt zum Eintritt aufgefordert war und nachdem, immer wieder betont worden war, das hervorragende Techniker besonders berufen seien, an der Entwicklung gesunder Verhältnisse mitzuwirken. Diese Auffassung schien an sich berechtigt. Doch blieb der Erfolg versagt. Dazu trat, dass alle Männer, die ihren Weg ehrlich und gerade suchten, viel Argwohn begegneten. Im Einzelnen verweise ich auf die Belege. [...] Persönliche Vorteile habe ich von 1933 bis 1945 nicht gehabt; solche werden auch nicht angeboten, weil jedermann, den ich kannte, wusste, dass ich jede persönliche Bevorzugung entschieden abgelehnt hätte.[...] Schließlich darf ich aufmerksam machen, dass die Militärregierung nach den mir gemachten Mitteilungen keine Einwände gegen mich erhoben hat. Die Suspendierung in unbegründeten Anschuldigungen, die ich widerlegt habe, soweit sie mir bekannt gegeben sind. Alle meine Freunde finden es unbegreiflich, dass eine für die jetzige und künftige Zeit wichtige unbegrenzt aufbauwillige Kraft, die das Vertrauen von Tausenden ehrlichen Männern und Frauen besitzt, stillgelegt und brotlos gemacht wird.“[191]

Als Beleg für seine Ausführungen fügte Otto Graf neun schriftliche Stellungnahmen von Mitarbeitern und einigen Stuttgarter Bauunternehmungen bei. Zusätzlich wies er auf die positive Beurteilung seiner Person durch viele Stuttgarter Persönlichkeiten hin. Inzwischen lagen den Behörden einige Erklärungen vor, die sich für die Wiedereinsetzung Otto Grafs starkmachten, sie versuchten den Graf unterstellten Vorwürfen zu widersprechen und vor allem auf Grafs Unersetzbarkeit beim Wiederaufbau des zerstörten Landes hinzuweisen. Der Vorsitzende des Fachverbandes Bau in Stuttgart und langjähriger Vorstand der dortigen Ed. Züblin AG, Ludwig Lenz, schrieb an das Staatssekretariat für Sonderaufgaben der Landesregierung in Stuttgart eine Stellungnahme, die das als repräsentativ für die Argumentationen gelten kann, die zahlreiche Vertreter der Bauindustrie in dieser Zeit als Erklärungen in der Sache Otto Graf abgegeben hatten:

> „Im Namen des Fachverbands Bau, der eine Vertretung des gesamten Baugewerbes von Württemberg darstellt, wie auch im Namen des wieder zur Neuzulassung beantragten deutschen Beton-Vereins (eines technisch-wissenschaftlichen Vereins mit

[191] Schreiben von Otto Graf an Theodor Heuss vom 25.04.1946. In: HStAS – EA/7150, Bü: 902, Bl. 15.

> Mitgliedern aus der deutschen und ausländischen Bauwirtschaft) wende ich mich an Sie mit der dringenden Bitte, den Fall des Herrn Professors Otto Graf, Stuttgart, Splitterstraße 30, bevorzugt klären zu wollen.
>
> Herr Prof. Graf ist als Leiter der Materialprüfungsanstalt der Technischen Hochschule Stuttgart für alle mit dem Wiederaufbau unseres Landes zusammenhängenden Fragen und Problemen so unentbehrlich, dass es verwunderlich erscheint, wenn demselben nicht schon längst als im öffentlichen Interesse liegend eine vorläufige Arbeitsbescheinigung erteilt wurde. Man kann sich in Fachkreisen des Eindrucks nicht erwehren, als ob die zuständigen Stellen die Bedeutung der Tätigkeit des Herrn Prof. Graf für die Hochschule und noch mehr für die Bauwirtschaft gar nicht richtig erkennen. [...] Andererseits drängt aber der Mangel an den meisten zum Bau benötigten Rohstoffen danach, aus den Trümmern unserer Städte herauszuholen, was herauszuholen ist und dazu können wir den Rat von Herrn Prof. Graf nicht entbehren. Hochschule, Staat, Stadt und die Bauwirtschaft sind deshalb m.E. in gleicher Weise an einer baldigen Genehmigung der Wiederaufnahme der Tätigkeit von Herr Prof. Graf interessiert.[192]

Im Spätfrühling 1946 wurden im Land Württemberg-Baden, gemäß dem Entnazifizierungsgesetz Nr. 104 vom 5. März 1946, die örtlichen Spruchkammern gegründet, die dann mit der Bearbeitung von Tausenden Entnazifizierungsfällen begannen. Otto Graf gab am 25. April 1946 den nach diesem Gesetz geforderten Meldebogen an die zuständige Behörde ab und wartete auf die Eröffnung seines Entnazifizierungsverfahrens. In diesem Meldebogen listete Graf seine Mitgliedschaften in nationalsozialistischen Organisationen auf:

- NSDAP 1938 – 1945
- NS-Volkswohlfahrt 1933 – 1945
- NS-Bund Deutscher Technik 1934 – 1945
- NS-Altherrenbund 1939 – 1945
- NS-Dozentenbund 1939 – 1945[193]

Um das Entnazifizierungsverfahren zu beschleunigen, stellte Otto Graf beim Staatssekretariat für Sonderaufgaben des Landes Württemberg-Baden am 7. Juli 1946 den formellen Antrag auf vordringliche Bearbeitung seines Falles zwecks Befreiung von den gegen ihn geäußerten Vorwürfen. Als Anlage zum Antrag legte Graf insgesamt 23 Erklärungen seiner Mitarbeiter, von vielen Persönlichkeiten des öffentlichen Lebens und der Bauindustrie vor. Sein Antrag

---

[192] Schreiben des Fachverbands Bau Stuttgart an das Staatssekretariat für Sonderaufgaben in Stuttgart vom 17.06.1946. In: UAS – Personalakte von Otto Graf Sign. 57/329.

[193] Vgl. Meldebogen von Otto Graf, erstellt am 20.04.1946 und eingereicht am 25. April 1946. In: HStAL – Entnazifizierungsakte von Otto Graf, Bestand EL 902/20, Bü: 45498.

wurde im November 1946 zur weiteren Bearbeitung an das Ministerium für politische Befreiung in Stuttgart weitergeleitet und anschließend an die zuständige Spruchkammer in Stuttgart-Cannstatt übergeben, und zwar mit der Anweisung, den Antrag von Otto Graf *„besonders beschleunigt zu behandeln“*.[194] Für die Vervollständigung der Dokumentation über Otto Graf beim öffentlichen Kläger wurde die Technische Hochschule Stuttgart um eine Beurteilung des politischen Verhaltens von Otto Graf während der Nazizeit gebeten. Der Rektor der TH Stuttgart, Richard Grammel, antwortete dem Kultusministerium, wie folgt:

> „Über Herrn Professor Graf eine schriftliche Auskunft zu geben ist nicht leicht. Nach meinem Urteil ist er zwar innerlich selbst kein Nazist gewesen, er hat aber mit den Parteistellen sehr geliebäugelt, zweifellos, weil er sich dabei Vorteile für sein Institut versprochen hat. Er hat sich auch nie dagegen gewehrt, wenn er von der Partei in recht ostentativer Weise als Exponent des nazistischen Systems herausgestellt wurde. Persönliche Vorteile hat er dabei nicht erstrebt.
>
> Dass er sich in seinem Institut bei vielen sehr unbeliebt gemacht hat, dafür liegen die Gründe wohl vor allem in seiner außergewöhnlichen Arbeitskraft, die er in gleichem Maße auch von anderen, teilweise in rücksichtsloser Weise, verlangte. Er gehört nach meinem Urteil in die Klasse der typischen Mitläufer der Partei. Das Beste wäre, wenn man ihm nahe legen und die Möglichkeit geben würde, sich so bald wie möglich emeritieren zu lassen; eine Rückkehr in die Leitung seines Instituts halte ich für ausgeschlossen.[195]

Die Vorladungen und Besprechungen mit Zeugen begannen im März 1947. Es wurden insgesamt 16 Zeugen vernommen, dazu lagen von neun weiteren Zeugen schriftliche Erklärungen vor. In einer Klageschrift vom 22. März 1947 an die Spruchkammer 4 in Stuttgart Bad-Cannstatt hatte der öffentliche Kläger Gönnenwein die mündliche Verhandlung des Entnazifizierungsfalls Otto Graf angeordnet und den Antrag gestellt, Otto Graf in die Gruppe der Hauptschuldigen, nach Art. 5 des Befreiungsgesetzes Nr. 104 vom 5. März 1946, einzuordnen.[196]

Nachdem Erhalt dieser Klageschrift beantragte Otto Graf die Anwaltskanzlei Dr. Aufrecht und Dr. Kerschbaum aus Stuttgart als seine Verteidiger in

---

[194] Schreiben des Ministeriums für politische Befreiung Württemberg-Baden an die Geschäftsstelle der Spruchkammer Stuttgart vom 20.11.1946. In: HStAL – Entnazifizierungsakte Otto Graf, Bestand EL 902/20, Bp: 45498.

[195] Schreiben des Rektors der TH Stuttgart an den Ministerialrat Dr. Rupp in Kultusministerium Stuttgart vom 20.12.1946. In: UAS – Personalakte von Otto Graf Sign. 57/329.

[196] Klageschrift AZ 37/8/12594 vom 22. März 1947. In: Hauptstaatsarchiv Ludwigsburg – Bestand EL 902720, Bü: 45498, Bl. 17/18.

zukünftigen Verhandlungen vor der Spruchkammer. Die Anwälte widersprachen allen Punkten der Klage vom 22. März 1947, fügten eine Vielzahl von neuen Erklärungen von namhaften Persönlichkeiten aus der Welt der Wissenschaft, Behörden und der Bauindustrie hinzu und stellten einen Antrag:

> „[...] den Betroffenen, gem. Art. 12 in Verbindung mit Art. 4 Ziff. 4 des Säuberungsgesetzes, in die Gruppe der Mitläufer einzureihen."[197]

Die Spruchkammer 4 in Stuttgart Bad-Cannstatt tagte in der Sache Otto Graf am 27. Mai 1947 unter der Leitung des Vorsitzenden Karl Bühl und mit Beisitzern, dem Rentner Richard Öchsle, dem mechanischen Meister Gottlieb Tausch, dem Malermeister Ludwig Priebl und dem Techniker Max Maurer. Während der Verhandlungen wurden 16 Zeugen zugelassen und auf neun weitere, die von der Verteidigung vorgeschlagen wurden, verzichtet. Im Verlauf der Verhandlung sagten nur zwei Zeugen aus, und zwar, dass sie sich durch Otto Graf während der NS-Zeit geschädigt fühlten.

Die Stuttgarter Spruchkammer 4 in Bad-Cannstatt in der Sache Otto Graf:

> „ [...] erließ in mündlicher Verhandlung aufgrund des Gesetzes zur Befreiung von Nationalismus und Militarismus vom 5. März 1946 folgenden Spruch:
>
> - Der Betroffene ist Mitläufer, es wird ihm folgende Sühnemaßnahme auferlegt:
>   - Dem Betroffenen wird eine einmalige Sühne in Höhe von RM 2.000,- auferlegt,
>   - Dem am deren Stelle im Falle der Unerbringlichkeit für je RM 66 $^{2}/_{3}$ ein Tag Ersatzarbeit abzuleisten ist,
>   - Der Betroffene hat die Kosten des Verfahrens zu tragen,
>   - Der Streitwert wird auf RM 19.000,- festgesetzt.
>
> - In der Beweisaufnahme hatte sich die Kammer in der Hauptsache mit den Belastungen zu befassen, die der Betriebsrat der Technischen Hochschule vorgebracht hat:
>   1. Er ist der typische Vertreter des autoritären Staatsgedankens gewesen,
>   2. Er habe die Belegschaft im Sinne der Hitlerpolitik stark beeinflusst,
>   3. Die Behandlung der Fremdarbeiter sei nicht nach menschlichen Ermessen gehandhabt worden,
>   4. Er habe Deutschen und Fremdarbeiter der Gestapo gemeldet und ausgeliefert."[198]

[197] Schriftstück der Rechtsanwälte Dr. Aufrecht und Dr. Kerschbaum an die Spruchkammer 4 Stuttgart Bad-Cannstatt vom 15.04.1947. In: HStAL – Entnazifizierungsakte Otto Graf, Bestand EL 902/20, Bü: 45498, Bl. 22 – 25.

[198] Vgl. Protokoll der Sitzung der Spruchkammer in Sache Otto Graf vom 27.05.1947. In: HStAL – Entnazifizierungsakte Otto Graf, Bestand EL 902720, Bü: 45498.

Anschließend lieferte die Spruchkammer Kommentare zu den genannten vier Anklagepunkten. In Bezug auf den Vorwurf der Anklage, dass Graf *„ein typischer Vertreter des autoritären Staatsgedankens gewesen“* war, steht in der Spruchbegründung:

„[...] Die Kammer kam zu dem Eindruck, dass hier mit Schlagwort operiert wurde, und zwar mit einem nazistischen Schlagwort, das die Zeugen in ihrem Wert in Sinn überhaupt nicht verstanden haben.“

Der Vorwurf der Beeinflussung der Belegschaft *„im Sinne der Hitlerpolitik“* wurde kommentiert:

„[...] Die Mehrheit der Zeugen bekunden, dass bei diesen Betriebsappellen in erster Linie betriebstechnische Fragen besprochen wurden. [...] Diese Äußerung steht im krassen Widerspruch zu der Aussage des Zeugen Kress; er habe von sich aus Betriebs-Appelle abgehalten und daher schwulstige Reden gehalten.“

Über die Behandlung der Fremdarbeiter gab es widersprüchliche Zeugenaussagen, die Spruchkammer meinte, dass:

„[...] die Kammer den Beweis für die Behauptung, wie im Pkt. 3, als nicht erbracht worden [betrachtete].“

Schließlich kam in dieser Spruchbegründung folgender Abschluss zur Sprache:

„Die Kammer kam auf Grund der sehr ausgedehnten Bewelsaufnahmen zu der Erkenntnis, dass hier, wie in vielen gleich gelagerten Fällen, missliebige Vorgesetzte auf dem Wege über die Spruchkammer entfernt werden sollen, ohne dass dafür hieb- und stichhaltiges Belastungsmaterial vorhanden war und vorgebracht werden konnte. Es war somit dem Betroffenen gelungen, den Art. 10 in vollem Umfang zu widerlegen, als einzige Belastung blieb seine Parteimitgliedschaft vom 1. Mai 1938.

In der Gesamtbeurteilung reihte die Kammer den Betroffenen, gemäß Art. 2, Ziffer 2, in die Gruppe der Mitläufer ein. Die ausgesprochene Sühne entspricht einmal seiner wirtschaftlichen Lage, zum anderen wurde auf die höchst zulässige Sühne erkannt, weil die Kammer der Auffassung war, dass für den Betroffenen keine zwingende Notwendigkeit bestand, noch im Jahr 1938 der Partei beizutreten. Eine Entfernung aus seinem Amt hatte der Betroffene wohl kaum zu befürchten, da es bei ihm um eine international anerkannte Persönlichkeit handelte.“

Der Verlauf der Vorbereitung, der Ablauf und der Spruch der Stuttgarter Spruchkammer vom 27. Mai 1947 im Entnazifizierungsverfahren gegen Otto Graf zeigten deutlich, dass der öffentlicher Kläger und die juristisch nicht vorbereitete personelle Besetzung der Spruchkammer nicht in der Lage waren, sich dem Druck der konzentrierten Aktivitäten vonseiten der Behörden und der Bauindustrie für die Befreiung von Otto Graf, unterstützt durch die professionellen Anwälte, zu erwahren. Es ist nicht auszuschließen, dass auf die Entscheidung der Spruchkammer auch Dritte Einfluss zugunsten Grafs ausübten. In letzter Konsequenz bestätigte dieser Spruch den im Vorfeld von vielen Persönlichkeiten geäußerten Wunsch, der von Grafs Anwälten schriftlich formuliert wurde: Otto Graf, wie auch viele andere in dieser Zeit waren in die Gruppe der Mitläufer nach dem Befreiungsgesetz vom 5. März 1946 einzuordnen und damit die Voraussetzungen zu schaffen, für die juristisch einwandfreie Rücknahme der nach dem Kriegsende ausgesprochenen Suspendierung von Dienst und Arbeit. Noch einmal bestätigte sich die später verbreitete Meinung, dass dieses Gesetz im Rahmen der bereits ab 1947 herrschenden politischen Praxis zu einer „Mitläuferfabrik“[199] geworden ist.

Veröffentlichungen

Otto Graf war seit seiner Suspendierung im August 1945 arbeitslos und erhielt kein Gehalt. Seinen Lebensunterhalt verdiente er über zwei Jahre hinweg durch die direkt von der Industrie erhaltenen Aufträge für Beratung und Gutachten. Das war die positive Konsequenz seiner Netzwerke, die er in den 1930er Jahren aufgebaut und während des Krieges gepflegt hatte. Außerdem beschäftigte er sich mit dem Schreiben von Aufsätzen und Büchern, die von befreundeten Verlagen herausgegeben wurden. Darin widmete er sich mit den damals sehr aktuellen Fragen des Wiederaufbaus, vor allem im Wohnungsbau. Er schrieb einige Aufsätze über die Trümmerverwertung, den Bau von gefertigten Bauelementen und Leichtbetonen. Dabei konnte er leider keine Versuche oder praktische Prüfungen durchführen, weil ihm der Zugang zum seinen Institut verwehrt blieb.

Tabelle 7 . Veröffentlichungen von Otto Graf in den Jahren 1945 bis 1948[200]

Summe	Beton	Straßenbeton	Holz	Glas	Stahlbau	Andere	**Summe**
1945							
1946	4						**4**
1947	11				2	4	**17**
1948	9	1			1	2	**13**
Summe	**24**	**1**			**3**	**6**	**34**

[199] Vgl. Niethammer (1982).

[200] Zusammengestellt durch den Verfasser aufgrund der detaillierten Angaben über Grafs Veröffentlichungen – siehe Anhang.

Wiedereinsetzung und Pensionierung

Bild 7. Otto Graf im Jahr 1946

Der Spruch der Stuttgarter Spruchkammer vom 27. Mai 1947, mit dem Otto Graf im Entnazifizierungsverfahren als „Mitläufer" im Sinne des Gesetzes Nr. 104 vom 5. Mai 1946 eingestuft wurde, bedeutete, dass er automatisch von dem bis dahin geltenden Arbeitsverbot befreit wurde. Einen Anspruch auf die Wiedereinstellung am alten Arbeitsplatz oder sogar auf den Schadenersatz hatte er damit aber nicht erworben.[201] In der Angelegenheit der Wiedereinstellung von Otto Graf in seinen früheren Ämtern an der Technischen Hochschule Stuttgart und im Institut für Bauforschung und Materialprüfungen des Bauwesens der Materialprüfungsanstalt sprachen am 5. Juni 1947 die führenden Beamten des Kultusministeriums mit dem Rektor der TH Stuttgart Richard Grammel. Das Ergebnis dieser Unterredung wurde in einem internen Aktenvermerk des Ministeriums festgehalten, der als Vorlage für den Kultusminister verfasst wurde:

> „[...] Prof. Graf ist als Kapazität auf dem Gebiet der Bauforschung allgemein bekannt. Die Auffassung, dass die Bauforschung ohne ihn nicht weiter bestehen kann, ist jedoch eine erhebliche Übertreibung. Bei dem verhältnismäßig hohen Lebensalter von Prof. Graf – er ist jetzt 66 Jahre alt – müsste in absehbarer Zeit ohnehin an einem Nachfolger für ihn gedacht werden. Selbst wenn er jetzt von der Spruchkammer in die Kategorie

[201] Vgl. Art. 64 des Gesetzes zur Befreiung von Nationalismus und Militarismus vom 5. März 1947 (Gesetz Nr. 104).

der Mitläufer eingereiht worden ist – wobei im Übrigen die Rechtskraft des Spruchkammerbescheids und die Bestätigung durch die Denazification Division ohnehin abgewartet werden müsste – halte ich es nicht vertretbar, ihn wieder in seiner Professur bei der Technischen Hochschule und in der Leitung des Instituts für Bauforschung an der Materialprüfungsanstalt einzusetzen.

Zu den Eigenschaften, die von einem Hochschullehrer und Vorstand eines großen Instituts mit vielen Angestellten und Arbeitern gefordert werden müssen, gehört nicht nur die hohe sachliche Qualifikation, die bei Prof. Graf unbestreitbar ist, sondern auch die Fähigkeit und Bereitschaft mit seinen Untergebenen auszukommen und zu ihnen ein kameradschaftliches Verhältnis zu finden, das eine reibungslose Zusammenarbeit gewährleistet. Die letztgenannte Voraussetzung ist nach allen bisherigen Erfahrungen und auch nach der Auffassung des Rektors der Technischen Hochschule und des übrigen Lehrkörpers bei Prof. Graf leider nicht erfüllt.

Wenn Prof. Graf wieder an die Materialprüfungsanstalt zurückkommen würde, so würde es sofort wieder eine ungeahnte Zahl von persönlichen Schwierigkeiten und Reibungen geben. Vor allem ist auch zu bedenken, dass man Prof. Siebel, den man mit vielen Schwierigkeiten für die Leitung des Instituts für Materialprüfungen des Maschinenbaus und Gesamtleitung der MPA gewonnen hat, nicht zumuten kann, gleich zu Beginn seiner Amtszeit sich durch die Ausgleichung überflüssige und unerfreuliche persönlichen Reibungen verbrauchen zu müssen. Es ist, wie der Rektor der Technischen Hochschule bestätigte, aus früheren Tätigkeiten bekannt, dass Prof. Graf gerade Prof. Siebel[202] bei seiner früheren Tätigkeiten in der MPA dauernd größte persönliche Schwierigkeiten gemacht hat. Die Rückkehr von Graf würde an der MPA eine Stimmung schaffen, die jede echte Arbeitsfreude lähmte und die Aufmerksamkeit und Kraft aller Beteiligten in dauernden persönlichen Kämpfen und Widrigkeiten verbrauchen würden. Schließlich ist auch zu bedenken, dass abgesehen von allen diesen persönlichen Unstimmigkeiten, die zweifellos sofort auftreten würden, die Gewerkschaft einer Wiedereinsetzung von Prof. Graf, der sich bei der Arbeiterschaft wegen seines manchmal etwas rücksichtslosen Verhaltens keiner Beliebtheit erfreut, erbitterten Widerstand entgegensetzen würde. Bei dieser Lage der Dinge möchte ich einer Wiedereinsetzung dringend widerraten; die gegebene Lösung des Falls ist die, dass Graf pensioniert bzw. emeritiert würde."[203]

Otto Graf stellte am 25. August 1947 den formellen Antrag an den Rektor der Technischen Hochschule Stuttgart mit der Bitte um Aufhebung seiner seit dem 8. August 1945 andauernden Suspendierung. Dieses Gesuch übergab der Rektor an die Abteilung für Bauingenieurwesen und stellte gleichzeitig der Abteilung frei, die Wahl eines neuen Professors für Baumaterialkunde zu

---

[202] Erich Siebel ging 1947 aus Berlin wieder zurück an die TH Stuttgart und übernahm auch die Leitung der gesamten Materialprüfungsanstalt.

[203] Interner Aktenvermerk H 1476/1442 des Kultusministeriums vom 06. 06. 1947. In: HStAS – EA/7150, Bü: 902, Bl. 13.

treffen.[204] Die fünf Mitglieder dieser Abteilung verfassten in dieser Angelegenheit folgende Erklärung:

> „Da Herr Graf [...] die Altersgrenze bereits überschritten hat, ist die Abteilung der Ansicht, dass eine Nennung seiner Person auf eine Berufungsliste nicht mehr in Frage kommt, dagegen bittet sie [die Abteilung] dringend, ihn unter besonderer Anerkennung einer überragenden Verdienste in seinem Fachgebiet und mit Rücksicht auf die Entscheidung der Spruchkammer vom 27.5.47, die hier beiliegt, in seine Rechte als Hochschulprofessor wieder einzusetzen."[205]

Diese Stellungnahe übergab der Vorstand der Abteilung, Erwin Neumann, an den Rektor der Technischen Hochschule Stuttgart mit folgendem ergänzenden Vermerk:

> „[...] Wenn in dem Antrag von Wiedereinsetzung in die früheren Rechte besprochen wird, so ist dabei in Aussicht genommen eine Emeritierung oder Pensionierung."[206]

Diese beiden Erklärungen wurden von der TH Stuttgart an das Kultusministerium weitergeleitet, das andererseits mit schriftlichen Forderungen der Vertreter der Bauindustrie konfrontiert wurde, die die Wiedereinstellung von Graf verlangten:

> „In der Spruchkammerverhandlung vom 27.5. gegen den als Hauptbeschuldigten angeklagten Professor Graf sind die unerhörten, von den kommunistischen Betriebsratselementen [...] vorgebrachten Anschuldigungen als Lügen und Verleumdungen zusammengebrochen. [...] Es wird als selbstverständlich angenommen, dass nach dem günstigen Spruchkammerbescheid sofort die Aufhebung der Suspendierung des Herrn Prof. Graf und seiner wichtigsten Mitarbeiter[207] betrieben wird, denn der Bauforschung harren zur Linderung unserer Not eine große Zahl dringender Aufgaben."[208]

> „ [...] Nachdem das Spruchkammerverfahren Herrn Prof. Graf als Mitläufer eingestuft hat und die württ.-badische Baustoffindustrie in Hinblick auf die heutigen Schwierigkeiten bei den Aufgaben des Wiederaufbaus dringend die Unterstützung

---

[204] Vgl. Schreiben des Rektoramts der TH Stuttgart Nr. 1806 an die Abteilung für Bauingenieurwesen vom 17.09.1947. In: UAS – Personalakte von Otto Graf Sign. 57/329.

[205] Stellungnahme der Mitglieder der Abteilung für Bauingenieurwesen vom 26.09.1947. In: UAS– Personalakte von Otto Graf Sign. 57/329.

[206] Schreiben des Vorstands der Abteilung für Bauingenieurwesen an das Rektoramt der TH Stuttgart vom 3. Oktober 1947. In: UAS – Personalakte von Otto Graf Sign. 57/329.

[207] Es handelte sich um die engsten Mitarbeiter von Otto Graf – Gustav Weil und Karl Walz – die aufgrund seiner NS-Zugehörigkeit ebenfalls von der Arbeit bei der MPA suspendiert waren.

[208] Schreiben von Fritz Leonhardt an den Rektor der TH Stuttgart und an den Ministerialdirektor Dr. Beyerle im Kultusministerium Stuttgart vom 20. Mai 1947. In: UAS – Personalakte von Otto Graf Sign. 57/329.

> ihrer Bemühungen durch Herrn Prof. Graf benötigen, bitten wir Sie, Herrn Prof. Graf sobald als möglich in die frühere von ihm bekleidete Stellung wieder einzusetzen."[209]

Nach monatelangen Überlegungen, die intern von zahlreichen Diskussionen mit verschiedenen Behörden begleitet wurden, traf der Kultusminister Theodor Bäuerle in der Sache Otto Graf folgende Entscheidung, die dem Rektor der TH Stuttgart auf dem Dienstweg mitgeteilt wurde:

> „Nach nochmaliger eingehender Prüfung des Falls bin ich zu dem Ergebnis gekommen, dass die Wiedereinsetzung von Prof. Graf in sein bisheriges Lehramt an der Technischen Hochschule und in seine Stellung als Leiter des Instituts B der Materialprüfungsanstalt nicht möglich ist. Ich beabsichtige, sobald die gesetzliche Grundlage für die Zuruhesetzung bzw. Entpflichtung von Beamten, die als Mitläufer eingestuft sind und die nicht mehr eingestellt werden, geschaffen ist, Professor Graf ordnungsgemäß zu emeritieren. Gegen eine Wiederaufnahme bzw. Fortsetzung der wissenschaftlichen Forschungstätigkeiten an dem Institut B der Materialprüfungsanstalt habe ich keine Bedenken."[210]

Otto Graf war mit der Entscheidung des Kultministers nicht einverstanden und schrieb:

> „Der Vorschlag [...] bedeutet aber eine Schädigung meines Rufs und einen Erfolg der Denunzianten und Lügner. [...] Ich darf unter den jetzigen Umständen nicht freiwillig zurücktreten, da man mir – falls die beabsichtige Zertrümmerung des Instituts stattfindet – zu späterer Zeit den Vorwurf machen kann, ich hätte nicht pflichtgemäß gehandelt."[211]

Bei der Bemerkung über die Veränderung im Institut für Bauforschung handelte sich um die Pläne des damaligen Dekans Erwin Neumann vom 5. Januar 1948, dessen Organisation zu verändern. Er schlug vor, das Institut in fünf Abteilungen neu zu strukturieren und dabei Otto Graf lediglich die Leitung der Abteilung Grundlagenforschung für Baustoffe anzubieten. Für die Besetzung des Lehrstuhls für Baustoffkunde an der TH Stuttgart schlug Neumann die Einsetzung eines neuen Berufungsverfahrens vor, zu dem auch Otto Graf zugelassen werden sollte. Dieser Vorschlag fand die Zustimmung des Großen Senats und wurde am 12. Januar 1948 an das Kultusministerium weitergereicht. Gleichzeitig beauftragte der Große Senat den Rektor, eine:

---

[209] Erklärungen des Fachverbandes Stein und Erden vom 7. Juli und der Baustoffindustrie vom 07.08. 1947. In: HStAS – EA/7150 – Bü. 902, Bl. 36 (mit Anlagen).

[210] Schreiben des Kultusministers an den Rektor der TH Stuttgart Nr. 2589 vom11. 12.1947. In: HStAS – EA/7150 – Bü: 902, Bl. 36.

[211] Schreiben von Otto Graf an den Kultusminister vom 11. 12.1947. In: HStAS – EA/7150, Bü: 902, Bl. 36.

„[...] Äußerung des Professors Graf darüber herbeizuführen, ob er nicht lieber bereit sei, seine sofortige Emeritierung zu beantragen unter gleichzeitiger Belassung der Forschungsmöglichkeiten in seinem früheren Institut.“[212]

Die Verwirrung in der Personalfrage Otto Graf wurde Anfang des Jahres 1948 perfekt. Einerseits lag die verbindliche schriftliche Entscheidung des Kultusministers vom 11. Dezember 1947 vor, nach der die Wiedereinsetzung von Graf nicht möglich sei, andererseits bezeugt das Schreiben des Rektors der TH Stuttgart vom 12. Januar 1947, dass dort diese Ministerentscheidung nicht verbindlich zur Kenntnis genommen wurde.

Zu Beginn des Jahres 1948 änderte sich die politische Wetterlage zugunsten von Graf. Eine formelle Aufhebung der Suspendierung von Otto Graf vom 8. August 1945 konnte aber, trotz des für ihn positiven Spruchs der Spruchkammer, erst stattfinden, wenn sie durch die amerikanische Militärregierung in Stuttgart annulliert würde. Nach einem erneuten Antrag erhielt Otto Graf Ende Januar 1948 folgende Entscheidung der Amerikaner:

„You are hereby votified that Military Government has approved the decision rendered by the Tribunal your case tried according the provisions of Law for Liberation from National Socialism and Militarism, and Military Government employment restrictions are herewith withdrawn.“[213]

Derartige *letters of employment* erhielten in dieser Zeit auch die bis dahin zusammen mit Graf suspendierten Architekturprofessoren der TH Stuttgart – Wilhelm Tiedje und Paul Schmitthenner. Offensichtlich begann sich am Anfang des Jahres 1948 die politische Wetterlage bezüglich der Handhabung von Entnazifizierungsfragen zu verändern. Am 17. Februar 1948 beschäftigte sich der Kulturpolitische Ausschuss des Stuttgarter Landtags mit den Fällen Graf und Schmitthenner; aus einem internen Aktenvermerk kann entnommen werden, dass:

„[...] im Falle Graf haben sich die Vertreter der CDU lebhaft für seine Wiedereinsetzung ausgesprochen, während von Seiten der SPD und KPD insofern Bedenken geltend

---

[212] Schreiben des Rektors der TH Stuttgart an das Kultministerium vom 12.01.1948. In: HStAS – EA/7150 , Bü: 902, Bl. 37.

[213] Erklärung H 130 des OMGUS *Office of Military Government für Wuerttemberg-Baden* vom 27.01.1948. In: HStAS – EA/7159-Bü: 902, Bl. 39.

gemacht wurden, als darauf hingewiesen wurde, der Fall sei doch sehr kompliziert und man soll ihn nicht überstürzen."[214]

Trotz intensiver Bemühungen der Gewerkschaft, die Vorwürfe gegen Graf weiter aufrechtzuhalten und seine Wiedereinsetzung in alten Ämtern zu verhindern, war der Druck der in Württemberg-Baden dominierenden Parteien CDU und FDP offensichtlich stärker. Die Entscheidung fiel am 15. März 1948 zugunsten von Otto Graf. Der Kultusminister beantragte beim Ministerpräsidenten des Landes Württemberg-Baden Grafs Wiedereinsetzung auf Widerruf. Die Urkunde über die Wiedereinstellung von Otto Graf trägt das Datum 8. April 1948; sie wurde mit dem Erlass des Kultusministers vom 23. April 1948 an das Rektoramt der Technischen Hochschule Stuttgart weitergeleitet:

„Auf Grund von B2 der Grundsätze für die Wiedereinstellung in den öffentlichen Dienst – Beschluss des Staatsmin. von 5.12.1946 – wurde Professor Otto Graf durch Erschließung des Herrn Min. Präs. vom 7. April 1948 unter Berufung in das Beamtenverhältnis auf Widerruf in ihrer frühen Dienststellung als ord. Professor für Baustoffkunden und Baustoffprüfung (+ Direktor des Instituts für Bauprüfung)[215] an der TH wiedereingestellt. Seine bisherigen Bezüge einschl. BDA bleiben bis zur gesetzl. Regelung unverändert."[216]

Otto Graf übernahm seine früheren Ämter im Laufe des Sommersemesters 1948. Über den Verlauf dieser Übernahme und seine ersten Aktivitäten liegen keine Berichte vor. Die problematischen Beziehungen zum Betriebsrat des Instituts waren mit Grafs Wiedereinsetzung natürlich nicht beseitigt worden. Wie aus einem internen Aktenvermerk im Kultusministerium hervorgeht, ließ der Betriebsratsvorsitzende Kress erneut Vorwürfe gegen Graf verlauten, die zu neuen Unruhen unter den Mitarbeitern des Instituts führten. Erst 1949 gab Kress die Auseinandersetzung mit Graf auf und stellte den Antrag auf seine Versetzung in das Institut für Maschinenbau der MPA, wo er von Erich Siebel übernommen wurde.[217]

Wenige Tage nach der Aushändigung des Erlasses über die Wiedereinsetzung feierte Graf seinen 67. Geburtstag. Aufgrund der geltenden gesetzlichen Bestimmungen blieb ihm nur ein Jahr bis zum Einstieg in den

[214] Interner Aktenvermerk vom 19.02.1948 über die Stellungnahme des Kulturpolitischen Ausschusses des Landtags (Sitzung am 17. 02. 1948). In: HStAS – EA/7150, Bü: 902, Bl. 43.
[215] Der Eintrag in Klammern wurde handschriftlich eingefügt.
[216] Erlass H 959 des Kultusministers an den Ministerpräsidenten und das Rektoramt der TH Stuttgart vom 23.04.1948. In: HStAS – EA/7150 Bü. 902, Bl. 55.
[217] Interner Aktenvermerk H 1418 im Kultusministerium vom Juni 1949. In: HStAS – EA/7150 Bü: 902, Bl. 56.

altersbedingten Ruhestand. Seine Vorlesungen im Fach Baustoffkunde sind im Vorlesungsverzeichnis der TH Stuttgart für das Wintersemester 1948/40 vermerkt.

In seiner Forschungs- und Beratertätigkeit, die Otto Graf nach seiner Wiedereinsetzung in seinem früheren Amt als Direktor des Instituts für Bauforschung und Materialprüfungen des Bauwesens wieder mit ganzer Intensität aufgenommen hatte, überwogen die in Nachkriegsdeutschland höchst aktuellen Fragen des Wiederaufbaus der zerstörten Bausubstanz des Landes, und zwar bei allgemeinem Mangel an geeigneten Baumaterialien. Otto Graf griff auf seinen großen Erfahrungsschatz und auf die von ihm früher durchgeführten Forschungen und Untersuchungen in den Gebieten der allgemeinen Mauerwerk- und Leichtbetonkonstruktionen zurück.

Graf befasste sich mit Mauerwerk bereits seit Anfang seiner Tätigkeit bei der Materialprüfungsanstalt. Schon um 1910 hatte er zahlreiche Versuche über die Tragfähigkeit von Vollziegelmauerwerk mit Zementmörtel unter vielseitigen Belastungsgrößen und -formen geführt. Im Jahr 1924 berichtete er über den Einfluss der Mörtelart und Mörtelfestigkeit sowie der Steinfestigkeit auf die Mauerwerkfestigkeit aus Vollziegeln, Klinkern und Beton.[218] Graf interessierten auch neue Wandbaustoffe. Bereits vor Jahren untersuchte er den Einsatz des wärmedämmenden Leichtbetons in Form von Mauersteinen. 1926 prüfte er die Druckfestigkeit von Pfeilern aus Vollsteinen aus Naturbimsbeton (sogenannte Schwemmsteine).

Seine während des Krieges aufgenommenen Untersuchungen verschiedener Arten von Leichtbeton hatte Otto Graf nach 1945 intensiviert. Während seiner Suspendierung führte er, inoffiziell mit einigen früheren Mitarbeitern (z.B. mit Hermann Schäffler), systematische Versuche mit dampfgehärtetem Gas-, Schaum- und Leichtkalkbeton durch.[219] Die sich daraus ergebenen Publikationen brachten ihm in der arbeitslosen Zeit eine bescheidene Verdienstquelle ein.

Fritz Leonhardt beschreibt in seinen Erinnerungen die Zusammenarbeit mit Otto Graf beim Wiederaufbau des Wohnungsbaus in Stuttgart und Umgebung:

---

[218] Vgl. Graf, Otto: Versuche über Druckelastizität und Druckfestigkeit von Mauerwerk ... In: Beton und Eisen 23 (1924), H. 5, S. 52 – 58.
[219] Vgl. Graf, Otto: Gasbeton, Schaumbeton und Leichtkalkbeton. Wittwer-Verlag. Stuttgart 1949.

„Prof. Graf betrieb in dieser Zeit die Trümmerverwertung. Die Mauerwerkstrümmer der zerstörten Häuser wurden in Brechanlagen zu Ziegelsplitt verkleinert, der mit Zement gemischte Ziegelsplittbeton ergab, aus dem wärmedämmende und gleichzeitig tragende Außenwände hergestellt werden konnten. [...] 1952 bauten wir damit das von Wilhelm Tiedje entworfene Max-Kade-Studentenwohnheim in Stuttgart: ein 16-geschossiges Hochhaus mit tragenden Wänden aus Einkorn-Ziegelsplittbeton [...]. Für die Zeit nach dem Ziegelsplitt, also nach Räumung der vielen Trümmer, propagierten Prof. Graf und ich den Blähton, aus Ton gebrannte poröse Körner, wie sie damals in USA und in der UdSSR – dort Keramit genannt – hergestellt wurden."[220]

Bei den zerstörten Mauerwerkgebäuden stellte sich beim Wiederaufbau die Frage der zulässigen Druckspannung der enthaltenen Bausubstanz. Hierzu ergab sich die erfahrenen Baumaterialforscher ein vielseitiges Feld für Versuche und Begutachtungen über die Tragfähigkeit von stockwerkhohen gemauerten Wänden. Dabei konnte sich Graf auf die ihm bekannten ausländischen Versuchsergebnisse berufen. Umgekehrt schrieb er in dieser Zeit auch einige Aufsätze in ausländischen Zeitschriften und berichtete über seine Erfahrungen auf diesen Forschungsgebieten. Von besonderer Bedeutung war sein Bestreben, aus der Fülle der Versuche, Feststellungen und Erfahrungen das Wesentliche zu Richtlinien, Normen und Ausführungsrichtlinien zusammenzufassen. Diese Tendenz hatte sich bereits bei Grafs Zusammenarbeit mit der Forschungsgesellschaft für das Straßenwesen, bezogen auf die Problematik des Betonstraßenbaus, abgezeichnet.

Tabelle 8. Veröffentlichungen von Otto Graf in den Jahren 1949 bis 1954.[221]

Jahr	Beton	Straßenbeton	Holz	Glas	Stahlbau	Andere	**Summe**
1949	6				3	3	**12**
1950	4	3	2		5	4	**18**
1951	6		2		2	6	**16**
1952	4	3			2	5	**14**
1953	4	1	1			2	**8**
1954	1						**1**
Summe	**25**	**7**	**5**		**12**	**20**	**69**

Anfang 1949 schrieb das Rektoramt der TH Stuttgart an die Fakultät für Bauingenieurwesen:

„Professor Graf vollendet am 14. April 1949 sein 68. Lebensjahr und muss, auch ohne Nachweis der Dienstunfähigkeit, spätestens Ende April 1949 von seinen amtlichen

220 Leonhardt (1998), 112f.

221 Zusammengestellt durch den Verfasser aufgrund der detaillierten Angaben über Grafs Veröffentlichungen – siehe Anhang.

Verpflichtungen entbunden werden. Wenn Professor Graf seinen Lehrstuhl im Sommersemester 1949 noch versehen soll, bitten wir einen entsprechenden Antrag einzureichen, der dem Kultusministerium vorgelegt werden muss."[222]

Die inzwischen vergrößerte Abteilung für Bauingenieur- und Vermessungswesen antwortete mit einem Antrag, Otto Graf den Lehrstuhl und die Leitung des Instituts noch im kommenden Wintersemester 1949/50 zu übertragen, mit der Begründung, dass sich die Suche nach einem geeigneten Nachfolger als schwierig erwies.[223] Diesem Antrag gab das Kultusministerium statt und verlängerte die Dienstzeit von Otto Graf bis zum 31. März 1950.[224]

Aus einem internen Aktenvermerk des Ministeriums wurde auch der vermutlich wichtigere Grund für Grafs Interesse an der Verlängerung seiner Dienstzeit angesprochen:

„Da Herr Prof. Graf noch Widerrufsbeamter ist und die Zweijahresfrist noch nicht abgelaufen ist, nach der er in das Beamtenverhältnis auf Lebenszeit berufen werden kann, ist eine Verlängerung notwendig [...]."[225]

Auf diese öffentlich nicht nachvollziehbare Verlängerung der Dienstzeit von Otto Graf wurde die Stuttgarter Gewerkschaft aufmerksam. Ihr Vorsitzender Stetter machte in einem Schreiben an den Kultusminister auf die auch für Graf geltenden gesetzlichen Bestimmungen aufmerksam und vermerkte:

„[...] Wir schreiben Mitte Januar 1950 und ich erfahre inzwischen, dass Herr Prof. Graf sich immer noch im Dienst der Materialprüfungsanstalt befindet. Ich kann mir kaum vorstellen, dass die bis zum heutigen Tage laufende Weiterbeschäftigung des Herrn Graf aus dienstlichen Gründen irgendwie in Einklang gebracht werden kann. Ich habe vielmehr die Auffassung, dass Herrn Prof. Graf gegenüber seitens Ihres Ministeriums sehr weitherzig verfahren wird. Welche Gründe für das Ministerium maßgebend sind, ist mir allerdings nicht bekannt. Um eine politische Wiedergutmachung kann es sich doch offenbar beim Graf nicht handeln, da derselbe ja bekanntlich, wie aktenkundig nachgewiesen, doch ein verhältnismäßig sehr aktiver Parteigänger Hitlers war. Ich stelle jedenfalls fest, dass das weitere Verbleiben des Herrn Graf im Dienste der Technischen Hochschule vom größten Teil der dort beschäftigten Arbeitnehmer und vor allem von denen nicht verstanden wird, die nach Erreichen der Altersgrenze sofort abgebaut werden."[226]

---

[222] Schreiben des Rektoramts der TH Stuttgart Nr. 232 an die Fakultät für Bauwesen vom 1. Februar 1949. In: UAS– Personalakte von Otto Graf Sign. 57/329.

[223] Schreiben der Abteilung an das Rektoramt der TH Stuttgart vom 01. 07.1949. In: UAS – Personalakte von Otto Graf Sign. 57/329.

[224] Schreiben des Kultministeriums Nr. 1655 an das Rektoramt der TH Stuttgart vom 19.07.1949. In: UAS – Personalakte von Otto Graf Sign. 57/329.

[225] Handschriftlicher Vermerk H 165 des Kultusministerium vom19.07.1949. In: HStAS – EA/7150 Bü: 902, Bl. 60.

[226] Schreiben des Stuttgarter Ortausschusses der Gewerkschaften an den Kultusminister Bäuerle vom 01.01. 1950. In: HStAS – EA/7150 Bü: 902, Bl. 61.

Da sich die Antwort des Kultusministers auf dieses Schreiben lediglich auf das Problem der außerordentlichen Schwierigkeiten bei der Suche nach einem geeigneten Nachfolger von Otto Graf beschränkte, meldete sich in dieser Angelegenheit auch die Stuttgarter SPD zu Wort[227] und bat den Kultusminister um die Aufklärung der problematischen Angelegenheit. Das Kultusministerium beantwortete die Anfrage der SPD-Landtagsfraktion mit der Darstellung des Verlaufs des Entnazifizierungsverfahrens von Otto Graf mit dem Hinweis auf seine Verdienste auf dem Gebiet der Baumaterialforschung und mit der Zusicherung, dass:

> „[...] Sobald ein befriedigender Berufungsvorschlag vorliegt, wird Prof. Graf von seinen Amtspflichten entbunden und ein Nachfolger ernannt. Dies wir voraussichtlich im Laufe der nächsten Monate ohne weiteres durchführbar sein."[228]

Diese Zusicherung wurde abgegeben, obwohl damals im Kultusministerium bekannt war, dass eine Berufungsliste für die Übernahme des Lehrstuhls von Otto Graf noch nicht existierte. Als die Nachfolgeregelung von Otto Graf auch im Frühjahr 1950 nicht zustande kam, folgte eine weitere Verlängerung seiner Dienstzeit bis zum 30. September 1950.[229]

Inzwischen wurde die von Anfang an geplante und höchstwahrscheinlich zwischen Otto Graf und bestimmten politischen Gremien abgestimmte Frist von zwei Jahren von Otto Graf überschritten und damit die gesetzliche Grundlage erfüllt, um die Berufung von Graf in das Beamtenverhältnis auf Lebenszeit beantragen zu können. Das tat auch der Kultusminister Bäuerle mit folgendem Antrag an den Ministerpräsidenten des Landes Württemberg-Baden:

> „Der ord. Professor Otto Graf an der Technischen Hochschule Stuttgart ist seit 7. April 1948, als jetzt über zwei Jahre im Dienst. Der Berufung in das Beamtenverhältnis auf Lebenszeit (auf Grund des Beschlusses des Ministerrats vom 22. Dez. 1948) stehen keine politischen und dienstlichen Bedenken entgegen.

[227] Vgl. Schreiben der SPD-Landtagsfraktion an das Kultusministerium vom 17.02.1950. In: HStAS – EA/7150 Bü: 902, Bl. 64.

[228] Schreiben des Kultministeriums H 444 an Abgeordnete Franziska Schmidt an der SPD-Landtagsfraktion des Württembergisch-Badischen Landtags vom 16.03.1950. In: HStAS – EA/7150 Bü: 902, Bl. 65.

[229] Schreiben des Kultusministeriums Nr. H 908 an der Rektoramt der TH Stuttgart vom 31.03.1950. In: UAS – Personalakte von Otto Graf Sign. 57/329.

> Ich beantrage deshalb, Prof. Graf vom Tage der Aushändigung der Ernennungsurkunde an in das Beamtenverhältnis auf Lebenszeit zu berufen."[230]

Einen nächsten, von der TH Stuttgart gestellten Antrag auf die Verlängerung der Dienstzeit von Otto Graf bis zum Ende des Wintersemesters 1950/51 wollte das Ministerium nicht mehr zustimmen. Der Kultusminister teilte Graf schriftlich mit:

> „Nachdem Ihre Dienstzeitverlängerung am 30. September 1950 abläuft und eine weitere Verlängerung [...] nicht mehr möglich ist, werden Sie mit Ablauf des Monats September 1950 von Ihren amtlichen Verpflichtungen als ordentlicher Professor an der Technischen Hochschule entbunden.
>
> [...] Es ist mir ein Bedürfnis, Ihnen nach einer so langen und erfolgreichen Tätigkeit an der Technischen Hochschule im Namen des Ministeriums wie auch eigenen Namen für Ihre Arbeit sehr herzlich zu danken. Ich verbinde damit gleichzeitig meine besten Wünsche für Ihr ferneres Wohlergehen."[231]

Nach der Pensionierung von Otto Graf übergab der Direktor der gesamten Materialprüfungsanstalt, Erich Siebel, die kommissarische Leitung des Instituts für Bauforschung und Materialprüfungen des Bauwesens dem langjährigen Mitarbeiter Grafs, Gustav Weil. Nach dem Otto Graf die Technische Hochschule Stuttgart und sein Institut verlassen hatte, war er weiter als Berater und Gutachter tätig, schrieb Aufsätze und trat auf Kongressen und Versammlungen mit Vorträgen auf.

In dieser Zeit kamen die ersten Ehrungen. Bereits im Juni 1950 erhielt Otto Graf von der Technischen Hochschule in Karlsruhe die Würde eines Dr.-Ing. e.h. verliehen. Diese Ehrung ging ihm *„in Anerkennung seiner hervorragenden Verdienste auf dem Gebiet des Beton-, Stahl- und Holzbaus und in Würdigung seinen umfangreichen betontechnologischen Forschungsarbeiten"*[232] zu.

Anlässlich des 70. Geburtstages von Otto Graf erhielt er im Jahr 1951 auch die Würde eines Dr. Ing. e.h. von der Technischen Hochschule München.[233]

---

[230] Antrag des Kultusministers an den Ministerpräsidenten des Landes Württemberg-Baden vom 05.06.1950. In: HStAS – EA/7150 Bü: 902, Bl. 68.
[231] Schreiben des Kultusministers Bäuerle an Otto Graf vom 20.09.1950. In: UAS – Personalakte von Otto Graf Sign. 57/329.
[232] Vgl. Urkunde der Technischen Hochschule Karlsruhe vom 27.06.1950. In: UAS – Personalakte von Otto Graf Sign. 57/329.
[233] Vgl. Urkunde der Technischen Hochschule München vom 15.03.1951. In: UAS – Personalakte von Otto Graf Sign. 57/329.

In den ersten Jahren nach seiner Pensionierung wurde Otto Graf Ehrenmitglied des Vereins Deutscher Portland und Hüttenzementwerke e.V. in Düsseldorf, der Deutschen Gesellschaft für Holzforschung und der neugegründeten Forschungsgesellschaft für das Straßenwesen in Berlin. Der Deutsche Betonverein betonte in einem festlichen Schreiben, dass Graf bereits seit 1927 sein Beratendes Mitglied war und dass er als vierter deutscher Wissenschaftler die „Emil-Mörsch-Denkmünze" – die höchste Auszeichnung für Betonbau in Deutschland – erhielt. Auch der Verein Deutscher Zementwerke e.V. ernannte Otto Graf im Jahr 1952 zu seinem Ehrenmitglied. Besondere Dankbarkeit für die lange und erfolgreiche Zusammenarbeit zeigte der Verein Deutscher Ingenieure (VDI), deren Mitglied Graf seit 1905 war. Der Vorstand der VDI ehrte ihn 1952 mit einem VDI-Ehrenzeichen. Der Bundesbund der Ziegelindustrie, die Deutschen Ausschüsse für Stahlbeton und Stahlbau und viele andere wissenschaftliche und berufliche Fachverbände bedankten sich bei Graf für die lange und erfolgreiche Zusammenarbeit in Form von verschiedenen Festschriften.

Die Ehrungen der Verdienste von Otto Graf erreichten den Höhepunkt im Sommer 1953. Der Große Senat der Technischen Hochschule Stuttgart beschloss in seiner Sitzung am 8. Juli 1953 einstimmig, anlässlich des 50-jährigen[234] Dienstjubiläums seiner Arbeit bei der Materialprüfungsanstalt, die inzwischen neu benannte „Amtliche Forschungs- und Materialprüfungsanstalt für Bauwesen (FMPA-Bauwesen) in das „Amtliche Forschungs- und Materialprüfungsanstalt für Bauwesen, Otto-Graf-Institut, an der Technischen Hochschule Stuttgart" umzubenennen.

Der Große Senat begründete diesen Beschluss, wie folgt:

> „Die Entwicklung des Instituts zu seiner heutigen Größe und Bedeutung, die dort durchgeführten wegweisenden Forschungen auf dem Gebiete der Baustoffe und der Baukonstruktionen sind das große Verdienst von Otto Graf.
>
> Sein Wirken an dieser Stätte bedeutete eine stetige Weiterentwicklung der grundlegenden Baustoffe. Deshalb Otto Graf nicht nur die Anerkennung aller Bauschaffenden in deutschen Landen zuteilwurde, sondern auch diejenige zahlreicher Wissenschaftler und Praktiker des europäischen und amerikanischen Auslands.

[234] Die dreijährige Suspendierung und formale Entlassung durch die Entscheidung der amerikanischen und deutschen Behörden der Nachkriegszeit wurden nichtberücksichtigt.

Dem Vertrauen, das die Arbeiten von Otto Graf weiterhin in den Kreisen der Bauwelt genießen und deren Ergebnisse er bei kritischer Sichtung in einer Fülle von wissenschaftlichen Abhandlungen und einer Reihe zusammenfassender Werke niedergelegt hat, verdanken wir wesentliche Teile der Einrichtungen des Instituts.

Dies alles geschah in 50 Jahren treuen und selbstlosen Schaffen im Dienste unserer Hochschule und der Forschungsanstalt, deren weltweites Ansehen durch ihn begründet wurde."[235]

Auf Antrag der Fakultät für Bauingenieur- und Vermessungswesen vom 10. Juli 1953 zusammen mit Bestätigung des Rektors und des Großen Senats der Technischen Hochschule Stuttgart wurde Otto Graf das „Große Verdienstkreuz des Verdienstordens der Bundesrepublik Deutschland" verliehen. Der Text dieser Verleihungsurkunde erhielt folgenden Inhalt:

„In Anerkennung der Verdienste um die Materialprüfung für das Bauwesen und der heutigen Größe der Forschungs- und Materialprüfungsanstalt für das Bauwesen an der Technischen Hochschule Stuttgart durch 50 Jahre selbstloses und erfolgreiches Dienen für Hochschule, Wissenschaft und Staat, verleiht die Bundesrepublik Herrn Professor Dr.-Ing. e.h. Otto Graf das große Verdienstkreuz des Verdienstordens der Bundesrepublik Deutschland."[236]

Otto Graf verstarb am 29. April 1956 in Stuttgart. Die Liste der Beileidsschreiben[237] zeigt eine Übersicht der gesamten Universitäts- und Technischen Hochschulgeografie Deutschlands:

Technische Universität Berlin-Charlottenburg, Freie Universität Berlin, Friedrichs-Alexander-Universität Erlangen, Johann Wolfgang Goethe-Universität Frankfurt am Main, Albert-Ludwigs-Universität Freiburg, Georg-August-Universität Göttingen, Universität Hamburg, Universität zu Köln, Johannes Gutenberg-Universität Mainz, Ludwig-Maximilians-Universität München, Westfälische Wilhelm Universität Münster, Eberhard-Karls-Universität Tübingen, Julius-Maximilians-Universität Würzburg.
Technische Hochschule Aachen, Technische Hochschule Carolo-Wilhelmina Braunschweig, Technische Hochschule Darmstadt, Landwirtschaftliche Hochschule Hohenheim, Justus-Liebig-Hochschule Gießen, Technische Hochschule Karlsruhe, Hochschule für Wirtschafts- und Sozialwissenschaften Nürnberg, Staatliche Akademie der Bildenden Künste Stuttgart.

[235] Urkunde vom 08.07. 1953. In: UAS – Personalakte von Otto Graf Sign. 57/329.
[236] Verleihungsurkunde vom 10.07.1953. In: UAS – Personalakte von Otto Graf Sign. 57/329.
[237] Auf die Erwähnung aller Beileidsschriften vom Staatsverwaltung, Politik, Industrie und Privatpersonen wird hier verzichtet.

Schlusswort: Zur Bedeutung von Otto Graf

Professor Otto Graf ist wenige Tage nach seinem 75. Geburtstag am 29. April 1956 verstorben. Der emeritierte Ordinarius für Baustoffkunde und Materialprüfung der Technischen Hochschule Stuttgart sowie Gründer und Leiter des Instituts für Bauforschung und Materialprüfungen des Bauwesens an der Stuttgarter Materialprüfungsanstalt gehörte auf dem Gebiet der Baustoffe und des Prüfungswesens zu den wohl bekanntesten deutschen Forschern und Praktikern der ersten Hälfte des 20. Jahrhunderts. In den 47 Jahren seiner Tätigkeit an der Materialprüfungsanstalt in Stuttgart hat Graf die Entwicklung des Betons bzw. Stahlbetons, eines damals neuartigen Baumaterials, begleitet und maßgebend geprägt. Auch der Bautechnik hat er durch seine jahrelangen und intensiven Forschungen auf dem Gebiet der Baustoffe entscheidende Impulse geliefert.

Unter der Leitung von Carl Bach, dem Gründer und langjährigen Vorstand der Materialprüfungsanstalt, entwickelte sich Otto Graf von einem jungen begabten Techniker zum angesehensten Forscher und Kenner der Baumaterialkunde, der auf diesem Gebiet bald zum verdienten Aushängeschild der Stuttgarter Technischen Hochschule wurde. Zunächst waren es vorwiegend Versuche und Forschungen über die Tragfähigkeit und praktische Herstellung von Bauteilen aus Beton und Eisen- bzw. Stahlbeton, währen er in den darauffolgenden Jahren den Einfluss von Zementen und Zuschlagstoffen auf die Betoneigenschaften untersuchte. Graf gehörte zu den Ersten, die die versuchstechnisch-wissenschaftlichen Grundlagen für Eisenbeton erarbeiteten. Bei der Einführung der Betonstraßenbauweise in Deutschland gehörte er zu den führenden Forschern, die für die Herstellung geeigneter Zemente und für die konstruktive Gestaltung der bewehrten Straßenfahrbahndecken Maßstäbe setzte. Graf war außerdem einer der Erste als in Deutschland, der in Stuttgart einen Prüfungsraum für praktische Untersuchungen unterschiedlicher Arten von Straßendecken einrichtete. Er war anderen Forschern und Praktikern um viele Jahre voraus, als er sich noch vor dem Ersten Weltkrieg mit der Idee des Spannbetons beschäftigte. Auch seine Forschungsarbeiten im Bereich der Herstellung und Verwendung von Leichtbetonen waren für den deutschen Baustoffmarkt wegweisend.

Mit der Zeit erweiterte Graf das Spektrum seiner Forschungen auf alle Baustoffe. Mit dem Holzbau beschäftigte sich Graf kurz nach dem Ende des Ersten Weltkrieges. Hier lag der Schwerpunkt seiner Forschungen auf der Untersuchung und Erfindung von optimalen Verbindungselementen, zunächst bei Holzkonstruktionen und später auch bei den Schweiß- sowie Nietverbindungen im Stahlbau. Er beschäftigte sich außerdem mit Glas als Baumaterial und untersuchte die statischen und konstruktiven Eigenschaften der Steinsorten bei den Mauerwerkskonstruktionen. In der Kriegs- und Nachkriegszeit sah er als einer der Ersten die dringende Notwendigkeit, die Trümmer zerstörter Häuser als Baumaterial zu verwenden und damit den Wiederaufbau der Städte voranzutreiben.

Otto Graf bemühte sich stets bei seinen Forschungen und Versuchen erfolgreich, alle Baustoffe hinsichtlich ihrer Eigenschaften zu untersuchen und ihre zweckmäßige Verwendung im modernen Beton-, Straßen-, Holz- und Stahlbau für die Praxis zu bestimmen. Dabei nahm für ihn die Problematik der Qualität von Baumaterialien bei deren Einsatz und Bearbeitung auf den Baustellen eine besondere Bedeutung ein. Graf galt als strenger und konsequenter Bauüberwacher und Qualitätsprüfer.

Otto Graf setzte seine Forschungsergebnisse in geordnetem und technisch verbindlichem Rahmen fort und fasste sie in Form von Hinweisen und Empfehlungen für zukünftige Richtlinien, technische Vorschriften sowie Normen zusammen. An der Bearbeitung von amtlichen Vorschriften und Bestimmungen für die Berechnung, Bemessung und bauliche Durchführung des Hoch-, Tief- und Brückenbaus in Stahl, Eisenbeton, Holz und Mauerwerk wirkte Otto Graf aktiv mit und beeinflusste ihre Formulierung oft maßgebend.

Besonders geschätzt wurde Otto Graf als Berater. Für seine schnelle, fachkundige und vor allem praxisorientierte Beratung war er sowohl im In- als auch in Ausland bekannt. Die logische Konsequenz seiner stetigen Bereitschaft, die eigenen Forschungsergebnisse der Fachwelt schnellstens bekannt zu machen, war im Jahr 1941 Grafs Ernennung zum Leiter der „Bautechnischen Beratungsstelle" im NSBDT. Bemerkenswert ist in diesem Zusammenhang die Tatsache, dass sein Rat, besonders nach 1945, bei der Bewältigung des Wiederaufbaus hoch geschätzt und gefragt war.

Bereits nach dem Ersten Weltkrieg begann Otto Graf mit der Organisation und Durchführung von Schulungen über die praktische Ausführung von Beton- und Eisenbeton. Dieses Schulungsprogramm war für das leitende Personal der ausführenden Baufirmen sowie für die Mitarbeiter der kommunalen Behörden gedacht. Die Plätze an diesen Schulungen waren in ganz Deutschland sehr begehrt. Die Schulungsaktivitäten von Otto Graf, der mit der Zeit sein Schulungsprogramm um Themen wie Betonstraßenbau sowie Stahlbau erweiterte, trugen zur allgemeinen Verbesserung der Qualität von Bauarbeiten in den genannten Bereichen bei.

Als Hochschullehrer erfreute sich Otto Graf großer Beliebtheit bei den Studierenden. Er war offensichtlich in der Lage, den prinzipiell recht trockenen Lehrstoff über die physikalischen, chemischen und mechanischen Eigenschaften der Baustoffe mit praxisorientierten Inhalten und Hinweisen aufzulockern und so interessant zu gestalten. Für viele Tausende von Bauingenieuren, die in den vielen Jahren seiner Lehrtätigkeit seine Schüler waren, war Otto Graf ein Vorbild strenger Sachlichkeit. Unter seiner Leitung und Unterstützung promovierten viele Ingenieure über verschiedene Aspekte der Baumaterialkunde und Materialprüfungen.

Otto Graf war bei vielen Fachverbänden und -vereinen lebenslang aktiv. Seine Vorträge auf den Tagungen und Hauptversammlungen des Deutschen Beton-Vereins, des Deutschen Stahlbau-Verbandes, der Holz verarbeitenden Industrie u.a. fanden allgemeine Beachtung. Das Gleiche galt für seine Vorträge im Ausland. Seine mit Sachkenntnis und Gründlichkeit ausgearbeiteten Forschungsergebnisse verfasste er in Forschungsheften und Berichten der Materialprüfungsanstalt; sie waren für die gesamte Fachwelt zu einer Quelle wertvoller Erkenntnisse und Erfahrungen geworden.

Während der gesamten Tätigkeit als Forscher der Baustoffkunde bemühte sich Otto Graf darum, die Ergebnisse seiner Untersuchungen und Forschungen, so schnell wie möglich und in verständlicher Art, der Fachwelt zugänglich zu machen. Dieser Aufgabe dienten vor allem seine über 600 Veröffentlichungen, die er in namhaften Verlagen (z.B. Ernst & Sohn und Springer-Verlag in Berlin, VDI-Verlag in Düsseldorf oder Wittwer-Verlag in Stuttgart) und renommierten Fachzeitschriften publizierte.

Otto Graf war in der Lage, seine unermesslich großen Leistungen auf den Gebieten der Baustoffkunde und Materialprüfungen zu erbringen, obwohl er keine technische Hochschulbildung vorweisen konnte und sich das Wissen autodidaktisch erarbeitet hatte. Seine anfangs großen Schwierigkeiten, den hohen Hochschulstatus in Stuttgart zu erreichen, sind in der mangelhaften schulischen Ausbildung zu sehen. Das könnte auch der Grund gewesen sein, warum er die von den Nationalsozialisten erfahrene Hochschätzung und Förderung genoss und seine Arbeit unter ihrer Herrschaft weiterhin konsequent und geradlinig, was die technische Seite seiner Arbeit betraf, verrichtete. Dank seiner Netzwerke gelang es ihm, den drohenden Bruch seiner Karriere nach 1945 im Zuge der Entnazifizierung zu verhindern und daraus in der konservativen Welt der deutschen Wissenschaft sogar zusätzliche Hochachtung zu gewinnen.

Otto Graf war zweifellos ein hochgeschätzter und allgemein anerkannter Wissenschaftler, Praktiker und Hochschullehrer auf den Gebieten der Baustoffkunde und Materialprüfungen in Deutschland. Schon bei der Übernahme der Leitung der Abteilung für Bauwesen bei der Materialprüfungsanstalt im Jahr 1927 zeichneten sich seine organisatorischen Fähigkeiten ab, die sich nach 1928 in Form der verstärkten Investitionen für die technische Ausrüstung erwiesen. Schon zum 100-jährigen Gründungsjubiläum der Technischen Hochschule Stuttgart im Jahr 1929 gehörte die Materialprüfungsanstalt zu einer am besten ausgestatteten Anstalten Deutschlands. Dank des Engagements von Otto Graf bei der Realisierung des großen Straßenbauprojekts – des Baus von Reichsautobahnen – ist es ihm gelungen, sein im Jahr 1936 innerhalb der Materialprüfungsanstalt Stuttgart gegründetes Institut für Bauforschung und Materialprüfungen des Bauwesens in die vordere Reihe der dieses Bauvorhaben unterstützenden Forschungsanstalten zu bringen und das Vertrauen der technischen Machthaber des NS-Regimes zu gewinnen.

Als logische Konsequenz dieser Entwicklung nahm sein Institut aktiv teil an den kriegsvorbereiteten Baumaßnahmen, wie dem Bau des Westwalls und die Planungsumstellung von Reichsautobahnen. Diese Entwicklung sicherte den Umsatz und die Arbeitsplätze des Instituts, eine Tendenz, die sich in den kommenden Kriegsjahren fortsetzen sollte. Dank der zahlreichen kriegswichtigen und aus diesem Grund geheimen Aufträge der Oberkommandos des Heeres, der Luftwaffe und der Marine ist es Graf gelungen, die Anzahl der

Beschäftigten seines Instituts bis zu den letzten Monaten des Krieges zu halten und damit viele seiner Mitarbeiter vor den Einberufungen und deren schlimmen Folgen zu bewahren.

Das hohe Ansehen des bis dahin von Otto Graf geleiteten Instituts erlitt auch nach dem Ende des Zweiten Weltkrieges keinen Schaden. Nach seiner fast dreijährigen Suspendierung, in der das Instituts kommissarisch von Hermann Maier-Leibnitz geführt wurde, leitete er das Institut bis zur seiner Pensionierung im September 1950.

Als Anerkennung seiner außergewöhnlichen Verdienste wurde sein Institut im Jahr 1953 zum „Amtlichen Forschungs- und Materialprüfung für das Bauwesen, Otto-Graf-Institut (MPA Bauwesen)" umbenannt. Die späteren Leiter dieses Instituts, Friedrich Tölke (1952–1969), Gustav Weil (1969–1972), Gallus Rehm (1972–1993) und Hans-Wolf Reinhardt (1993–2003), führten den von Graf begonnenen Weg fort und erhielten den Namen sowie hohen Rang des Instituts.

Nach der Auslagerung des Institut aus der Universität Stuttgart im Jahr 1980 unter dem Namen „Forschung und Materialprüfung B-W (Otto-Graf-Institut)" zum Ministerium für Wirtschaft, Forschung und Technologie Baden-Württemberg kam das Institut im Jahr 2000, jetzt unter dem Namen „Forschungs- und Materialprüfungsanstalt für das Bauwesen, Otto-Graf-Institut (FMPA)", wieder zur Universität Stuttgart zurück.

Auch nach der vorläufig letzten Namensänderung im Jahr 2003 in „Materialprüfungsanstalt Universität Stuttgart (MPA Stuttgart, Otto-Graf-Institut (FMPA))" behielt das Institut den Namen seines Gründers bei. Auch die weitere Leitung dieses Instituts, Hans-Wolf Reinhardt (2003–2006), Christoph Gehlen (2006–2008), Hans-Wolf Reinhardt (2008–2011) und seit 2012 Harald Garrecht, setzte die Arbeit von Otto Graf erfolgreich fort.

Hans-Wolf-Reinhardt, der Grafs Institut wiederholt leitete und im April 2013 vom Deutschen Beton- und Bautechnik-Verein e.V. mit der Emil-Mörsch-Münze (wie damals auch Otto Graf) ausgezeichnet wurde, schrieb bei seiner Abschiedsvorlesung zum Thema „Zum Gedenken an Otto Graf, universeller Bauforscher in Stuttgart":

„Es ist unmöglich, auf alle Aktivitäten von Graf einzugehen. In seinen 660 Veröffentlichungen berichtet er über Versuche an Beton, Stahlbeton, Holz, Mauerwerk, Stahl, Glas und Trümmerschutt nach den 2. Weltkrieg. [...] Graf hat auf allen diesen Gebieten Pionierarbeiten geleistet. Zu seinen Ehren wurde der Teil der MPA Stuttgart, der sich mit dem Bauwesen beschäftigt, mit dem Namen Otto-Graf-Institut versehen."[238]

[238] Reinhardt, Hans-Wolf (2006), S. 8 und 42.

Abkürzungen

- BAB Bundesarchiv Berlin
- DASt Deutscher Ausschuss für Stahlbeton
- DBE Deutsche Biographische Enzyklopädie
- FMPA Forschungs- und Materialprüfungsanstalt
- GLU Grand Larousse Universel
- HAFRABA Verein zur Förderung der Autostraße Hansestädte–Frankfurt/M.–Basel
- HStAL Hauptstaatsarchiv Ludwigsburg
- HStAS Hauptstaatsarchiv Stuttgart
- MPA Materialprüfungsanstalt an der Technischen Hochschule Stuttgart
- NS Nationalsozialismus
- NSBDT Nationalsozialistischer Bund Deutscher Technik
- NSDAP Nationalsozialistische Deutsche Arbeiterpartei
- OBR Oberste Bauleitung der Reichsautobahnen
- OT Organisation Todt
- RAB Reichsautobahnen
- SPD Sozialdemokratische Partei Deutschlands
- STUFA Studiengesellschaft
- UACh Universitätsarchiv Chemnitz
- UAS Universitätsarchiv Stuttgart
- TH Technische Hochschule
- VDI Verein Deutscher Ingenieure
- Z-VDI Zeitschrift des Vereins Deutscher Ingenieure

Archivquellen

- Archivdokumente der Materialprüfungsanstalt – Universitätsarchiv Stuttgart (UAS) – Sign. 33/1.
- Nicht veröffentliche Arbeiten – Universitätsarchiv Stuttgart (UAS):
  - Gimmel, Paul: 65 Jahre Materialprüfungsanstalt. Bd. I bis III. Stuttgart 1949. In: UAS Sign. 52/16.
  - Jubiläumsausgabe zur Feier der 40. Betriebszugehörigkeit von Otto Graf. MPA Stuttgart 1943. In: UAS Sign. 33/1/1637.
- Archivdokumente Reichsaustobahn – Bundesarchiv Berlin – Sign. 630.
- Entnazifizierungsakte Otto Graf – Hauptstaatsarchiv Ludwigsburg – EL 902/20 Bü: 45498
- Kultministeriumsakte von Otto Graf – Hauptstaatsarchiv Stuttgart – EA/7150 Bü: 902
- Nachlass Carl von Bach – Universitätsarchiv der Technischen Universität Chemnitz
- Personalakte von Otto Graf – Universitätsarchiv der Universität Stuttgart.

Literatur

- **Bach**, Carl: Die Materialprüfungsanstalt der Kgl. Technischen Hochschule Stuttgart. Stuttgart 1915.
- **Bach**, Carl: Die Materialprüfungsanstalt an der Technischen Hochschule Stuttgart. In: festausgaben der Stuttgarter Zeitung über das 100-jährige Jubiläum der Technischen Hochschule Stuttgart 1829–1929 vom 15–18. Mai 1929.
- **Bader**, Wilhelm: Ansprachen bei der Trauerfeier für Otto Graf am 3. Mai 1956. In: Reden und Aufsätze 22 der TH Stuttgart 1957, S. 13-18.
- **Bay, Hermann**: Emil Mörsch. VDI-Schriftenreihe Bautechnik H.3. Düsseldorf 1985.
- **Becker**, Norbert & **Engler**, Norbert: Universität Stuttgart. Stuttgart 2004.
- **Becker**, Norbert & **Quarthal**, Franz (Hrsg.): Die Universität Stuttgart nach 1945. Stuttgart 2004.
- **Bennet,** Jim u.v.a.: London´s Leonardo: The life and work of Robert Hooke. Oxford 2003.
- **Blind**, Dieter: Geschichte der Staatlichen Materialprüfungsanstalt an der Universität Stuttgart. Stuttgart 1991.
- **Botor**, Stefan: Der „Berliner Sühneverfahren" – die letzte Phase der Entnazifizierung. Frankfurt/Main–Berlin–Bern–Wien 2006.
- **Dietmann**, Herbert; Sautter, Sieghardt (bearb.): Staatliche Materialprüfungsanstalt an der Universität Stuttgart – Verzeichnis der wissenschaftlichen Veröffentlichungen 1884–1967. Stuttgart 1970.
- **Ditchen**, Henryk: Die Beteiligung Stuttgarter Ingenieure an der Planung und Realisierung der Reichsautobahnen unter besonderer Berücksichtigung der Netzwerke von Fritz Leonhardt und Otto Graf. Berlin 2009.
- **Ditchen**, Henryk: Ein Fall der Entnazifizierung in Stuttgart. Berlin 2010.
- **Haegermann**, Gustav & **Huberti**, Günter & **Möll**, Hans: Vom Caementum zum Spannbeton. Beiträge zur Geschichte des Betons. Bd. 1 bis 3. Wiesbaden–Berlin 1964.
- **Hentschel**, Klaus (Hrsg.): Historischer Campusführer der Universität Stuttgart: Teil I: Stadtmitte, Stuttgart: GNT–Verlag, 2010.
- **Hentschel**, Klaus (Hrsg.): Unsichtbare Hände: zur Rolle von Laborassistenten, Mechaniker, Zeichnern u.a. Stuttgart–Berlin, 2008.
- **Hof- und Staats-Handbuch** des Königreichs Württemberg, hrsg. von dem Königlichen Statistischen Landesamt. Stuttgart 1866–1914.
- **Kaftan**, Kurt: Der Kampf um die Autobahnen. Geschichte und Entwicklung des Autobahngedankens in Deutschland 1907 – 1935 unter Berücksichtigung ähnlicher Pläne und Bestrebungen im übrigen Europa. Berlin 1955.
- **Kamm**, Bertold & **Mayer**, Wolfgang: Der Befreiungsingenieur. Gottlob Kamm und die Entnazifizierung in Württemberg-Baden. Tübingen 2005.
- **König**, Wolfgang (Hrsg.) Technikgeschichte. Die technikhistorische Forschung in Deutschland von 1800 bis zur Gegenwart. Kassel 2010.
- **Kurrer**, Karl-Heinz: Geschichte der Baustatik. Berlin 2002.
- **Leonhardt**, Fritz: Baumeister in einer umwälzenden Zeit. Erinnerungen. 2. Aufl. Stuttgart 1998.
- **Ludwig**, Karl-Heinz: Technik und Ingenieure im Dritten Reich. Düsseldorf 1979.
- **Naumann**, Friedrich (Hrsg.): Carl Julius von Bach (1847–1931)

- **Niethammer**, Lutz (Hrsg.): Die Mitläuferfabrik. Die Entnazifizierung am Beispiel Bayerns. Berlin/Bonn 1982.
- **N. N.** (Hrsg.): Otto Graf – 50 Jahre Forschung, Lehre, Materialprüfung im Bauwesen. MPA Stuttgart 1953. Stuttgart 1953.
- **Paulinyi,** Akos & **Troitzsch**, Ulrich: Mechanisierung und Maschinisierung 1600 bis 1840. In: **König**, Wolfgang (Hrsg.): Propyläen – Technikgeschichte III. Berlin 1997.
- **Portz**, Helga: Galilei und der heutige Mathematikunterricht. Ursprüngliche Festigkeitslehre und Ähnlichkeitsmechanik und ihre Bedeutung für die mathematische Bildung. Mannheim 1994.
- **Reinhardt**, Hans-Wolf: Otto Graf, Rückschau im Lichte von heute. In: Reden und Aufsätze der TH Stuttgart 71 (2006), S. 7–42.
- **Reinhardt**, Hans-Wolf: *Mens agitat molem* – Otto Graf forschte auf vielen Gebieten Bauwesens. In: Becker, Norbert & Quartal, Franz (Hrsg.): Die Universität Stuttgart nach 1945. Stuttgart 2004, S. 140–145.
- **Reinhardt**, Hans-Wolf: Otto Grafs Fragen zum Betonstraßenbau – noch heute aktuell. In: „Straße + Autobahn“ Nr. 3 (2004), S. 142–150.
- **Ruske**, Walter: 100 Jahre Materialprüfung in Berlin. Berlin 1971.
- **Schullze**, Erich (Hrsg.): Gesetz zur Befreiung von Nationalsozialismus und Militarismus mit den Ausführungsvorschriften und Formularen. München 1947.
- **Schulz**, Ernst: 100 Jahre Werkstoffprüfung. In: Zeitschrift des Vereins Deutscher Ingenieure Band 91 (1949), Nr. 7 S. 141–146.
- **Stommer**, Rainer (Hrsg.): Reichsautobahn. Pyramiden des Dritten Reichs. 3. Aufl. Marburg 1995.
- **Straub**, Hans: Die Geschichte der Bauingenieurkunst. Ein Überblick von der Antike bis in die Neuzeit. Basel–Boston–Berlin 1992.
- **Schütz**, Erhard & **Gruber**, Eckhard: Mythos Reichsautobahn. Bau und Inszenierung der „Straßen des Führers“ 1933–1941. Berlin 1996.
- **Thewalt**, Alexander: Projekte der Autobahnfrühzeit im Ausland. Beispiele aus Italien und USA. In: **Wirth,** Wolfgang (Redaktion): Die Autobahn. Von der Idee zur Wirklichkeit. Forschungsgesellschaft für Straßen- und Verkehrswesen e.V. Köln 2005, S. 63–76.
- **Treue**, Wilhelm u.v.a.: Geschichte der Naturwissenschaften und der Technik im 19. Jahrhundert. Düsseldorf 1968.
- **Treue**, Wilhelm & **Pönicke**, Herbert & **Manegold**, Karl-Heinz: Quellen zur Geschichte der industriellen Revolution. Göttingen 1966.
- **Voigt**, Johannes H.: Universität Stuttgart. Phasen ihrer Geschichte. Stuttgart 1981.
- **Vollnhals,** Clemens (Hrsg.): Entnazifizierung, politische Säuberung und Rehabilitierung in den vier Besatzungszonen 1945–1949. München 1991.
- **Zweckbronner**, Gerhard: Ingenieurausbildung im Königreich Württemberg. Stuttgart 1987.

Abbildungen

Alle Abbildungen stammen aus den Beständen der Universitätsarchiv Stuttgart und wurden in dieser Abhandlung mit Genehmigung des Archivleiters, Dr. Norbert Becker, verwendet.

Tabellenverzeichnis

Die Tabellen 1, 3, 6, 7 und 8 wurden durch den Verfasser dieser Abhandlung aufgrund der detaillierten Angaben der Grafs Veröffentlichungen, siehe Anhang, erstellt.

Die Tabellen 2 und 5 wurden durch den Verfasser dieser Abhandlungen aufgrund der Angaben, die sich aus den im Universitätsarchiv Stuttgart befindlichen Listen und Zahlen erstellt.

Namensregister

Anhang

Verzeichnis der Veröffentlichungen von Otto Graf[239]

(Insgesamt 627 Veröffentlichungen)

Jahr 1908 (1 Position)

Mörtel und Beton (1 Position)

- **Graf**, Otto: Die Ergebnisse neuer Versuche mit Eisenbetonbalken im Vergleich mit den amtlichen preußischen „Bestimmungen für die Ausführung von Konstruktionen aus Eisenbeton bei Hochbauten". In: Beton und Eisen 7 (1908): H. 8, S. 191-193; H. 9, S. 222-225; H. 10, S. 247-250.

Jahr 1909 (2)

Mörtel und Beton (2)

- **Bach**, Carl; **Graf**, Otto: Versuche über die Längenänderung des Betons bei Wasserlagerung und bei Luftlagerung, sowie über die Zugfestigkeit von Mörtelkörpern mit verschiedener Querschnittsgröße bei feuchter und bei trockener Lagerung. In: Armierter Beton (1909), S. 352f.
- Bach, Carl; Graf, Otto: Bericht über die von dem deutschen Ausschuss für Eisenbeton der Materialprüfungsanstalt an der Kgl. Technischen Hochschule Stuttgart übertragenen und im Jahr 1908 durchgeführten. Versuche mit Eisenbetonbalken, namentlich zur Bestimmung des Gleitwiderstandes. Berlin: Springer 1909 (Mitteilungen über Forschungsarbeiten auf dem Gebiete des Ingenieurwesens, Heft 72 bis 74).

Jahr 1910 (4)

Mörtel und Beton (4)

- **Bach**, Carl; **Graf**, Otto: Mitteilungen über einige Nebenuntersuchungen auf dem Gebiet des Betons und Eisenbetons. In: Armierter Beton (1910), H. 7, S. 276f.
- **Graf**, Otto: Einiges zur Rissbildung des Eisenbetons. In: Beton und Eisen 9 (1910): H. 7, S. 175-178; H. 10, S. 263-265; H. 11, S. 275-278; H. 12, S. 299-303.
- **Bach**, Carl; **Graf**, Otto: Versuche mit Eisenbeton, III. Teil. Berlin: Springer 1910 (Mitteilungen über Forschungsarbeiten auf dem Gebiete des Ingenieurwesens, Heft 90 und 91). Vgl. auch Graf, Otto. In: Armierter Beton (1910), S. 451f.
- **Bach**, Carl; **Graf**, Otto: Bericht über die der Materialprüfungsanstalt an der Kgl. Technischen Hochschule zu Stuttgart übertragenen und im Jahr 1909 durchgeführten Versuche mit Eisenbalken, namentlich zur Bestimmung des Gleitwiderstandes. Berlin: Springer (Mitteilungen über Forschungsarbeiten auf dem Gebiete des Ingenieurwesens, Heft 95).

[239] Vgl. Dietmann, Herbert; Sautter, Sieghardt; Staatliche Materialprüfungsanstalt – Verzeichnis der wissenschaftlichen Veröffentlichungen 1884 – 1967. Stuttgart 1970.

Jahr 1911 (4)

Mörtel und Beton (4)

- **Bach**, Carl; **Graf**, Otto: Versuche über die Elastizität des Zementmörtels bei verschiedenem Sandzusatz nach feuchter und nach trockener Lagerung. In: Armierter Beton (1911), H. 9, S. 309f.
- **Bach**, Carl; **Graf**, Otto: Versuche mit Eisenbetonbalken zur Bestimmung des Einflusses der Hakenform der Eiseneinlagen. Berlin: Ernst & Sohn 1911 (Deutscher Ausschuss für Eisenbeton, Heft 9).
- **Bach**, Carl: **Graf**, Otto: Versuche mit Eisenbeton-Balken zur Ermittlung der Widerstandsfähigkeit verschiedener Bewehrung gegen Schubkräfte. I. Teil. Berlin: Ernst & Sohn 1991 (Deutscher Ausschuss für Eisenbeton, Heft 10).
- **Bach**, Carl; **Graf**, Otto: Versuche mit Eisenbeton-Balken zur Ermittlung der Widerstandsfähigkeit verschiedener Bewehrung gegen Schubkräfte. II. Teil. Berlin: Ernst & Sohn 1911 (Deutscher Ausschuss für Eisenbeton 1911, Heft 12).

Jahr 1912 (6)

Mörtel und Beton (6)

- **Graf**, Otto: Volumenveränderungen des Betons und dabei, auftretende Anstrengungen in Beton- und Eisenbetonkörpern. In: VDI-Verlag (1912), S. 2069-2071.
- **Bach**, Carl; **Graf**, Otto: Versuche über die Widerstandsfähigkeit von Beton und Eisenbeton gegen Verdrehung. Berlin: Ernst & Sohn 1912 (Deutscher Ausschuss für Eisenbeton, Heft 16)
- **Bach**, Carl; **Graf**, Otto: Prüfung von Balken zu Kontrollversuchen. Berlin: Ernst & Sohn 1912 (Deutscher Ausschuss für Eisenbeton, Heft 19).
- **Graf**, Otto: Versuche auf dem Gebiete des Eisenbetons, namentlich mit Balken. In: Handbuch für Eisenbeton. I. Band, 2. Aufl. Berlin: Ernst & Sohn 1912, S. 322-508.
- **Bach**, Carl; **Graf**, Otto: Versuche mit Eisenbetonbalken zur Ermittlung der Widerstandsfähigkeit verschiedener Bewehrung gegen Schubkräfte. III. Teil. Berlin: Ernst & Sohn 1912 (Deutscher Ausschuss für Eisenbeton, Heft 20).
- **Bach**, Carl; **Graf**, Otto: Versuche mit Eisenbetonbalken. IV. Teil. Berlin. Springer 1912 (Mitteilungen über Forschungsarbeiten auf dem Gebiete des Ingenieurwesens, Heft 122 und 123).

Jahr 1913 (2)

Mörtel und Beton(2)

- **Bach**, Carl; **Graf**, Otto: Widerstand einbetonierten Eisen gegen Gleiten. Einfluss der Haken. Berlin: Ernst & Sohn 1913 (Deutscher Ausschuss für Eisenbeton, Heft A).
- **Bach**, Carl; **Graf**, Otto: Spannung (Beta) des Betons in der Zugzone von Eisenbetonbalken unmittelbar vor der Rissbildung. Berlin: Ernst & Sohn 1913.

Jahr 1914 (3)

Mörtel und Beton (3)

- **Graf**, Otto: Druckversuche mit betonwürfeln. Zusammenfassung von Ergebnissen, ermittelt in der Materialprüfungsanstalt an der Kgl. Technischen Hochschule Stuttgart. In: Armierter Beton (1914), H. 6 und H. 7, S. 197f.
- **Bach**, Carl, **Graf**, Otto: Gesamte und bleibende Einsenkungen von Eisenbetonbalken. Verhältnis der bleibenden zu den gesamten Einsenkungen. Berlin: Ernst & Sohn 1914 (Deutscher Ausschuss für Eisenbeton, Heft 27).
- **Bach**, Carl; **Graf**, Otto: Versuche mit bewehrten und unbewehrten Betonkörpern, die durch zentrischen und exzentrischen Druck belastet wurden. Berlin: VDI-Verlag 1914 (Forschungsarbeiten auf dem Gebiete des Ingenieurwesens, Heft 166 bis 169).

Jahr 1915 (1)

Mörtel und Beton (1)

- **Bach**, Carl; **Graf**, Otto: Versuche mit allseitig aufliegenden, quadratischen und rechteckigen Eisenbetonplatten. Berlin: Ernst & Sohn 1915 (Deutscher Ausschuss für Eisenbeton, Heft 30).

Jahr 1916 (0)

Jahr 1917 (1)

Mörtel und Beton (1)

- **Bach**, Carl; **Graf**, Otto: Versuche mit Eisenbetonbalken zur Ermittlung der Beziehungen zwischen Formänderungswinkel und Biegemoment. Berlin: Ernst & Sohn 1917 (Deutscher Ausschuss für Eisenbeton, Heft 38).

Jahr 1918 (0)

Jahr 1919 (2)

Mörtel und Beton (2)

- **Graf**, Otto: Über den Einfluss der Menge der Zuschlagsmaterialien im Stampfbeton. In: Süd- und Mitteldeutsche Bauzeitung (1919), S. 58.
- **Graf**, Otto: Über den Einfluss von Staub im Betonmaterial. In: Süd- und Mitteldeutsche Bauzeitung (1919), S. 69.

Jahr 1920 (5)

Mörtel und Beton (5)

- **Graf**, Otto: Versuche zur Ermittlung der Widerstandsfähigkeit von Betonkörpern mit und ohne Trass. Berlin: Ernst & Sohn 1920 (Deutscher Ausschuss für Eisenbeton, Heft 43).
- **Graf**, Otto: Die Druckelastizität und Zugelastizität des Betons. 25 Jahre Forschungsarbeit auf dem Gebiet des Betonbaues. Berlin: VDI-Verlag 1920 (Forschungsarbeiten auf dem Gebiete des Ingenieurwesens, Heft 227).
- **Bach**, Carl; **Graf**, Otto: Versuche mit zweiseitig aufliegenden Eisenbetonplatten bei konzentrierter Belastung. Berlin: Ernst & Sohn 1920 (Deutscher Ausschuss für Eisenbeton, Heft 44).
- **Graf**, Otto: Versuche mit zwei Brückenträgern aus Eisenbeton, welche auf drei Punkten gelagert waren, und bei denen die Belastungen außerhalb der Symmetrieebene wirkten. In: Bauingenieur 1 (1920), H. 7/8, S. 215-225.
- **Bach**, Carl; **Graf**, Otto: Versuche mit eingespannten Eisenbetonbalken. Berlin: Ernst & Sohn 1920 (Deutscher Ausschuss für Eisenbeton, Heft 45).

Jahr 1921 (9)

Mörtel und Beton (8)

- **Graf**, Otto: Über den Einfluss der Menge des Kieses, des Schotters und der Steineinlagen im Beton. In: Süd- und Mitteldeutsche Bauzeitung (1921), S. S. 2f, ferner Westdeutsche Bauzeitung (1921), H. 15/16, S. 1f.
- **Graf**, Otto: Versuche zur Ermittlung der Raumänderungen von Zement und Zementmörtel beim Abbinden. Einfluss des Wasserzusatzes, des Mischungsverhältnisses und des Zements auf die Größe dieser Raumänderungen. Messung der Länge von Eiseneinlagen beim Abbinden des Zementmörtels. Untersuchungen über die Geschwindigkeit des Quellens und Schwindens von Natursteinen beim Durchfeuchten und Austrocknen. In: Beton und Eisen 20 (1921), H. 4/5, S. 49-52; H. 6, S. 72-74.

- **Graf**, Otto: Aus neueren Untersuchungen über die Eigenschaften des Portlandzements. In: Deutschen Bauzeitung (1921), H. 6, S. 46-48; H. 7, S. 49-51.
- **Graf**, Otto: Die Druckfestigkeit von Zementmörtel, Beton, Eisenbeton und Mauerwerk. Die Zugfestigkeit des unbewehrten und bewehrten Betons. Stuttgart: Wittwer 1921.
- **Bach**, Carl; **Graf**, Otto: Versuche mit Eisenbetonbalken zur Ermittlung der Widerstandsfähigkeit verschiedener Bewehrung gegen Schubkräfte. IV. Teil. Berlin: Ernst & Sohn 1921 (Deutscher Ausschuss für Eisenbeton, Heft 48).
- **Graf**, Otto: Die wesentlichen Ergebnisse der Versuche aus dem Gebiete des Eisenbetons. In: Handbuch für Eisenbetonbau, 1. Band, 3. Aufl. Berlin: Ernst & Sohn 1921, S. 73f.
- **Graf**, Otto: Versuche mit Beton- und Eisenbetonquadern zu Brückengelenken auf Auflagern. Berlin: VDI-Verlag 1921 (Forschungsarbeiten auf dem Gebiete des Ingenieurwesens, Heft 232).
- **Graf**, Otto: Aus neueren Versuchen mit Baustoffen und Baukonstruktionen. Mitt. Der Deutschen Gesellschaft für Bauingenieurwesen (1921), S. 69f.

Holz (1)

- **Graf**, Otto: Beobachtungen über den Einfluss der Größe der Belastungsfläche auf die Widerstandsfähigkeit von Bauholz gegen Druckbelastung quer zur Faser. In: Bauingenieur 2 (1921), H. 18, S. 498-501.

Jahr 1922 (9)

Mörtel und Beton (8)

- **Graf**, Otto: Zum Vergleich der Würfelfestigkeit des Betons mit der Druckfestigkeit des Betons in Bauteilen. In: Bauzeitung 19 (1922), H. 16/17, S. 129.
- Graf, Otto: Weitere Untersuchungen über Raumänderungen von Beton beim Abbinden. In: Beton und Eisen 21 (1922), H. 12, S. 172-174.
- **Graf**, Otto: Versuche über den Einfluss von Traßmehl und anderen Steinmehlen im Zementmörtel und Beton. Berlin: VDI-Verlag 1922 (Forschungsarbeiten auf dem Gebiete des Ingenieurwesens, Heft 261).
- **Graf**, Otto: Widerstandsfähigkeit der Zugzone von Eisenbetonkörpern, welche auf Biegung beansprucht sind. Berlin: Ernst & Sohn 1922 (Deutscher Ausschuss für Eisenbeton, Heft D).
- **Bach**, Carl; **Graf**, Otto: Versuche mit Eisenbetonbalken (5. Teil der Versuche mit Eisenbetonbalken für die Jubiläumsstiftung der Deutschen Industrie). Berlin: VDI-Verlag 1922 (Forschungsarbeiten auf dem Gebiete des Ingenieurwesens, Heft 254).
- **Graf**, Otto: Widerstandsfähigkeit der Druckzone von Eisenbetonkörpern, welche auf Biegung beansprucht sind. Ernst & Sohn 1922 (Deutscher Ausschuss für Eisenbeton, Heft E).
- **Graf**, Otto; **Mörsch**, Emil: Verdrehungsversuche zur Klärung der Schubfestigkeit von Eisenbeton. Berlin: VDI-Verlag 1922 (Forschungsarbeiten auf dem Gebiete des Ingenieurwesens, Heft 258). (Otto **Graf**: Versuchsdurchführung und Versuchsergebnisse; Emil **Mörsch**: Statische Auswertung der Versuchsergebnisse).
- **Graf**, Otto: Ergebnisse neuerer Untersuchungen von Baustoffen und Baukonstruktionen. Bauzeitung 19 (1922), H. 30, S. 225-226; H. 38, S. 301-302; H. 42, S. 332-335.

Holz (1)

- **Graf**, Otto: Untersuchung über die Widerstandsfähigkeit von Schraubenverbindungen in Holzkonstruktionen. In: Bauingenieur 3 (1922), H. 4, S. 100-104; H. 5, S. 141-145.

Jahr 1923 (16)

Mörtel und Beton(13)

- **Graf**, Otto: Beziehungen zwischen Druckfestigkeit und Druckelastizität des Betons bei zulässiger Anstrengung desselben. In: Beton und Eisen 22 (1923), H. 1, S. 4-5.
- Graf, Otto: Über die Druckfestigkeit des Betons. Aus neueren Untersuchungen. In: Tonindustrie-Zeitung 47 (1923), H. 14, S. 99-100.

- **Graf**, Otto: Zur Bestimmung der zweckmäßigen Zusammensetzung des Betons. In: Beton und Eisen 22 (1923), H. 4, S. 49-51.
- **Graf**, Otto: Der Aufbau des Mörtels im Beton. Beitrag zur Vorausbestimmung der Festigkeitseigenschaften des Betons auf der Baustelle. Untersuchung über die zweckmäßige Zusammensetzung des Zementmörtels im Beton, namentlich über den Einfluss der Korngröße des Sandes auf die Druckfestigkeit und das Raumgewicht des Zementmörtels. Berlin: Springer 1923.
- **Graf**, Otto: Aus neueren Versuchen über die Widerstandsfähigkeit von Beton gegen Abnutzung. In: Deutsche Bauzeitung (1923), H.1, S. 8.
- **Graf**, Otto: Untersuchungen und Erfahrungen über die Wasserdurchlässigkeit von Mörtel und Beton. In: Bauingenieur 4 (1923), H. 8, S. 221-226.
- **Graf**, Otto: Aus Untersuchungen über die Wasserdurchlässigkeit von Mörtel und Beton. In: Z.-VDI 67 (1923), S. 598; Tonindustrie-Zeitung (1924), S. 33ff.
- **Graf**, Otto: Zweckmäßige Zusammensetzung des Betons und Vorausbestimmung seiner Druckfestigkeit auf der Baustelle. In: Gesundheits- Ingenieur 46 (1923), S. 243-245.
- **Graf**, Otto: Über die Wirkung von Traßmehl und anderen Steinmehlen auf die Widerstandsfähigkeit von Zementmörtel und Beton. In: Beton und Eisen 22 81923), H. 14, S. 185-186.
- **Graf**, Otto: Versuche über die Widerstandsfähigkeit von Beton- und Eisenbetonrohrenngegen Innendruck. In. Bauingenieur 4 (1923), H. 15, S. 441-448.
- **Graf**, Otto: Aus neueren Versuchen über die Druckfestigkeit des Betons. In: Tonindustrie-Zeitung 47 (1923), H. 94, S. 715-716.
- **Bach**, Carl; **Graf**, Otto: Versuche mit zweiseitig aufliegenden Eisenbetonplatten bei konzentrierter Belastung. 2. Teil (Hauptversuche). Berlin: Ernst & Sohn 1923 (Deutscher Ausschuss für Eisenbeton, Heft 52).
- **Graf**, Otto: Beitrag zur statischen Auswertung der Versuchsergebnisse. In: Versuche mit zweiseitig aufliegenden Eisenbetonplatten bei konzentrierter Belastung. Berlin: Ernst & Sohn 1923 (Deutscher Ausschuss für Eisenbeton, Heft 52, S. 45-51).

Holz (1)

- **Graf**, Otto: Holz als Baustoff. Ergebnisse neuerer Versuche mit Holz. In: Bauzeitung 20 (1923), H. 5, S. 41-42; H. 10, S. 79-81.

Andere (2)

- **Graf**, Otto: Aus amerikanischen Brandversuchen. In: Beton und Eisen 22 (1923), H. 2, S. 18; H. 3, S. 30-32
- **Graf**, Otto: Der deutsche Betonverein und die Materialprüfung. In: Tonindustrie-Zeitung 47 (1923), S. 782.

Jahr 1924 (8)

Mörtel und Beton (6)

- **Graf**, Otto: Versuche über Druckelastizität und Druckfestigkeit von Mauerwerk, namentlich zur Ermittlung verschiedener Mörtel auf die Druckelastizität von Beton- und Backsteinmauerwerk. In: Beton und Eisen 23 (1924), H. 5, S. 52-58; H. 6, S. 65-72, auch als Sonderandruck im Verlag Ernst & Sohn, Berlin, erschienen. Vgl. auch Bautechnik 2 (1924), H. 14, S. 151-152.
- **Graf**, Otto: Rückblicke und Ausblicke für die Forschung auf dem Gebiet des Beton- und Eisenbetonbaus. In: Tonindustrie-Zeitung 48 (1924), S. 339.
- **Graf**, Otto: Beobachtungen über die Lagerbeständigkeit von Zementen. In: Beton und Eisen 23 (1924), H. 14, S. 190-191.
- **Graf**, Otto: Höherwertige Zemente. In: Z.-VDI 68 (1924), H. 33, S. 853-856.
- **Graf**, Otto: Weitere Untersuchungen über die zweckmäßige Kornzusammensetzung des Zementmörtels im Beton. In: Bauingenieur 5 (1924), H. 22, S. 736-740.
- **Graf**, Otto: Beobachtungen über die Lagerbeständigkeit von Zementen. In: Beton und Eisen 23 (1924), H. 14, S. 190-191;

Andere (2)

- **Graf**, Otto: Bemerkungen über höherwertige Baustoffe, ihre Bedeutung und Beurteilung. In: Bauzeitung 34 (1924), H. 18, S. 167-168.
- **Graf**, Otto: Neuere Untersuchungen über die Druckelastizität und Druckfestigkeit von Mauerwerk. In: Z.-VDI 68 (1924), H. 44, S. 1157.

Jahr 1925 (10)

Mörtel und Beton (6)

- **Graf**, Otto: Beobachtungen über die Lagerbeständigkeit von Zementen (Fortsetzung). In: Beton und Eisen 24 (1925), H. 3, S. 36-37.
- **Graf**, Otto: Weitere Beobachtungen zur Vorausbestimmung der Mindestdruckfestigkeit von betonwürfeln. In: Zement 14 (1925), H. 8, S. 156-157.
- **Graf**, Otto: Erhärtungsbeginn und Bindezeit verschiedener Zemente bei niederer Temperatur ohne und mit Chlorcalcium. In: Zement 14 (1925), G. 10, S. 213-214.
- **Graf**, Otto: Bemerkungen über die Größe der Nuten im Aufsatzkasten zu den Formen der Würfel mit 7 cm Kantenlänge. In: Zement 14 (1925), H. 18, S. 406.
- **Graf**, Otto: Die zweckmäßige Kornzusammensetzung im Beton. In: Bauwelt 35 (1925), S. 530-531.
- **Kleinlogel – Hundeshagen – Graf**: Einflüsse auf Beton. Berlin: Ernst & Sohn 1925. Graf, Otto: Abschnitte: Abdichtung des Betons gegen gewöhnliches Wasser – Abnützung – Anstriche – Bauwerkfestigkeit – Elastizität des Zementmörtels und des Betons – Gussbeton – Handmischung und Maschinenmischung – Kornzusammensetzung – Vorausbestimmung der Druckfestigkeit des Betons – Schwinden und Quellen – Wasserzusatz – Wasserlagerung – Zusätze.

Glas (2)

- **Graf**, Otto: Versuche über die Elastizität und Festigkeit von Glas als Baustoff. In: Glastechnische Berichte 3 (1925), H. 5, S. 153-194.
- **Graf**, Otto: Elastizität und Festigkeit von Glas als Baustoff. In: Bautechnik 3 (1925), H. 45, S. 640.

Andere (2)

- **Graf**, Otto: Einige Untersuchungen, die zur Klärung der Ursache von Bauschäden im Wasserbau beizutragen hatten. In: Beton und Eisen 24 (1925), H. 4, S. 51-56.
- **Graf**, Otto: Die Festigkeitseigenschaften der Baustoffe, ihre Ermittlung und Ausnützung. In: Städtebaunummer der Rheinisch-Westfälischen Zeitung v. 26. Juli 1925, Nr. 424.

Jahr 1926 (24)

Mörtel und Beton (12)

- **Graf**, Otto: Über die zweckmäßige Zusammensetzung des Betons. In: Beton und Eisen 25 (1926), H. 6, S. 119-120.
- **Graf**, Otto: Beton bestimmter Widerstandsfähigkeit. In: Z.-VDI 70 (1926), H. 12, S. 411-414.
- **Graf**, Otto: Versuche mit großen Mauerpfeilern. Druckelastizität und Druckfestigkeit von Mauerwerk bei Verwendung von verschiedenen Mauersteinen und verschiedenen Mörteln. In: Bautechnik 4 (1926), H. 16, S. 229-232; H. 17, S. 254-256.
- **Graf**, Otto: Über die Kornzusammensetzung des Betons. In: Bauingenieur 7 (1926), H. 20, S. 398-402.
- **Graf**, Otto: Untersuchungen über das Schwinden und Quellen von Zementmörtel bei Verwendung von Zementen verschiedener Mahlung und verschiedener Herkunft. In: Zement 15, H. 26, S. 459-461; H. 27, S. 475-477.
- **Graf**, Otto: Die Siebprobe, die Setzprobe, die Ausbreitungsprobe (Fließ- oder Rüttelprobe) und ihre Anwendung. In: Beton und Eisen 25 (1926), H. 12, S. 219-213.
- **Graf**, Otto: Würfel oder Zylinder? In: Beton und Eisen 25 (1926), H. 14, S. 267 (Zuschrift).
- **Graf**, Otto: Schwinden von Prismen aus Zementmörtel mit verschiedenen Mischungsverhältnissen. In: Zement 15 (1926), H. 35, S. 613-614.

- **Graf**, Otto: Zur Setz- und Ausbreitprobe. In: Beton und Eisen 25 (1926), H. 19, S.363 (Zuschrift).
- **Graf**, Otto: Versuche mit allseitig aufliegenden, rechteckigen Eisenbetonplatten unter gleichmäßig verteilter Belastung. Zweiter Teil. Berlin: Ernst & Sohn 1926 (Deutscher Ausschuss für Eisenbeton, Heft 56).
- **Graf**, Otto: Über die Bewehrung allseitig aufliegender rechteckiger Eisenbetonplatten. In: Beton und Eisen 25 (1926), H. 19, S. 358-361.
- **Graf**, Otto: Die wichtigsten Baustoffe für den Eisenbetonbau, ihre wesentlichen Eigenschaften, ihre zweckmäßige Verwendung und Behandlung. In: Entwurf und Berechnung von Eisenbetonbauten. 1. Band. Stuttgart: Wittwer 1926, 1. Kapitel.

Straßenbeton(2)

- **Graf**, Otto: Bemerkungen über Materialprüfungen für den Straßenbau. In: Bauzeitung 23 (1926),, H. 37, S. 302-303.
- **Graf**, Otto: Über Straßenbaumaschinen. In: Bauzeitung 23 (1926), H. 37, S. 304.

Glas (5)

- **Graf**, Otto: Besondere Festigkeitseigenschaften von Kristall-Spiegelglas. In: Mitteilungen des Vereins deutsche Spiegelglas-Fabriken (1926), H. 5, S. 144-146.
- **Graf**, Otto. Glas als Baustoff. Die Beurteilung nach den Erfordernissen des Ingenieurs im Bauwesen. In. Bauzeitung 23 (1926), H. 20, S. 162-163.
- **Graf**, Otto: Festigkeitseigenschaften von Drahtspiegelglas. In: Mitteilungen des Vereins deutschen Spiegelglas-Fabriken (1926), S. 205-208.
- **Graf**, Otto: Biegungsfestigkeit von Spiegelglas vor und nach Schleifen. In: Mitteilungen des Vereins deutscher Spiegelglas-Fabriken (1926), H. 7, S. 205-208; Glastechnische berichte 4 (1926), S. 308.
- **Graf**, Otto: Glas als Baustoff im Eisenbeton. Über die Versuche mit Bauteilen aus Eisenbeton und Glas. In: Glastechnische Berichte 4 (1926), H. 9, S. 332.339.

Andere (5)

- **Graf**, Otto: Versuche über die Druckfestigkeit von Basalt, Gneis, Muschelkalk, Quarzit, Granit, Bundsandstein, sowie von Hochofenstückschlacke. In: Beton und Eisen 25 (1926), H. 22, S. 399-406.
- **Graf**, Otto: Druckversuche mit Profileisen. In: Bauingenieur 7 (1926), H. 14, S. 277-280.
- **Graf**, Otto: Zur Beantwortung von drei gestellten Fragen über die Widerstandsfähigkeit von Baustoffen. Vortrag, gehalten im Württ. Verein für Baukunde am 12. Nov. 1925 (Auszug) In: Beton und Eisen 25 (1926), H. 3, S. 49-50.
- **Graf**, Otto: Baukontrolle. Diskussionsbeitrag. In: Beton und Eisen 25 (1926), H. 5, S. 102-103.
- **Graf**, Otto: Über die Elastizität der Baustoffe. Die wichtigsten Erkenntnisse über die Widerstandsfähigkeit der Baustoffe gegen wiederholte Belastung bei gewöhnlicher Temperatur. In: Bautechnik 4 (1928), H. 33, S. 478-481; H. 34, S. 491-495; H. 36, S. 516-518; H. 37, S. 527-529; H. 38, S. 539-541.

Jahr 1927 (21)

Mörtel und Beton (8)

- **Graf**, Otto: Der Aufbau des Mörtels im Beton. Untersuchungen über die zweckmäßige Zusammensetzung des Betons und des Zementmörtels im Beton. Hilfsmittel zur Vorausbestimmung der Festigkeitseigenschaften des Betons auf der Baustelle. Versuchsergebnisse und Erfahrungen aus der Materialprüfungsanstalt an der Techn. Hochschule Stuttgart. 2. Auflage. Berlin: Springer 1927.
- **Graf**, Otto: Die wichtigsten Ergebnisse der in den Jahren 1906 bis 1926 in der Materialprüfungsanstalt an der Technischen Hochschule Stuttgart ausgeführten Versuche über Raumänderungen von Zement, Zementmörtel, Beton und Eisenbeton, Kalk und Kalkmörtel (Schrumpfen, Schwinden, Quellen). Berlin. VDI-Verlag 1927. (Forschungsarbeiten, Heft 295, herausgegeben vom Verein Deutscher Ingenieure). Festschrift zum 80. Geburtstag von C. Bach.
- **Graf**, Otto: Versuche über den Einfluss niederer Temperatur auf die Widerstandsfähigkeit von Zementmörtel und Beton. Berlin: Ernst & Sohn 1927 (Deutscher Ausschuss für Eisenbeton, Heft 57).

- **Graf**, Otto: Aus Versuche über das Verhalten von Zementmörtel in angreifenden Flüssigkeiten. In: Bauingenieur 8 (1927), H. 31/32, S. 557-561.
- **Graf,** Otto: Aus Versuchen über den Einfluss von Chlorcalcium auf die Druckfestigkeit und die Raumänderungen von Zementmörtel und Beton. In: Zement 16 (1927), H. 34, S. 776-777.
- **Graf**, Otto: Über wichtige Voraussetzungen zur derzeitigen Zementprüfung. Ergänzung der Zementprüfung durch Verwendung weich oder flüssig angemachter Mörtel mit gemischtkörnigen Sanden. In: Tonindustrie-Zeitung 51 (1927), H. 86, S. 1564-1565.
- **Graf**, Otto: Versuche mit Kiessanden verschiedener Herkunft. Zulässige Kornzusammensetzung des Betons für Eisenbetonbauten. In: Bauingenieur 8 (1927), H. 50, S. 916-820.
- **Graf**, Otto: Über das Verhalten von Mörtel und Beton bei niederen Temperaturen. In: Beton und Eisen 26 (1927), H. 13, S. 244-252.

<u>Straßenbeton(2)</u>

- **Graf,** Otto: Beton für den Straßenbau. In: Betonstraße 2 (1927), H. 9, S. 204-205.
- **Graf**, Otto: Über Versuche zur Ermittlung des Widerstandes von nichtmetallischen Baustoffen gegen Abnutzung. In: Straßenbau 18 (1927), H. 33, S. 563-567.

<u>Holz (3)</u>

- **Graf,** Otto: Versuche mit Waldsägen. In: Forstliche Wochenschrift Siva 15 (1927), H. 22723, S. 169-173, Tafel 1 und 2; ferner in: Deutsche Metall-Industrie-Zeitung (1928), H. 6, S. 304-308.
- **Graf**, Otto: Verwendung des Holzes zu Bauteilen. In: Baumann-Lang: Das Holz als Baustoff. 2. Aufl. München: Kreidel 1927.
- **Graf**, Otto: Bauholz. Aus den Ergebnissen der seit 1914 in Deutschland ausgeführten Versuche mit Holz. Kongress des neuen Internationalen Verbandes für Materialprüfungen. Amsterdam 1927.

<u>Glas (4)</u>

- **Graf**, Otto: Glas als Baustoff im Eisenbeton. Über Versuchen mit Bauteilen aus Eisenbeton und Glas (Fortsetzung). In: Glastechnische Berichte 5 (1927), H. 9, S. 373-379.
- **Graf,** Otto: Versuche mit Glasplatten über Öffnungen in Eisenbetondecken. In: Beton und Eisen 26 (1927), H. 5, S. 77-82; Glastechnische Berichte 5 (1927), S. 183.
- **Graf,** Otto: Versuche mit dickem Rohglas und Dickem Drahtglas. In: Mitteilungen des Vereins deutscher Spiegelglas-Fabriken (1927), H. 3, S. 77-81.
- **Graf**, Otto: Versuche über den Widerstand von Rohglas gegen Abnützung. In: Mitteilungen der deutschen Spiegelglas-Fabriken (1927), S. 244-252; Glastechnische Berichte 5 (1927), s. 228.

<u>Andere (4)</u>

- **Graf**, Otto: Materialprüfung für das Bauwesen. In Baumeister-Zeitung, Stuttgart (1927), H. 4, S. 42-43.
- **Graf**, Otto: Materialprüfung bei der Bestellung. Abnahme und Verarbeitung der Baustoffe. Für Bauplatz und Werkstatt. In: Mitteilungen der Württ. Beratungsstelle für das Baugewerbe. Stuttgart 22 (1927), H. 7, S. 37-40.
- **Baumann**, Richard; **Graf,** Otto: Die Entwicklung der Materialprüfungsanstalt an der Technischen Hochschule Stuttgart seit 1906. In: Z-VDI (1927), H. 42, S. 1468-1470).
- **Graf,** Otto: Gutachten über das Auftauen von Wasserleitungen mit Lötlampen. Feststellungen über die Entflammung von Baustoffen durch Benzinlötlampen. In: Württ. Brandversicherungsanstalt (Hrsg.): Die Gefährlichkeit der Lötlampe beim Auftauen von Wasserleitungen. Stuttgart 1927.

Jahr 1928 (28)

<u>Mörtel und Beton (12)</u>

- **Graf**, Otto: Die Baustoffe des Beton- und Eisenbetonbaus. Berlin. De Gruyter 1928. (Sammlung Göschen, Band 984).
- **Graf,** Otto: Gussbeton und Normfestigkeit. Beitrag zu einer Diskussion über die Prüfung der Zemente. In: Tonindustrie-Zeitung 52 (1928), H. 22, S. 415-417.

- **Graf**, Otto: Versuche über den Einfluss von Traßmehl und anderen Steinmehle auf die Zug- und auf die Druckfestigkeit, auf die Wasserdurchlässigkeit, sowie auf den Widerstand gegen chemische Angriffe des Zementmörtels. Zweiter Teil. In: Zement 17 (1928), H. 11, S. 432-437; H. 12, S. 492-497; H. 13, S. 543-548.
- **Graf**, Otto: Druckfestigkeit, Biegefestigkeit, Schwinden und Quellen. Abnützungswiderstand, Wasserdurchlässigkeit und Widerstand gegen chemischen Angriff von Zementmörtel und Beton, namentlich bei verschiedener Kornzusammensetzung der Mörtel. Auszug aus einem Vortrag, gehalten auf der 31. Hauptversammlung des Deutschen Betonvereins in München, 1928. In: Tonindustrie-Zeitung 52 (1928), H. 38, S. 760-763.
- **Graf**, Otto: Über das Verhalten von Mörtel und Beton bei tiefen Temperaturen. Vortrag, gehalten auf der 30. Hauptversammlungen des Deutschen Betonvereins. In: Bericht über die 30. Hauptversammlung des Deutschen Beton-Vereins 1927. Berlin (1928).
- **Graf**, Otto: Untersuchung von Zementmörtel und Beton. Druckfestigkeit, Biegefestigkeit, Schwinden und Quellen. Abnützungswiderstand und Wasserdurchlässigkeit von Zementmörtel und Beton. In: Baumarkt (1928), S. 703f.
- **Graf**, Otto: Aus neueren Versuchen über die Druckfestigkeit, Biegefestigkeit, Schwinden und Quellen, Abnützungswiderstand, Wasserdurchlässigkeit und Widerstand gegen chemischen Angriff von Zementmörtel und Beton. In: Beton und Eisen 27 (1928), H. 13, S. 247-255.
- **Graf**, Otto: Über Maßnahmen zur Herstellung von hochwertigen Mörteln und über die Erlangung von Mörteln bestimmter Festigkeit mit geringstem Zementaufwand. In: Betonwerk 16 (1928), H. 29, S. 505-510; H. 30, S. 521-525.
- **Graf**, Otto: Druckfestigkeit, Biegefestigkeit, Schwinden und Quellen. Abnützungswiderstand, Wasserdurchlässigkeit und Widerstand gegen chemischen Angriff von Zementmörtel und Beton, namentlich bei verschiedener Kornzusammensetzung und bei verschiedenem Wasserzusatz der Mörtel. In: Zement 17 (1928), H. 40, S. 1464-1470; H. 41, S. 1500-1506; H. 42, S. 1530-1535; H. 45, S. 1632-1636; H. 46, S. 1661-1665; H. 47, S. 1692-1698.
- **Graf**, Otto: Diskussionsbeitrag zu Faber über Plastic Yield, Shrinkage and other Problems of Concrete. Proceeding of the Institution of Civil Engineers (1928), S. 101.
- **Graf**, Otto: Nachbehandlung von Beton ohne Wasser. In: Tonindustrie-Zeitung 52 (1928), F. 104, S. 2080.
- **Graf**, Otto: Versuche mit Eisenbetonbalken zur Ermittlung der Widerstandsfähigkeit verschiedener Bewehrung gegen Schubkräfte. Fünfter Teil. Berlin: Ernst & Sohn 1928 (Deutscher Ausschuss für Eisenbeton, Heft 58).

<u>Straßenbaumaterial (2)</u>

- **Graf**, Otto: Die Prüfmaschine für Verkehrsmittel in der Materialprüfungsanstalt an der Technischen Hochschule in Stuttgart. In: Straßenbau 19 (1928), H. 14, S. 228-230.
- **Graf**, Otto: Die Prüfmaschine für Verkehrsmittel in der Materialprüfungsanstalt der Technischen Hochschule Stuttgart. In: Schweizerischen Zeitung für Straßenwesen (1928), H, 10.

<u>Holz (4)</u>

- **Graf**, Otto: Bauholz. Aus dem Ergebnissen der seit 1914 in Deutschland ausgeführten Versuche mit Holz. In: Bauingenieur 9 (1928), H. 1, S. 9-15.
- **Graf**, Otto: Knickversuche mit Bauholz. In: Bautechnik 6 (1928), H. 15, S. 209-212.
- **Graf**, Otto: Versuche über die Druckelastizität und Druckfestigkeit von Tannenholz und von Eichenholz nach oftmals wiederholter Belastung und Entlastung. In: Bautechnik 6 (1928), H. 30, S. 436-441.
- **Graf**, Otto: Holz und Holzverbindungen für den Hausbau. Vorgetragen im Deutschen Ausschuss für wirtschaftliches Bauen im September 1928 in München. Veröffentlicht im Band 6 der Veröffentlichungen dieses Ausschusses, S. 42f.

<u>Glas (4)</u>

- **Graf**, Otto: Glas als Baustoff. Auszug aus einem Vortrag, gehalten am 26. Januar 1928 im Württ. Verein für Baukunde. In: Baugilde 10 (1928), H. 5, S. 341-344.
- **Graf**, Otto: Versuche mit großen Glasplatten auf eisernen Sprossen. In: Z.-VDI 72 (1928), H. 17, S. 566-573.

- **Graf,** Otto: Aus Untersuchungen über das Verhalten des Glases bei konzentrierter Belastung. In: Glastechnische Berichte (1928), S. 183-186.
- **Graf,** Otto: Über neue Einrichtungen zur Prüfung von Bauglas durch Biegung und Schlagung. In: Glas-Industrie (1928), H. 8, S. 191f.

Andere (6)

- **Graf, Otto:** Baustoffprüfung. Neuer Versuche mit Zement, Beton, Magnesiamörtel, natürlichen und künstlichen Bausteinen, Mauerwerk, Holz, Eisen, Glas, Dachbelägen, Werkzeigen usf. In: Deutsches Bauwesen 4 (1928), H. 2, S. 40-43; H. 3, S. 58-86.
- **Graf,** Otto: Eindrücke von Werkstoffschau. Vortrag, gehalten im Ingenieurverein am 10. Januar 1928. In: Mitt. Der technisch-wissenschaftlichen Vereine Württembergs (1928), H. 2.
- **Graf,** Otto (Berichterstatter): Versuche über die Widerstandsfähigkeit und die Formänderung gewölbter Böden von 1300 und 2000 mm Durchmesser gegenüber äußerem Überdruck. In: Mitt. Der Vereinigung der Großkesselbesitzer (1928), H. 16.
- **Graf,** Otto: Baustoffe. Jahresschau der Technik 1927/28. In: Z.-VDI 72 (1928), H. 23, S. 788-789.
- **Graf,** Otto: Aus dem Unterricht in Baustofflehre und Materialprüfung. In: Stahlbau 1 (1928), H. 11, S. 123-127.
- **Graf,** Otto: Richard Baumann. Z.-VDI 72 (1928), H. 32, S. 1112.

Jahr 1929 (26)

Mörtel und Beton (13)

- **Graf**, Otto; **Brenner**, Erwin: Versuche über die Wärmedurchlässigkeit von Eisenbetonschornsteinen, durchgeführt an Eisenbetonhohlzylindern mit Ziegelfutter ohne und mit loser Füllung des Raumes zwischen Futter und Mantel. Versuchsbericht. In: Zement 18 (1929), H. 12, S. 379-384; H. 13, S. 414-420; H. 14, S. 446-453; H. 15, S. 478-484.
- **Graf,** Otto: Geräte zur Auswahl und Abnahme der Baustoffe für den Eisenbeton im Baubetrieb. In: Beton und Eisen 28 (1929), H. 5, S. 99-100.
- **Graf,** Otto: Über das Prüfen der Baustoffe auf der Baustelle. Vortrag. In: Mitteilungen der Forschungsgesellschaft für Wirtschaftlichkeit im Bau- und Wohnungswesen e. V. April 1929.
- **Graf,** Otto: Über die Bedeutung des Messens der Bestandsteile des Betons. Vortrag, gehalten am 10. März 1929 in Leipzig in einer Vortragsreihe der Deutschen Gesellschaft für Bauingenieurwesen und des Forschungsinstituts für Maschinenwesen im Baubetrieb an der Technischen Hochschule Berlin. In: Bautechnik 7 (1929), H. 20, S. 308-312.
- **Graf,** Otto: Messen der festen Bestandsteile des Betons nach Raummaß oder nach Gewicht? In. Baumaschine 2 (1929), H. 4, S. 8-12.
- **Graf,** Otto: Die wichtigsten Ergebnisse der Versuche mit Betonmischmaschinen. In: Z.-VDI 73 (1929), H. 23, S. 782-786.
- **Graf,** Otto: Aus versuchen über die Wärmedurchlässigkeit von Eisenbetonschornsteinen. Erörterungen über Beton zu Eisenbetonschornsteinen. In: World Engineering Congress, Tokio 1929 (Paper Nr. 506).
- **Graf,** Otto: Aus neueren Versuchen über die Widerstandsfähigkeit von Eisenbetonbalken gegen Schubkräfte. In: Z.-VDI 73 (1929), H. 35, S. 1245-1247.
- **Graf,** Otto: Aus neueren Versuchen mit Zement, Zementmörtel und Beton. In: Z.-VDI 73 (1929), H. 39, S. 1401-1404.
- **Graf,** Otto: Die wichtigsten Ergebnisse der Versuche mit Betonmischmaschinen. Und Diskussion hierzu. Bericht über die 32. Hauptversammlung des Deutschen Betonvereins in Berlin 1929, S. 363f und S. 391.
- **Kleinlogel – Hundeshagen – Graf**: Einflüsse auf Beton. 3. Aufl. Berlin: Ernst & Sohn 1929. Graf, Otto: Abschnitte: Abdichtung des Betons gegen gewöhnliches Wasser – Abnutzung von Zementmörtel und Beton – Anstriche und Pasten, die eine Verminderung der Wasserdurchlässigkeit herbeiführen sollen – Bauwerksfestigkeit – Behandlung des Zementmörtels und des Betons – Biegefestigkeit des Zementmörtels und des Betons – Elastizität des Zementmörtels und des Betons – Gussbeton – Handmischung, Maschinenmischung – Konsistenz und Konsistenzmessung – Kornzusammensetzung des Betons – Messen der Bestandsteile des Betons – Schwinden und Quellen von Zementmörtel und Beton – Siebprobe, Siebsatz – Steinmehle – Straßenbeton – Vorausbestimmung der Minderdruck-

festigkeit von Betonwürfeln – Wasserlagerung von Zementmörtel und Beton (auch Durchfeuchtung von ausgetrocknetem Beton) – Wasserzusatz – Zusätze, welche die Wasserdurchlässigkeit des Mörtels und des Betons vermindern sollen.

- **Graf,** Otto: Aus amerikanischen Versuchen mit Eisenbetonbalken zur Ermittlung der Widerstandsfähigkeit verschiedener Bewehrung gegen Schubkräfte. Berlin: Ernst & Sohn 1929 (Deutscher Ausschuss für Eisenbeton).
- **Graf,** Otto: Diskussionsbeiträge auf der 2. Internationalen Tagung für Brückenbau und Hochbau. Kongressbericht 1929. Wien: Springer, S. 245 (Über Sicherheitsgrad und Beanspruchung) und S. 451 (Über die Widerstandsfähigkeit von Eisenbetonbalken gegen Schubkräfte).

<u>Holz (7)</u>

- **Graf,** Otto: Holz und Holzverbindungen für den Hausbau. Vorgetragen im Deutschen Ausschuss für wirtschaftliches Baues im September 1928 in München. In: Veröffentlichungen dieses Ausschusses (1929), Bd. 6, S. 42f.
- **Graf,** Otto: Aus Untersuchungen mit Holz seit 1927. In: Maschinenbau – Der Betrieb 8 (1929), H. 9, S. 294-295.
- **Graf,** Otto: Weitere Untersuchungen über den Einfluss der Größe der Belastungsfläche auf die Widerstandsfähigkeit von Bauholz gegen Druckbelastung quer zur Faser (Belastung durch Stempel und Schwellen). In: Bauingenieur 10 (1929), H. 25, S. 437-439.
- **Graf,** Otto: Die Prüfung von Hölzern. Kraft und Stoff. In: Beilage zur Deutschen Allgemeinen Zeitung (1929), Nr. 25.
- **Graf,** Otto: Warum prüfen wir Hölzer? Auszug aus einem Vortrag gehalten am 24. Juni 1929 in Königsberg zur Hauptversammlung des Vereins Deutscher Ingenieure. In: Das Holz – Pößnecker Holzmarkt (1929), Nr. 79, S. 4.
- **Graf,** Otto: Über die Abnahme und Prüfung der Hölzer. In: Forstarchiv 5 (1929), H. 12, S. 239-242.
- **Graf,** Otto: Die Festigkeitseigenschaften der Hölzer und ihre Prüfung. In: Maschinenbau. Der Betrieb 8 (1929), H. 19, S. 641-648.

<u>Glas (2)</u>

- **Graf,** Otto: Aus neueren Schlagversuchen mit Glas. In: Glastechnische Berichte (1929), S. 582-584.
- **Graf,** Otto: Dauerversuche mit Glas. In: Glastechnische Berichte (1929), H. 4, S. 143-146.

<u>Andere (4)</u>

- **Graf,** Otto: Die Dauerfestigkeit der Werkstoffe und der Konstruktionselemente. Elastizität und Festigkeit von Stahl, Stahlguss, Gusseisen, Nichteisenmetall, Stein, Beton, Holz und Glas bei oftmaliger Belastung und Entlastung sowie bei ruhender Belastung. Berlin. Springer-Verlag 1929.
- **Graf,** Otto: Über die Widerstandsfähigkeit gegliederter Stäbe. In: Festschrift der Technischen Hochschule Stuttgart zur Vollendung ihres ersten Jahrhunderts 1829-1929. Berlin. Springer-Verlag 1929, S. 119-124.
- **Graf,** Otto: Die Materialprüfungsanstalt an der Technischen Hochschule Stuttgart im Dienst von Technik und Industrie. In: Industrieblatt Stuttgart (1929), Nr. 20, S. XI-XII.
- **Graf,** Otto: Welcher Aufgabe entspringt die Materialprüfung? Festschrift zum 50jährigen Bestand der städtischen Prüfungsanstalt für Baustoffe, Bundeshauptstadt Wien (1929), S. 49.

Jahr 1930 (28)

<u>Mörtel und Beton (17)</u>

- **Graf,** Otto: Einfluss der Körnung des Zements? In: Zement 19 (1930), H. 3, S. 48-49.
- **Graf,** Otto: Versuche über das Verhalten von Zementmörtel in heißem Wasser. Berlin: Ernst & Sohn 1930 (Deutscher Ausschuss für Eisenbeton, Heft 62).
- **Graf,** Otto: Der Aufbau des Mörtels im Beton. Untersuchungen über die zweckmäßige Zusammensetzung der Mörtel und des Betons. Hilfsmittel zur Vorausbestimmung der Festigkeitseigenschaften des Betons auf der Baustelle. Versuchsergebnisse und Erfahrungen aus der

Materialprüfungsanstalt an der Technischen Hochschule Stuttgart, 3. neubearbeitete Aufl. Berlin: Springer 1930.

- **Graf**, Otto: Wichtige Zementeigenschaften für die der Zementverbraucher und Lieferer noch keine Gewährleistung erhält. In: Cement and Cement Manufacture, London (1930), S. 179. Essential Properties of Cement not yet guaranteed by the Manufacture. In: Cement and Cement Manufacture, London (1930), S. 30 ; Les propriétés essentielles du ciment non encore garanties par le fabricant. In: Cement and Cement Manufacture, London (1930), S. 113; Propriedades esenciales del cemento no garantizadas todavia por el fabricante. In: Cement and Cement Manufacture, London (1930), S. 233.
- **Graf**, Otto: Äußerungen betr. Versuchslage für Beton-Spritzverfahren mit Flottmann-Kompressoren. In: Bohrhammer (1930), H. 5/6, S. 88.
- **Graf,** Otto: Aus Beobachtungen in Russland. In: Beton und Eisen 29 (1930), S. 247.
- **Graf,** Otto: Auswahl und Abnahme von Sand und Kies zu Beton, insbesondere zu Eisenbeton. Vorgetragen auf der 12. Hauptversammlung des Bundes der Sand- und Kieswerke Deutschlands am 25. Juni 1930 in Bremen. In: Tonindustrie-Zeitung 54 (1930), H. 71, S. 1159-1160; H. 72, S. 1175-1177; H. 74, S. 1203-1205.
- **Graf,** Otto: Untersuchungen über den Schutz des Betons gegen angreifende Wässer. In: Zement 19 (1930), S. 936-941.
- **Graf**, Otto: Ein Beitrag zu der Frage: „Erfolgt die Erhärtung des Betons im Innern massiger Konstruktionsglieder langsamer als im Probewürfel?“ In: Bauingenieur 11 (1930), S. 726-728.
- Graf, Otto: Untersuchungen über die Widerstandsfähigkeit von Mörtel und Beton für große Bauwerke und für Zementwarenfabriken. Erste Mitteilungen des Neuen Internationalen Verbanden für Materialprüfungen, Zürich 1930, S. 88-93.
- **Graf**, Otto: Die Wärmedurchlässigkeit von Eisenbetonschornsteinen. In: Arch. für Wärmewirtschaft und Dampfkesselwesen 11 (1930), H. 1, S, 23-24.
- **Graf**, Otto; **Goebel**, Hermann: Schutz der Bauwerke gegen chemische und physikalische Angriffe. Ernst & Sohn Verlag Berlin 1930, darin Otto Graf:
    - S. 40-48: Zusammensetzung, Verarbeitung und Behandlung des Betons, der chemischen Angriffen ausgesetzt wird,
    - S. 58-61: Verhalten von erhärtetem Mörtel und Beton in Luft und Wasser mit hoher Temperatur,
    - S. 61-67: verhalten von Mörtel und Beton bei niederer Temperatur
    - S. 185-188: Einfluss hoher Temperatur auf die Widerstandsfähigkeit von Stahl,
    - S. 204-210: Eigenschaften der technisch wichtigen Hölzer in Bezug auf ihre Erhaltung.
- **Graf**, Otto: Die wichtigsten Ergebnisse der Versuche mit Eisenbeton. In: Handbuch für Eisenbeton. I. Band, 4. neubearbeitete Aufl. Berlin: Ernst & Sohn 1930, S. 32-240
- **Graf**, Otto: Mitteilungen aus neueren Versuchen über die Bewehrung von Eisenbetonbalken gegen Schubkräfte. In: Bauingenieur 11 (1930), H. 18, S. 307-310.
- **Graf,** Otto: Versuche mit verschiedenen Kiessanden, namentlich zur Beurteilung der für gewöhnlichen Eisenbeton und der für Eisenbeton mit besonders guter Kornzusammensetzung zu wählenden Körnungen. Versuche mit Würfeln verschiedener Größe. Einfluss der Art der Ermittlung der Würfelfestigkeit. Vorausbestimmung der Druckfestigkeit des Betons. Berlin: Ernst & Sohn 1930 (Deutscher Ausschuss für Eisenbeton, Heft 63).
- **Graf**, Otto: Über die Kornbegrenzung von Sand und Kies zu Eisenbeton. In: Bautenschutz (1930), H. 10, S. 130-134.
- **Graf**, Otto: Untersuchungen über die Widerstandsfähigkeit von Mörtel und Beton für große Bauwerke und für Zementfabriken. In: Erste Mitteilungen des Neuen internationalen Verbandes für Materialprüfungen. Zürich 1930, 88-93.

<u>Straßenbeton (1)</u>

- **Graf,** Otto: Untersuchungen über den Abschleifwiderstand von Baustoffen, insbesondere von Gesteinen. In: Straßenbau 21 (1930), H. 33, S. 579-588.

<u>Holz (8)</u>

- **Graf**, Otto: Druck- und Biegeversuche mit gegliederten Stäben aus Holz. (Forschungsarbeiten auf dem Gebiete des Ingenieurwesens, Heft 319). In: VDI-Verlag Berlin 1930.

- **Graf**, Otto: Druck- und Biegeversuche mit vollen und gegliederten Stäben aus Holz. In: Z.-VDI 74 (1930), H. 4, S. 121-122.
- **Graf**, Otto: Biegeversuche mit verdübelten Holzbalken. In: Bauingenieur 11 (1930), H. 10, S. 157-160.
- **Graf**, Otto: Versuche über die Widerstandsfähigkeit von Knotenpunktverbindungen aus Bauholz. In: Bauingenieur 11 (1930), H. 16, S. 277-282.
- **Graf**, Otto: Über wichtige technischen Eigenschaften der Hölzer. In: Maschinenbau Der Betrieb 9 (1930), H. 11, S. 375-379.
- **Graf**, Otto; **Brenner**, Erwin: Über einige Eigenschaften der Hölzer. In: Bauzeitung 40 (1930), H. 24, S. 277-270.
- **Graf**, Otto: Versuche mit Sperrholz für Tragteile. In: Sperrholz (1930), H. 13, S, 233-234.
- **Graf**, Otto: Eigenschaften der technisch wichtigsten Hölzer in Bezug auf ihre Erhaltung. In: Graf, Otto; H. Goebel: Schutz der Bauwerke gegen chemischen und physikalische Angriffe. Berlin: Ernst & Sohn 193.

Andere (2)

- **Graf**, Otto: Über die Dauerfestigkeit der Werkstoffe. In: Baumaschinen und Baubetrieb (1930), H. 8, S. 12-13.
- **Graf**, Otto: Arbeitet mit den Ergebnissen der Forschung. In: Baumarkt 29 (1930), H. 47.

Jahr 1931 (24)

Mörtel und Beton (9)

- **Graf**, Otto: Versuche mit Spritzmörteln. In: Mitteilungsblatt 9 der Reichsforschungs-Gesellschaft für Wirtschaftlichkeit im Bau- und Wohnungswesen e. V., Berlin 1931.
- **Graf**, Otto: Versuche über die Wasserdurchlässigkeit von Zementmörtel und Beton, insbesondere über den Einfluss der Körnung des Sandes, der Kiesmenge usf. Wasseraufnahmen und Wasserabgabe von Zementmörtel und Beton. Versuche mit gespritzten Mörteln. Berlin, Ernst & Sohn 1931 (Deutscher Ausschuss für Eisenbeton, Heft 65).
- **Graf**, Otto. Über die wichtigsten Eigenschaften des Betons, über ihre praktische Bedeutung und über die Nutzbarmachung der Erkenntnisse. Referat für den Kongress des neuen Internationalen Verbandes für die Materialprüfungen der Technik, Zürich 1931. In: Kongressbuch Zürich, S. 969 bis 1054.
- **Garborz**, Georg; **Graf**, Otto: Leistungsversuche an Mischmaschinen. In: Mitteilungen des Forschungsinstituts für Maschinenwesen bei Baubetrieb, Heft 1. 1931.
- **Graf**, Otto. Einiges über das Verhalten von Mörtel und Beton bei Lagerung in angreifenden Flüssigkeiten. Internationaler Verband für Materialprüfung, Kongress Zürich 1931, S. 656.
- **Graf**, Otto: Über die Schubsicherung der Eisenbetonbalken. In: Bauingenieur 12 (1931), H. 24, S. 442-446.
- **Graf**, Otto: Versuche mit Eisenbetonbalken zur Ermittlung der Widerstandsfähigkeit verschiedener Bewehrung gegen Schubkräfte. Berlin: Ernst & Sohn 1931 (Deutscher Ausschuss für Eisenbeton, Heft 67).
- **Graf**, Otto: Diskussionsbeitrag: „ Druckfestigkeit von Eisenbetonsäulen". In: Internationaler Verband für Materialprüfung, Kongress Zürich 1931, S. 1209-1210.
- **Graf**, Otto: Über die Kornbegrenzung von Sand und Kies zu Eisenbeton. In: Bautenschutz (1931), H. 1, S. 8-12.

Straßenbeton (3)

- **Graf**, Otto: Eine neue Einrichtung zur Bestimmung der Reibung von Kraftwagenreifen auf Fahrbahnflächen. In: Straßenbau 22 (1931), H. 9, S. 133-134.
- **Graf**, Otto: Diskussionsbeitrag zu dem Vortrag „Fatigue stresses with special reference tot he breakage of rolls" von Prof. Frederic Bacon. In: Proceedings of the South Wales Institute of Engineers 47 (1931), H. 2, S. 297-298.
- **Graf**, Otto: Diskussion über Hartgestein. In: Straßenbau 22 (1931), S. 442.

Holz (3)

- **Graf,** Otto: Aus Versuchen mit hölzernen Stützen und mit Baustangen. In: Bauingenieur 12 (1931), H. 49, S. 862-865.
- **Graf,** Otto: Diskussionsbeitrag zur Frage der „Scherfestigkeit des Holzes". In: Internationaler Verband der Materialprüfung, Kongress Zürich 1931, S. 174.
- **Graf,** Otto: Diskussionsbeitrag zu den „Mitteilungen über die Eigenschaften der Hölzer". In: Internationaler Verband der Materialprüfung, Kongress Zürich 1931, S. 192.

Andere (9)

- **Graf,** Otto: Einige Bemerkungen über die Wahl der zulässigen Anstrengungen der Werkstoffe. In: Maschinenbau, Der Betrieb 10 (1931), H. 3, 84-85.
- **Graf,** Otto: Lebenslauf von Professor R. Baumann. Deutsches Biographisches Jahrbuch 1928 Stuttgart und Berlin. In: Deutsche Verlags-Anstalt 1931.
- **Graf,** Otto: Über die Prüfung der Werkstoffe. Grundsätzliches und neuere Forschungsergebnisse. In: Z.-VDI 75 (1931), H. 18, S. 537-542.
- **Graf,** Otto: Die Normung der Baustoffe und Baustoffprüfungen. Vortrag, gehalten auf der Reichs-Baunormen-Tagung am 16. Juni 1931 in Berlin In. DIN-Normung (1931), S. 39-50.
- **Graf,** Otto: Einiges über die Windlasten. In: Z.-VDI 75 (1931), H. 39, S. 1230-1232.
- **Graf,** Otto: Dauerfestigkeit von Stählen mit Walzhaut ohne und mit Bohrung, von Niet- und Schweißverbindungen. Berlin. In: VDI-Verlag 1931.
- **Graf,** Otto: Einige Bemerkungen über die Ermittlung der Dauerfestigkeit und der zulässigen Anstrengungen der Werkstoffe. In: Stahlbau 4 (1931), H. 22, S. 258-260.
- **Graf,** Otto: Staatsrat Professor Dr.-Ing. C. v. Bach. In: Wärme (1931), S. 827.
- **Graf,** Otto: Einige Bemerkungen über die Ermittlung der Dauerfestigkeit und der zulässigen Anstrengungen der Werkstoffe. Internationaler Verband für Materialprüfungen. Kongress Zürich 1931, S. 328-333.

Jahr 1932 (17)

Mörtel und Betonn (2)

- **Graf,** Otto: Bemerkungen zu Versuchen über das Verhalten von Mörtel und Beton bei Lagerung in angreifenden Flüssigkeiten. In: Bautenschutz 3 (1932), H. 1, S. 8-10.
- **Graf,** Otto: Über das Verhältnis der Würfelfestigkeit des Betons im Alter von 7 und 28 Tagen. In: Zement 21 (1932), H. 26, S. 386.

Straßenbeton (1)

- **Graf,** Otto: A New Type of Cement Road in use in Europa. In: Engineering News-Record (1932), S. 400-401.

Holz (4)

- **Graf,** Otto: Versuche über die Eigenschaften der Hölzer nach der Trocknung. Berlin 1932 (Mitteilungen des Fachausschusses für Holzfragen beim VDI und dem Deutschen Forstverein, H. 1-2).
- **Graf,** Otto: Über das Verhalten von Holz bei hohen Temperaturen, Berlin 1932 (Mitteilungen des Fachausschusses für Holzfragen beim VDI und dem Deutschen Forstverein, H. 3, S. 29-32).
- **Graf,** Otto: Versuche an Hölzern mit Feuerschutzmitteln. In: Mitteilungen des Fachausschusses für Holzfragen beim Verein Deutscher Ingenieure und deutschen Forstverein. Berlin 1932 (1932), H. 3, S. 29-32).
- **Graf,** Otto: Über die Ermittlung der mechanischen Eigenschaften der Hölzer und über Abnahmevorschriften. Berlin 1932 (Mitteilungen des Fachausschuss für Holzfragen bei m VDI und dem Deutschen Forstverein, H. 4, S. 7-31).

Stahlbau (6)

- **Graf,** Otto: Versuche mit Nietverbindungen bei oftmals wiederholter Belastung. In: Z.-VDI 76 (1932), H. 18, S. 438-442.
- **Graf,** Otto: Dauerfestigkeit der Niet- und Schweißverbindungen. Abhandlungen der Internationalen Vereinigung für Brückenbau und Hochbau. Zürich 1932.
- **Graf,** Otto: Über den Gleitwiderstand und über Temperaturerhöhungen in Nietverbindungen, die oftmals wiederkehrender Belastung unterworfen wurden. In: Stahlbau 5 (1932), H. 13, S. 99-100.
- **Graf,** Otto: Dauerversuche mit Nietverbindungen aus St 37 ... In: Bauingenieur 13 (1932), H. 29/30, S. 389-393.
- **Graf,** Otto: Dauerversuche mit Schweißverbindungen. In: Bautechnik 10 (1932), H. 30, S. 395-398; H. 32, S. 414-416.
- **Graf,** Otto: Aus Dauerversuchen mit Lichtbogenschweißungen. Ein Beitrag zur Frage der Bemessung und Anordnung der Kehlnähte. Messung von Spannungen in Schweißverbindungen. In: Stahlbau 5 (1932), H. 23, S. 177-182.

Andere (4)

- **Graf,** Otto: Professor Mörsch 60 Jahre alt. In: Beton und Eisen 31 (1932), H. 9, S. 133.
- **Graf,** Otto: 200-t-Zug-Druck-Dauerversuche. In: VDI-Nachrichten (1932), Nr. 22.
- **Graf,** Otto: Aus Versuchen über die Widerstandsfähigkeit von Baustoffen im Feuer. Allgemeine Bemerkungen über die Prüfung von Baustoffen im Feuer. In: Bautenschutz 3 (1932), H. 10, S. 113-118; H. 11, S. 121-131.
- **Graf,** Otto: Eine 200-Tonnen-Presse für Zug-Druck-Dauerversuche. In: Technik für Alle (1932), H. 8, S. 312.

Jahr 1933 (28)

Mörtel und Beton (12)

- **Graf,** Otto: Versuche über das Verhalten von Eiseneinlagen in Beton verschiedener Zusammensetzung. Wasseraufnahme des Betons, Bemerkungen über das Gewicht des Betons. Feststellungen über die Veränderlichkeit der Mischungsverhältnisse und des Aufwands an Kiessand für Beton verschiedener Zusammensetzung. Der Eindringversuch. Ein Vorschlag für das Messen der Verarbeitbarkeit des Betons. Berlin: Ernst & Sohn 1933 (Deutscher Ausschuss für Eisenbeton), Heft 71, S. 37-60.
- **Graf,** Otto: Über das Schwinden und Quellen sowie über die Dehnungsmöglichkeit von Beton mit verschiedenen Zuschlagstoffen. In: Beton und Eisen 32 (1933), H. 7/8, S. 120-123.
- **Graf,** Otto: Versuche über die Widerstandsfähigkeit von Eisenbetonplatten unter konzentrierter Last nahe einem Auflager. In: Ernst & Sohn Berlin 1933 (Deutscher Ausschuss für Eisenbeton, Heft 73, S. 1-16).
- **Graf,** Otto: Versuche über Widerstandsfähigkeit des Betons an den Abbiegestellen der schief abgebogenen Eisen in Eisenbetonbalken. In: Ernst & Sohn Berlin 1933 (Deutscher Ausschuss für Eisenbeton, Heft 73, S. 17-28).
- **Graf,** Otto: Aus Untersuchungen mit Zement, Zementmörtel und Beton. In: Z.-VDI 77 (1933), H. 30, S. 813-819.
- **Graf,** Otto; **Walz,** Kurt: Aus Versuchen mit erschüttertem (vibriertem) und mit handgestampftem Beton. In: Beton und Eisen 32 (1933), H. 16, S. 252-257.
- **Graf,** Otto: Versuche über das Schwinden von Beton durch Austrocknung bei höherer Temperatur und über die Wärmedurchlässigkeit von feuchtem und trockenem Beton verschiedener Zusammensetzung. Berlin: Ernst & Sohn 1933 (Deutscher Ausschuss für Eisenbeton, Heft 74)).
- **Graf,** Otto: Über die Änderung der Druckfestigkeit des Betons mit steigendem Alter bis zur Dauer von 20 Jahren. In: Zement 22 (1933), H. 38, S. 527-531.
- **Graf,** Otto: Der Eindringversuch zum Messen der Verarbeitbarkeit des Betons. In: Beton und Eisen 32 (1933), H. 20, S. 321-322.
- Graf, Otto: Versuche über die Widerstandsfähigkeit von Eisenbetonplatten und konzentrierter Last nahe einem Auflager. Berlin: Ernst & Sohn 1933 (Deutscher Ausschuss für Eisenbeton, Heft 73, S. 1-16)

- **Graf**, Otto: Versuche über die Widerstandsfähigkeit des Betons an den Abbiegestellen der schief abgebogenen Eisen in Eisenbetonbalken. Berlin: Ernst & Sohn 1933 (Deutscher Ausschuss für Eisenbeton, Heft 73, S. 17-28).
- **Graf**, Otto: Diskussion über die Widerstandsfähigkeit von Gelenkquadern. In: Beton und Eisen 32 (1933), H. 23, S. 371.

Holz (5)

- **Graf**, Otto: Aus neueren Untersuchungen mit Holz- und Holzverbindungen. In: Blatt der Bauverwaltung, vereinigt mit der Zeitschrift für Bauwesen 53 (1933), H. 19, S. 223-226.
- **Graf**, Otto: Die Prüfung der Hölzer und Bauelemente. In: Die Holzsiedlung am Kochenhof, Stuttgart 1933.
- **Graf**, Otto: Der Baustoff Holz. In: Bauen und Holz, herausgeben von H. Stolper, Stuttgart 1933.
- **Graf**, Otto: Schutz des Holzes gegen Feuer. In: Mitteilungen des Fachausschusses für Holzfragen beim VDI und dem Deutschen Forstverein; Bericht über die Holztagung 1933, S. 21.
- **Graf**, Otto: Hölzerne Büromöbel im Feuer. In: Mitteilungen des Fachausschusses für Holzfragen beim VDI und dem Deutschen Forstverein; Bericht über die Holztagung 1933, S. 21-22.

Stahlbau (5)

- **Graf**, Otto: Über die Dauerfestigkeit von Schweißverbindungen. In: Stahlbau 6 (1933), H. qq, S. 81-85; H 12713, S. S 89-94.
- **Graf**, Otto: Die Dauerfestigkeit von genieteten und geschweißten Verbindungen aus Baustahl St 52. In: Zuschrift. Stahl und Eisen 53 (1933), H. 33, S. 861.
- **Graf**, Otto: Tests on the Fatigue Limit of Welded Joints Subjected to Repeated Tension Stresses. In: Journal of the American Welding Society (1933), H. 8, S. 30-32.
- **Graf**, Otto: Versuchsergebnisse als Grundlage für Bemessungsregeln geschweißten Konstruktionen. In: Stahl und Eisen 53 (1933), H. 47, S. 1215-1220.
- **Graf**, Otto: Dauerversuche mit Schweißverbindungen, In: Zwangslose Mitteilungen des Fachausschusses für Schweißtechnik im Verein Deutscher Ingenieure (1933), Nr. 23, S. 3.

Andere (6)

- **Graf**, Otto: Über den Schutz der Bauwerke gegen die chemischen und physikalische Wirkung der Wässer. In: Vedag-Jahrbuch 1933, herausgegeben von den Vereinigten Dachpappenfabriken AG, Berlin, S. 18-28.
- **Graf,** Otto; **Brenner**, Erwin: Prüfmaschinen für Drücke bis 1500 Tonnen. In: Z.-VDI 77 (1933), H. 23, S. 609.
- **Graf**, Otto: Über die Schutz der Bauwerke gegen die chemischen und physikalische Wirkung der Wässer. In: Schweizerische Baumeister-Zeitung 32 81933), H. 25, S. 205-209.
- **Graf**, Otto: Prüfungsmaschinen für Versuche mit oftmals wiederholten Zug- und Druckkräften. Kraftübertragung bis 200 000 kg. In: Industrieblatt (1933), S. XII.
- **Graf**, Otto: Bemerkungen über die künftige Arbeit in der Gruppe B des Deutschen Verbandes für Materialprüfung, vorgetragen in der außerordentlichen Mitgliederversammlung am 26. Mai 1933 in Friedrichshafen. In: Zwangslose Mitteilungen des Deutschen und Österreichischen Verbandes für die Materialprüfungen der Technik (1933), H. 25, S. 352-353.
- **Graf**, Otto: Die Güte des Bauens ist ein sichtbarer Ausdruck der Kraft des Volkes und seiner Führung. In: Bauzeitung vereinigt mit Süddeutscher Bauzeitung (1933), H. 24, S. 282.

Jahr 1934 (24)

Mörtel und Beton (8)

- **Graf**, Otto; **Brenner**, Erwin: Versuche zur Ermittlung der Widerstandsfähigkeit von Beton gegen oftmals wiederholte Druckbelastung. Berlin: Ernst & Sohn 1934 (Deutscher Ausschuss für Eisenbeton, Heft 76, S. 1-13).
- **Graf**, Otto: Über den Einfluss der Größe der Betonkörper auf das Schwinden in trockenen Räumen und im Freien. In: Beton und Eisen 33 (1934), H. 7, S. 117-118.

- **Graf**, Otto: Aus Versuchen mit „Tonerdeschmelzzement Marke Rolandshütte". In: Beton und Eisen 22 (1934), H. 10, S. 156-159.
- **Graf**, Otto; **Walz**, Kurt: Versuche über den Einfluss verschiedener Zemente auf die Widerstandsfähigkeit d es Betons in angreifenden Wässern. In: Zement 23 (1934), H. 27, S. 376-388; H. 28, S. 401-410; H. 31, S. 448-453; H. 32, S. 461-466; H. 33, S. 473-475.
- **Graf**, Otto; **Walz**, Kurt: Rüttelbeton. Untersuchungen über das Verdichten des Betons durch Rütteln. In: Z.-VDI 78 (1934), H. 35, S. 1037-1941.
- **Graf**, Otto: Über die Prüfung der Baukalke. In: Bautenschutz 5 (1934), H. 11, S. 121-135; H. 12, S. 137-143.
- **Graf**, Otto: Versuche mit Eisenbetonsäulen. Berlin: Ernst & Sohn 1934 (Deutscher Ausschuss für Eisenbeton, Heft 77).
- **Graf**, Otto: Über einige Aufgaben der Eisenbetonforschung aus älterer und neuer Zeit. (Schwinden und Kriechen des Betons unter praktischen Verhältnissen und dadurch hervorgerufene Anstrengungen in den Eiseneinlagen. Allgemeine Bemerkungen über die Bemessung der zulässigen Anstrengungen des Betons und des Eisens). In: Beton und Eisen 33 (1934), H. 11, S. 167-173.

Straßenbeton (5)

- **Graf**, Otto: Über einige Bedingungen für die Herstellung von gutem Straßenbeton. In: Zement 23 (1934), H. 41, S. 610-613; H. 42, S. 626-628.
- **Graf**, Otto: Aus Untersuchungen über die Reibung von Kraftwagenreifen auf Straßen und über die Abnutzung der Straßendecken. In: Beton und Eisen 33 (1934), H. 1, S. 7-8.
- **Graf**, Otto; **Weil**, Gustav: Über die Reibung auf Straßendecken. In: Z.-VDI 78 (1934), H. 28, S. 856-858.
- **Graf**, Otto: Über einige Bedingungen für die Herstellung von gutem Straßenbeton. In: Betonstraße 9 (1934), H. 11, S. 185-189.
- **Graf**, Otto: Über die Entwicklung und Bedeutung von Prüfverfahren für Baustoffe (Auszug eines Vortrages auf der 23. Hauptversammlung des Deutschen Verbandes für d. Mat.-Prüf. der Technik am 19.19.34 in Stuttgart) In: Asphalt und teer Straßenbautechnik 34 (1934), H. 45, S. 909-910.

Holz (4)

- **Graf**, Otto: Versuche mit gegliederten Holzstützen. In: Bautechnik 12 (1934), H. 21, S. 263-267.
- **Graf**, Otto; **Kaufmann**, Ferdinand: Versuche über das Verhalten von Holzkästen zu Büromöbeln bei Einwirkung höherer Temperaturen. Berlin 1934. In: Mitteilungen des Fachausschusses für Holzfragen beim VDI und dem Deutschen Forstverein, H. 8, S. 16-39.
- **Graf**, Otto; **Brenner**, Erwin: Widerstandsfähigkeit von Holzverbindungen gegen oftmals wiederholte Belastung. In: Bautechnik 12 (1934), H. 34, S. 573-577.
- **Graf**, Otto; **Egner**, Karl: Versuche über die Eigenschaften der Hölzer nach der Trocknung. Zweiter Teil. Berlin 1934. In: Mitteilungen des Fachausschusses für Holzfragen beim VDI und dem Deutschen Forstverein, H. 10.

Stahlbau (6)

- **Graf**, Otto: Über die Festigkeiten der Schweißverbindungen, insbesondere über die Abhängigkeit der Festigkeit von der Gestalt. In: Autogene Metallbearbeitung 27 (1934), H. 1. S. 1-12: ferner In: Forschungsarbeiten auf dem Gebiet des Schweißens und Schneidens mittels Sauerstoff und Acetylen, 9. Folge (1934), S. 27-37.
- **Graf**, Otto: Herstellung guter und hochwertiger Schweißverbindungen auf Grund neuer Versuche. In: Industrieblatt (1934), H. 34, S. III—V.
- **Graf**, Otto: Dauerfestigkeit von Schweißverbindungen. In: Z.-VDI 78 (1934), H. 49, S. 1423-1427.
- **Graf**, Otto: Über die Dauerfestigkeit der Schweißverbindungen. In XI. Congresso internazionale dellÀcetilene della Saldatura autogena e delle Industrie relativa. Atti Ufficiali, Volume II. Roma – Giugno MCMXXXIV – XII. E. F. S. 200-208.
- **Graf**, Otto: Über die Dauerfestigkeit von Stahlstäben mit Walzhaut und Bohrungen bei Druckbelastung: In: Stahlbau 7 (1934), H. 2, S. 9-10.
- **Graf**, Otto: Über Dauerversuche mit I-Trägern aus St 37. In: Stahlbau 7 (1934), H. 22, S. 1z69-171.

Andere (1)

- **Graf**, Otto: Über die Entwicklung und Bedeutung von Prüfverfahren (Auszug eines Vortrags auf der 23. Hauptversammlung des Deutschen Verbandes für die Materialprüfungen der Technik). In: Industrieblatt (1934), Nr. 30, S. V. und VI.

Jahr 1935 (23)

Mörtel und Beton (8)

- **Graf**, Otto: Über die Entwicklung und Bedeutung von Prüfverfahren, im Besonderen für die Ermittlung der Druckfestigkeit, des Abnützungswiderstandes, der Wasserdurchlässigkeit und der Wetterbeständigkeit von nichtmetallischen anorganischen Baustoffen. Nach einem Vortrag, gehalten in der 23. Verbandsversammlung des D. V. f. d. Materialprüfungen der Technik am 19. 10.1934 in Stuttgart. In: Bautenschutz 6 (1935), H. 3, S. 30-40; H. 4, S. 41-51.
- **Graf**, Otto: Die Prüfung der Baukalke. In: Tonindustrie-Zeitung 59 (1935), H. 92, S. 1137-1139.
- **Graf**, Otto: Über die Bedeutung der heute üblichen Betonprüfung. In: Z.-VDI 79 (1935), H. 47, S. 1428-1429.
- **Graf**, Otto: Tagung der Arbeitsgruppe für Spezialzemente am 28. Und 29. Oktober 1935. In: Beton und Eisen 34 (1935), H. 23, S. 375-376.
- **Graf**, Otto: Über die Bedingungen für die Größe der zulässigen Anstrengungen von Eiseneinlagen in Eisenbetonplatten und in Eisenbetonbalken. In: Beton und Eisen 34 (1935), H. 9, S. 145-150.
- **Graf**, Otto: Versuche über die Widerstandsfähigkeit von Eisenbetonbalken gegen Abscheren. – Versuche über das Verhalten von Eisenbetoneinlagen in Beton verschiedener Zusammensetzung (Fortsetzung zu Heft 71). Berlin: Ernst & Sohn 1935 (Deutscher Ausschuss für Eisenbeton, Heft 80).
- **Graf**, Otto: Los Esfuerzos que produce la Retraccion en el Hormigon armado Y Sin Armar. In : Hormigor Y Acedo (1935), H. 15, S. 285-289.
- **Graf**, Otto : Tagung der Arbeitsgruppe für Spezialzemente am 28. Und 29. Oktober 1935. In: Beton und Eisen 34 (1935), H. 23, S. 375-376.

Straßenbeton (5)

- Graf. Otto: Über die Prüfung, Auswahl und Abnahme der Zemente für den Straßenbau In: Beton und Eisen 34 (1935), G. 6, S. 89-93.
- Graf, Otto: Erkenntnisse über Straßenbeton. Zusammengestellt aus Versuchen in der Materialprüfungsanstalt der Technischen Hochschule Stuttgart (Abt. Bauwesen). Berlin: Zementverlag 1935.
- **Graf**, Otto: Über Zement für Betonstraßen. In: Zement 24 (1935), H. 23, S. 347-351; H. 24, S. 363-367.
- **Graf**, Otto: Über die Verwendung von Papier als Unterlage für Betonfahrbahndecken. Aus einem Vortrag, gehalten am 29. April 1935 in Stuttgart von Ingenieuren der Reichautobahnen. In: Betonstraße 10 (1935), H. 7, S. 131-133.
- **Graf**, Otto: Aus Untersuchungen mit Geräten für die Verdichtung von Straßenbeton. In: Betonstraße 10 (1935), H. 12, S. 245-250.

Holz (2)

- **Graf**, Otto. Warum brauchen wir Güteklassen für deutsches Holz? In: Bautechnik 13 (1935), H. 14, S. 187-191.
- **Graf**, Otto: Über Güteklassen für Bauholz. Vortrag anlässlich des 1. Gautages der Technik in Stuttgart am 6. April 1935, S. 58-60.

Glas (1)

- **Graf**, Otto: Über die Festigkeit von Glas für das Bauwesen. Bedingungen für die Ermittlung der Festigkeit und für die Nutzbarmachung der Ergebnisse. In: Glastechnische Berichte 13 (1935), H. 7, S. 233-236.

Stahlbau (6)

- **Graf**, Otto: Bericht über die in der Materialprüfungsanstalt der Technischen Hochschule Stuttgart (Abt. Bauwesen) ausgeführten Versuche in „Dauerfestigkeitsversuche mit Schweißverbindungen". Bericht des Kuratoriums für Dauerfestigkeitsversuche im Fachausschuss für Schweißtechnik beim VDI, durchgeführt 1930 bis 1934. In: VDI-Verlag 1935.
- **Graf**, Otto: On the fatigue strength of constructional members and particularly of welded joints. "Symposium on the Welding of Iron and Steel" May 2nd and 3rd, 1935, organized by the Iron and Steel Institute in co-operation with a number of the other technical Societies. Page 19-22.
- **Graf**, Otto: Dauerversuche mit Nietverbindungen (Berichte des Ausschusses für versuche im Stahlbau, Ausgabe B, Heft 5), Springer-Verlag, Berlin 1935.
- **Graf**, Otto: Über Dauerversuche mit Flachstäben und Nietverbindungen aus Leichtmetall. In: Stahlbau 8 (1935), H. 17, S. 132-133.
- **Graf**, Otto: Dauerversuche mit großen Schweißverbindungen bei oftmaligem Wechsel zwischen Zug- und Druckbelastung sowie bei oftmaliger Zugbelastung. In: Stahlbau 8 (1935), H. 21, S. 164-165.
- **Graf**, Otto: Hauptversammlung des Deutschen Acetylen-Verein und des Verbandes für autogene Metallbearbeitung In: Zentralblatt der Bauverwaltung 54 (1935), H. 39, S, 778-779.

Andere (1)

- **Graf**, Otto: Baustoffe im engeren Sinne. In: VDI-Jahrbuch 1935. Die Chronik der Technik, S. 32-34.

Jahr 1936 (28)

Mörtel und Beton (5)

- **Graf**, Otto: Einige Bemerkungen über wichtige Eigenschaften des Zements und des Betons zu massigen Bauwerken. In: Beton und Eisen 35 (1936), H. 1, S. 18-23.
- **Graf**, Otto: Neuere Untersuchungen mit Zement und Beton zu großen und wichtigen Bauwerken, insbesondere zu Betonstraßen, Brücken und Talsperren. In: Z.-VDI 80 (1936), H. 37, S. 1129-1134.
- **Graf**, Otto: Festigkeit des Betons und des Eisenbetons bei dauernder und bei oftmals wiederholter Belastung. Internationale Vereinigung für Brückenbau und Hochbau. Beitrag zum Vorbericht für den 2. Kongress, Berlin-München, 1. Bis 11. Oktober 1936. In: Ernst & Sohn, Berlin 1936.
- **Graf**, Otto; **Brenner**, Erwin: Versuche zur Ermittlung der Widerstandsfähigkeit von Beton gegen oftmals wiederholte Druckbelastung. Zweiter Teil (Deutscher Ausschuss für Eisenbeton, Heft 83, S, 1-12), In: Ernst & Sohn, Berlin 1936.
- **Graf**, Otto: Versuche über den Einfluss langdauernder Belastung auf die Formänderungen und auf die Druckfestigkeit von Beton- und Eisenbetonsäulen (Deutscher Ausschuss für Eisenbeton, Heft 83, S. 13-24). In: Ernst & Sohn, Berlin 1936.

Straßenbeton (10)

- **Graf**, Otto: Über die Prüfung, Auswahl und Abnahme der Zemente für den Straßenbau. In: Beton und Eisen 34 (1935), H. 6, S. 89-93.
- **Graf**, Otto: Erkenntnisse über Straßenbeton. Zusammengestellt aus Versuchen in der Materialprüfungsanstalt der Technischen Hochschule Stuttgart (Abt. Bauwesen). In: Zementverlag Berlin 1935.
- **Graf**, Otto: Über die Herstellung und Prüfung von Prismen aus weich angemachtem Mörtel zur Ermittlung der Festigkeitseigenschaften von Straßenbauzementen. Bericht, erstattet in der Arbeitsgruppe „Baustraßen" der Forschungsgesellschaft für das Straßenwesen am 3. Januar 1936. In: Zement 25 (1936), H. 7, S. 97-103.
- **Graf**, Otto: Einheitliche Feststellung des Schwindmaßes von Straßenbauzementen. In: Zement 25 (1936), H. 19, S. 317-322.
- **Graf**, Otto: Betonstraßenbau und Materialprüfung. In: Straße 3 (1936), H. 2, S. 52-56.
- **Graf**, Otto: Untersuchungen mit Geräten für die Verdichtung von Straßenbeton (Vergleich der Wirkung verschiedener Geräte; Einfluss der Beschaffenheit des Untergrunds; Einfluss der Bewehrung der Betonplatten). In: Betonstraße 11 (1936), H. 5, S. 99-107; ferner in: Schriftenreihe der

Forschungsgesellschaft für das Straßenwesen e. V., Arbeitsgruppe „Betonstraßen", Heft 1. Berlin: Zementverlag 1936.

- **Graf**, Otto: Über die Auswahl der Zemente zum Betonstraßenbau und über einige dabei aufgetretene Fragen. In: Zement 25 (1936), H. 33, S. 549-556; ferner in: Schriftenreihe der Forschungsgesellschaft für das Straßenwesen e. V., Arbeitsgruppe „Betonstraßen", Heft 3. Berlin: Zementverlag 1936.
- **Graf**, Otto: Über die zweckmäßige Bewehrung der Betonfahrbahnplatten. In: Betonstraße 11 (1936), H. 7, S. 150-151.
- **Graf**, Otto: Aus Versuchen mit Betondecken der Reichskraftfahrbahnen, durchgeführt in den Jahren 1934 und 1935. In: Betonstraße 11 (1936), H. 9, S. 193-203; H. 10, S. 235-241; H. 11, S. 272-281; ferner In: Schriftenreihe der Forschungsgesellschaft für das Straßenwesen e. V., Arbeitsgruppe „Betonstraßen", Heft 5, Berlin: Zementverlag 1936.
- **Graf**, Otto: Über die Widerstandsfähigkeit von Rundeisendübeln an den Querfugen von Betonfahrbahndecken. In: Jahrbuch 1936 der Forschungsgesellschaft für das Straßenwesen e. V. Berlin: Volk und Reich Verlag 1936, S. 145-166.

Holz (4)

- **Graf**, Otto: Warum brauchen wir Güteklassen für deutsches Holz? In: Bautechnik 13 (1935), H. 14, S. 187-191.
- **Graf**, Otto: Versuche mit mehrteiligen hölzernen Stützen. In: Bauingenieur 17 (1936), H. 1-2, S, 1-3.
- **Graf**, Otto; **Egner**, Karl: Die Eigenschaften der Hölzer nach künstlichem Trocknen. In: Z.-VDI 80 (1936), H. 6, S. 160-161.
- **Graf**, Otto: Prüfung von Holz. In: Archiv für Technisches Messen (1936), V. 997-1, T21 und T22.

Stahlbau (6)

- **Graf**, Otto: Versuche über den Einfluss der Zahl der minutlich auftretenden Lastwechsel auf die Ursprungsfestigkeit von Nietverbindungen. In: Stahlbau 9 (1936), H. 9, S. 48.
- **Graf**, Otto: Dauerbeigeversuche mit geschweißten Trägern I 30 aus St 37. In: Stahlbau 9 (1936), H. 9, S. 71-72.
- **Graf**, Otto: Dauerfestigkeit von Nietverbindungen. Internationale Vereinigung für Brückenbau und Hochbau. Beitrag zum Vorbericht für den 2. Kongress, Berlin-München, 1.-11- Oktober 1936. In: Ernst & Sohn, Berlin 1936.
- **Graf**, Otto: Einfluss der Gestalt der Schweißverbindung auf ihre Widerstandsfähigkeit. Internationale Vereinigung für Brückenbau und Hochbau. Beitrag zum Vorbericht für den 2. Kongress, Berlin-München, 1.-11. Oktober 1936. In: Ernst & Sohn, Berlin 1936.
- **Graf**, Otto: Versuche über die Längenänderungen und über die Tragfähigkeit von Nietverbindungen aus St 52 unter oft wiederkehrenden Wechseln zwischen Zug- und Druckbelastung. In: Stahl 9 (1936), H. 24, S. 185-188.
- **Graf**, Otto: Über Dauerzugversuche und Dauerbiegeversuche an Stahlstäben mit brenngeschnitten Flächen. In: Autogene Metallbearbeitung 29 (1936), H. 4, S. 49-57.

Andere (3)

- **Graf**, Otto: Über die Entwicklung und Bedeutung von Prüfverfahren, im Besonderen für die Ermittlung der Druckfestigkeit, der Abnützwiderstandes, der Wasserdurchlässigkeit und der Wetterbeständigkeit von nichtmetallischen Anorganischen Baustoffen. (Nach einem Vortrag, gehalten in der 23. Verbandsversammlung des D. V. f. d. Materialprüfungen der Technik am 19. 10. 1934 in Stuttgart). In: Bautenschutz 6 (1935), H. 3, S. 30-40; H. 4, S. 41-51.
- **Graf**, Otto: Forschungen im französischen Bauwesen. In: Z.-VDI 80 (1936), H. 27, S. 839-840.
- **Graf**, Otto: Die wichtigsten Baustoffe des Hoch- und Tiefbau. 2. Erweiterte Aufl. Berlin, Leipzig: de Gruyter 1936 (Sammlung Göschen, Bd. 984).

Jahr 1937 (30)

Mörtel und Beton (6)

- **Graf**, Otto: Über das verdichten von Mörtel und Beton durch Rütteln. In: Beton und Eisen 36 (1937), H. 5, S. 76-77.
- **Graf**, Otto: Über die Größe des Schwindens des Betons und über die Bedingungen zum vergleichenden Messen des Schwindens. In: „Monatsnachrichten" des Österreichischen Betonvereins 4 (1937), Festschrift, S. 38-39.
- **Graf**, Otto; **Brenner**, Erwin: Versuche mit Betonkörpern, die einer dauernd wirkenden Druckbelastung ausgesetzt waren. In: Bauingenieur 18 (1937), H. 19/20, S. 237-238.
- **Graf**, Otto; **Walz**, Kurt: Versuche und Erläuterungen zu den Richtlinien für die Prüfung von Beton auf Wasserdurchlässigkeit. In: Bautechnik 15 (1937), H. 25, S. 321-324; H. 29, S. 388-391; H. 32, S. 424-427.
- **Graf**, Otto: Versuche über Anstrengung der Bewehrung von Eisenbetonbalken beim Schwinden des Betons. In: Beton und Eisen 36 (1937), H. 10, S. 175-178.
- **Graf**, Otto: Über die Veränderlichkeit der Dauerzugfestigkeit in Betonstahl durch Recken und Altern. In: Beton und Eisen 36 (1937), H. 172, S. 13-16.

Straßenbeton (10)

- **Graf**, Otto: Versuche über den Einfluss der Beschaffenheit der groben Zuschläge auf die Eigenschaften des Betons, insbesondere den Straßenbeton. Berlin: Zementverlag 1937 (Schriftenreihe der Forschungsgesellschaft für das Straßenwesen e. V., Heft 10); ferner in: Betonstraße 12 (1937), H. 2, S. 25-35; H. 3, S. 56-62; H. 4, S. 77-80.
- **Graf**, Otto: Prüfverfahren für Straßenbauzemente. In: Straße 4 (1937), H. 11, S. 315-317; ferner in: Zement 26 (1937), H. 26, S. 422-424 und in: Tonindustrie-Zeitung 61 (1937), H. 56, S. 620-622.
- **Graf**, Otto: Eigenschaften amerikanischer und deutscher Straßenbauzemente. Eindrücke von einer Studienreise in den Vereinigten Staaten von Nordamerika. In: Zement 26 (1937), H. 24, S. 389-395; H. 25, S. 405-408.
- **Graf**, Otto: Eindrücke von einer Studienreise in den Vereinigten Staaten von Nordamerika und zugehörige Feststellungen. In: Betonstraße 12 81937), H. 6, S. 117-125.
- **Graf**, Otto: Was nützen Dübel in den Quer- und Längsfugen der Betonfahrbahndecken? In: Straße 4 (1937), H. 8, S. 219-220.
- **Graf**, Otto: Forschungsarbeiten für die Reichskraftfahrbahnen. In: Bauzeitung 49 (1937), H. 12, S. 164-166.
- **Graf**, Otto: Reichsautobahnen und Stoffprüfung. Auszug aus einem Vortrag, gehalten bei der öffentlichen Hauptversammlung des DVM am 3. Dezember 1936. In: Zwanglose Mitteilungen des DVM (1937), Nr. 29, S. 423-424.
- **Graf**, Otto: Vom Betonstraßenbau in Belgien. In: Betonstraße 12 (1937), H. 11, S. 239-242.
- **Graf**, Otto: Bemerkungen und Feststellungen zur Prüfung der Straßenbauzemente. In: Zement 26 (1937), H. 45, S. 729-732; H. 46, S. 743-747; H. 47, S. 759-764.
- **Graf**, Otto: Reiseeindrücke zu materialtechnischen Fragen des Betonbaus, insbesondere des Betonstraßenbaus. Bericht über die 40. Hauptversammlung des Deutschen Beton-Vereins, e. V. Berlin 1937, S. 361-373.

Holz (8)

- **Graf**, Otto: Wie soll die Güte der Bauhölzer beurteilt werden? In: „Vom wirtschaftlichen Bauen" in Holz im Wohnungsbau (1937), 19; ferner in: Bautenschutz 8 (1937), H. 3, S. 25-32 und in Berlin (1937): Mitteilungen der Fachausschusses für Holzfragen beim VDI und dem Deutschen Forstverein, Nr. 17, S. 39-49.Berlin 1937.
- **Graf**, Otto; **Kaufmann**, Ferdinand: Verhalten von ungeschütztem und geschütztem Holz bei Einwirkung von Feuer. In: Z.-VDI 81 (1937), H. 19, S. 531-536.
- **Graf**, Otto: Der Baustoff Holz. In: Bauen in Holz, herausgegeben von H. Stolper, 2. Aufl. Stuttgart 1937: Hofmann, S. 10-18.

- **Graf**, Otto: Wie können die Eigenschaften der Bauhölzer mehr als bisher nutzbar gemacht werden? Welche Aufgaben entspringen aus dieser Frage für die Forschung? In: Holz als Roh- und Werkstoff 1(1937), H.1-2, S. 13-16.
- **Graf**, Otto; **Egner**, Karl: Versuche über die Eigenschaften der Hölzer nach der Trocknung. Dritter Teil. Berlin 1937 (Mitteilungen des Fachausschusses für Holzfragen beim VDI und dem Deutschen Forstverein, H. 19).
- **Graf**, Otto; **Egner**, Karl: Arbeiten des Instituts für die Materialprüfungen des Bauwesens an der Technischen Hochschule Stuttgart auf dem Gebiete der Holzforschung. In: Forschung auf dem Gebiete des Ingenieurwesens (1937), H. 6, S. 312-313.
- **Graf**, Otto; **Egner**, Karl: Versuche über die Änderung des Feuchtigkeitsgehalts verschiedener Hölzer in bewohnten Häusern während langer Zeit. In: Beton und Eisen 36 (1937) H. 23, S. 378-382; H. 24, S. 391-395.
- **Graf**, Otto: Holzprüfung. In: Holz als Roh- und Werkstoff 1 (1937), H. 3, S. 99-102.

Stahlbau(5)

- **Graf**, Otto: Die Dauerbiegefestigkeit von geschweißten Schienen. In: Industrieblatt (1937), H. 10, S. X.
- **Graf**, Otto: Versuche über den Einfluss der Gestalt der Enden von aufgeschweißten Laschen in Zuggliedern und von aufgeschweißten Gurtverstärkungen an Trägern. (Berichte des Deutschen Ausschusses für Stahlbau, Ausgabe B, Heft 8), In: Springer-Verlag, Berlin 1937.
- **Graf**, Otto: Versuche über das Verhalten von genieteten und geschweißten Stößen in Trägern I 30 aus St 37 bei oftmals wiederholter Belastung In: Stahlbau 10 (1937); ferner in: Engineering Foundation Welding Research Commitee, New York 1937.
- **Graf**, Otto: Über Leichtfahrbahntragwerke für stählerne Straßenbrücken. In: Stahlbau 10 (1937), H. 14/15, S. 110-112; H. 16, S. 123-127.
- **Graf**, Otto: Weitere Versuche über die Dauerbiegefestigkeit von Stahlstäben mit brenngeschnittenen Flächen In: Autogene Metallbearbeitung 30 (1937), H. 19, S. 321-323.

Andere (1)

- **Graf**, Otto: Die Aufgaben der Gruppe B des DVM. Auszug aus einem Vortrag, gehalten bei öffentlichen Hauptversammlung des DVM am 3. Dezember 1936. In: zwangslose Mitteilungen des DVM (1937), Nr. 29, S. 429-430.

Jahr 1938 (19)

Mörtel und Beton(2)

- **Graf**, Otto: Versuche über das Verhalten von Betonsäulen und Betonwürfeln bei oftmaligem Gefrieren und Auftauen. Berlin: Ernst & Sohn 1938 (Deutscher Ausschuss für Eisenbeton, Heft 87).
- **Graf**, Otto: Versuche über die Widerstandsfähigkeit von allseitig aufliegenden dicken Eisenbetonplatten unter Einzellasten. Berlin: Ernst & Sohn 1938 (Deutscher Ausschuss für Eisenbeton, Heft 88).

Straßenbeton (5)

- **Graf**, Otto: Aus Versuchen über die Widerstandsfähigkeit von Natursteinen gegen Abnützung. In: Straßenbau 29 (1938), H. 22, S. 371-373.
- **Graf**, Otto; **Weise**, Fritz: Über die Prüfung des Betons in Betonstraßen durch Ermittlung der Druckfestigkeit von Würfeln und Bohrproben. Berlin: Volk und Reich Verlag 1938 (Forschungsarbeiten aus dem Straßenwesen, Bd. 6).
- **Graf**, Otto: Versuchsstraßen in England. In: Betonstraße 13 (1938), H. 2, S. 25-32.
- **Graf**, Otto: Bericht zum VIII. Straßen-Kongress in Haag 1938. Abteilung 1: Bau und Unterhaltung. 1. Frage. A) Fortschritte in der Verwendung von Zement für Straßenbeläge seit dem Münchner Kongress; b) Beläge aus Klinker; c) Beläge aus Sonderstoffen wie Gusseisen, Stahl, Gummi. Internationaler ständiger Verband der Straßen-Kongresse, Paris.

- **Graf**, Otto: Aus neueren Versuchen für den Betonstraßenbau. Vorträge auf der Straßenbau-Tagung der Forschungsgesellschaft für das Straßenwesen vom 15. bis 17. September in München. Berlin: Volk und Reich Verlag 1938, S. 157-178.

Holz (5)

- **Graf**, Otto: Tragfähigkeit der Bauhölzer und der Holzverbindungen. Grundlagen für die Beurteilung der Hölzer nach Güteklassen. Zusätzliche Beanspruchungen. Berlin 1938 (Mitteilungen des Fachausschusses für Holzfragen beim VDI und dem Deutschen Forstverein, H. 20).
- **Graf**, Otto: Dauerversuche mit Holzverbindungen. In: Holz als Roh- und Werkstoff 1 (1938), H. 7, S. 266-269.
- **Graf**, Otto: Dauerfestigkeit von Holzverbindungen. Versuche mit Holzverbindungen bei stufenweise gesteigerter Belastung und bei oftmals wiederholter Belastung. Berlin 1938 (Mitteilungen des Fachausschusses für Holzfragen beim VDI und dem Deutschen Forstverein, H. 22).
- **Graf**, Otto; **Egner**, Karl: Über die Veränderlichkeit der Zugfestigkeit von Fichtenholz mit der Form und Größe der Einspannköpfe der Normkörper und mit Zunahme des Querschnitts der Probekörper. In: Roh- und Werkstoff 1 (1938), H. 10, S. 384-388.
- **Graf**, Otto; **Egner**, Karl: Versuche mit geleimten Laschenverbindungen aus Holz. In: Roh- und Werkstoff 1 (1938), H. 12, S. 460-464.

Stahlbau(6)

- **Graf**, Otto: Dauerversuche mit Nietverbindungen, welche an den Gleitflächen statt mit einem Anstrich aus Leinöl und Mennige mit einem aufgespritzten Belag aus Leichtmetall versehen waren. In: Stahlbau 11 (1938), H. 3, S. 17-19.
- **Graf**, Otto: Aus Untersuchungen über die beim Schweißen von Brückenträgern entstandenen Spannungen, In: Stahlbau 11 (1938), H. 13, S. 97-101.
- **Graf**, Otto: Über die Dauerbiegefestigkeit von geschweißten Schienen (Forschungsarbeiten auf dem Gebiet des Schweißens und Schneidens mit Sauerstoff und Azetylen , 13. Folge, S. 57-77). In: Marhold, Halle/Saale 1938; ferner in: Autogene Metallbearbeitung 31 (1938), H. 15/16, S. 255-266 u. 271-279.
- **Graf**, Otto: Über Erkenntnisse, welche bei der Gestaltung der Schweißverbindung im Stahlbau zu beachten sind. In: Bauingenieur 19 (1938), H. 37/38, S. 519-530.
- **Graf**, Otto: Über Dauerversuche mit Gurtverstärkungen an Zugstäben und an Trägern. In: Z.-VDI 82 (1938), H. 7, S. 158-160.
- **Graf**, Otto: Aus Untersuchungen mit leichtfahrbahndecken zu Straßenbrücken (Berichte des Deutschen Ausschusses für Stahlbau, Ausgabe B, Heft 9). In: Springer-Verlag, Berlin 1938.

Andere (1)

- **Graf**, Otto: Aufgaben der Werkstoffforschung und Werkstoffprüfung. In: Z.-VDI 82 (1938), H. 21, S. 614-618.

Jahr 1939 (20)

Mörtel und Beton (6)

- **Graf**, Otto: Herstellung und Prüfung von Prismen 4 cm x 4 cm x 16 cm aus weich angemachtem Mörtel. Erläuterungen zum Normblattentwurf DIN E 1166. In: Tonindustrie-Zeitung 63 (1939), H. 26, S. 312-313; ferner in: Zement 28 (1939), H. 14, S. 215-217.
- **Graf**, Otto: Über die Druckfestigkeit und Wasserdurchlässigkeit von Kalkmörteln. In: Tonindustrie-Zeitung 63 (1939), H. 27, S. 320-325.
- **Graf**, Otto: Aus neueren Forschungsarbeiten für den Beton und Eisenbeton. 5 Jahre Forschungsarbeiten für den Betonstraßenbau. Bedingungen für die Nutzbarmaching des Stahles und Betons mit hoher Festigkeit. Nach einem Vortrag auf der 42. Hauptversammlungen des Deutschen Beton-Vereins zu Wien am 17. 3. 1939. In: Beton und Eisen 38 (1939), H. 10, S. 162-170; H. 11, S. 177-184.
- **Graf**, Otto: Über die Herstellung von dauerhaftem Beton. In: Bauindustrie 7 (1939), H. 26, S. 849-852.
- **Graf**, Otto: Normblattentwurf DIN 1167 Traßzement. In: Zement 28 (1939), H. 29, S. 451.

- **Graf**, Otto; **Brenner**, Erwin: Versuche zur Ermittlung des Gleitwiderstands von Eiseneinlagen im Beton bei stetig steigender Belastung und bei oftmals wiederholter Belastung. Berlin: Ernst & Sohn 1939 (Deutscher Ausschuss für Eisenbeton, Heft 93).

Straßenbeton(5)

- **Graf**, Otto; **Walz**, Kurt: Vergleichende Prüfungen von Straßenbauzementen in der Versuchsanstalt und in der Straße. In: Zement 28 (1939), H. 29, S. 445-450; H. 30, S. 461-466; H. 31, S. 475-480; H. 32, S. 491-495; H. 33, S. 505-511.
- **Garbotz**, Georg; **Graf**, Otto: Vorschläge zu Leistungs- und Ausführungsnormen für Betonmischer. Berlin: Volk und Reich Verlag 1939 (Forschungsarbeiten aus dem Straßenwesen, Bd. 18, S. 5-6 (Vorwort); und S. 95-108); ferner in : Betonstraße 14 (1939), H. 3, S. 49-54 und in: Straße 6 (1939), H. 4, S. 130-134.
- **Graf**, Otto: Einige Bemerkungen zum derzeitigen Stand der Prüfung der Straßenbauzement. In: Zement 28 (1939), H. 1, S. 1-4.
- **Graf**, Otto; **Weil**, Gustav: Aus Versuchen mit Betonfahrbahnplatten der Reichsautobahn, durchgeführt in den Jahren 1936/37. Berlin: Volk und Reich Verlag 1939 (Forschungsarbeiten aus dem Straßenwesen, Band 13).
- **Graf**, Otto; **Weil**, Gustav: Versuche zur Ermittlung der Reibung von Betonfahrbahnplatten auf verschiedenem Untergrund. In: Mitteilungen der Forschungsgesellschaft für das Straßenwesen e. V. (1939), Nr. 4, S. 21-24.

Holz (4)

- **Graf**, Otto: Über den Einfluss der Baumkante auf die Tragfähigkeit der Bauhölzer. Berlin 1939. (Mitteilungen des Fachausschusses für Holzfragen beim VDI und dem Deutschen Forstverein, H. 23, S. 17), ferner in: Bautechnik 17 (1939), H. 12, S. 164-166.
- **Graf**, Otto: Die Maßnahmen zur Ausnützung der Bauhölzer und die Aufteilung der Güteklassen. In: Holz-Anzeiger (1939), Nr. 27.
- **Graf**, Otto; Egner, Karl: Untersuchungen über Knotenplatten aus Sperrholz. Verhalten von Schichthölzern bei Feuchtigkeitsänderungen. Berlin 1939 (Mitteilungen des Fachausschusses für Holzfragen beim VDI und dem Deutschen Forstverein, H. 24).
- **Graf**, Otto: Bericht über die Gütenorm 4074 anlässlich der Sommersitzung des Fachausschusses für Holzfragen in Wien am 16./17. 6. 1939. In: Roh- und Werkstoff 2 (1939), H. 7/8, S. 295.

Stahlbau (2)

- **Graf**, Otto: Versuche mit genieteten Brückenträgern zur Bestimmung der Teilnahme der Fahrbahnkonstruktion an der Kraftübertragung. In: Stahlbau 12 (1939), H. 7, S 53-58.
- **Graf**, Otto: Versuche mit geschweißten Eisenbahnschienen In: Z.-VDI 83 (1939), H. 38, S, 1250-1253.

Andere (3)

- **Graf**, Otto: Arbeitsbericht der Gruppe B des Verbandes für Materialprüfungen der Technik, gehalten bei der Hauptversammlung des DVM 1938. In: Zwanglose Mitteilungen des Deutschen Verbandes für die Materialprüfungen der Technik (1939), Nr. 31, S. 467ff.
- **Graf**, Otto: Karl Schaechterle 60 Jahre alt. In: Bauingenieur 20 (1939), H.3/ 4, S, 52.
- **Graf**, Otto: Beitrag im Bericht über die IV. Internationale Schienentagung, veranstaltet durch die Deutschen Reichsbahn und Verein Deutscher Eisenhüttenleute in Düsseldorf vom 19.-22.9 1938 In: Stahl-Eisen Verlag (1939), S. 245-246.

Jahr 1940 (19)

Mörtel und Beton (4)

- **Graf**, Otto: Über das Rütteln des Betons. Nach einem Vortrag in der 43. Hauptversammlung des deutschen Beton-Vereins am 29. Februar 1940 in Berlin. In: Bautechnik 18 (1940), H. 15, S. 169-173.
- **Graf**, Otto: Widerstandsfähigkeit hochwertiger Betonrohre. In: Z.-VDI 84 (1940), H. 36, S. 673-674.

- **Graf**, Otto: Versuche über die Widerstandsfähigkeit des Betons an den Abbiegestellen der schief abgebogenen Eisen im Eisenbetonbalken. Zweiter Teil. Berlin: Ernst & Sohn 1940 (Deutscher Ausschuss für Eisenbeton, Heft 94, S. 1-11.
- **Graf**, Otto; **Weil**, Gustav: Versuche mit verdrillten Bewehrungsstählen. Berlin: Ernst & Sohn 1940 (Deutscher Ausschuss für Eisenbeton, Heft 94, S. 13-55).

Straßenbeton (5)

- **Graf**, Otto: Über die Verwendung der Rohre von Deckenheizungen als Bewehrung von Eisenbetondecken In: Beton und Eisen 38(1939), H. 22, S. 333-337; ferner in Gesundheits-Ingenieur 63 (1940), H. 13, S. 145-147.
- **Graf**, Otto; **Weil**, Gustav: Arbeitsgruppe „Betonstraßen": Beobachtungen über das Verhalten von Reichsautobahnstrecken, Ermittlung an der Versuchsstrecke II. der Reichsautobahn Stuttgart-Ulm. Auszug aus einem Forschungsbericht. In: Mitteilungen der Forschungsgesellschaft für das Straßenwesen e. V., Arbeitskreis Straßenbau im NS.-Bund Deutscher Technik (1940), Nr. 7, S. 36-38, Ferner in: Straße 7 (1940), H. 13/14, S. 299-301.
- **Graf**, Otto: Die Auswahl der Straßenbauzemente und die Entwicklung der Zementprüfung von 1934 bis 1939. Berlin: Volk und Reich Verlag 1940 (Forschungsarbeiten aus dem Straßenwesen, Band 27).
- **Graf**, Otto; **Walz**, Kurt: Untersuchungen zur Querrissbildung auf einer Autobahnstrecke. Erschienen als Sonderdruck der Direktionen der Reichsautobahnen 1940.
- **Graf**, Otto; **Weil**, Gustav: Untersuchungen über die Risstiefe und die Rissweite in Betonfahrbahnplatten. In: Straße 7 (1940), H. 23/24, S. 535-537; ferner In: Mitteilungen der Forschungsgesellschaft für das Straßenwesen e. V. (1940), H. 12, S. 68-70.

Holz (7)

- **Graf**, Otto: Aus neueren Versuchen mit Bauholz. Berlin 1940 (Mitteilungen des Fachausschusses für Holzfragen beim VDI und dem Deutschen Forstverein, H 26, S. 1-17).
- **Graf**, Otto: Über Maßnahmen zur erhöhten Nutzung der Bauhölzer. In: Internationaler Holzmarkt (1940), H. 9/10, S. 37-40.
- **Graf**, Otto: Über die Bestimmung des Wassergehaltes der Hölzer. Vergleichsversuche mit verschiedenen Holzfeuchtigkeitsmessern. Berlin 1940 (Mitteilungen des Fachausschusses für Holzfragen beim VDI und dem Deutschen Forstverein, H. 25, S. 1-17).
- **Graf**, Otto; **Egner**, Karl: Versuche über die Festigkeitseigenschaften verschiedener Hölzer in gefrorenem Zustand und besonders nach wiederholtem Gefrieren und Auftauen. Berlin 1940 (Mitteilungen des Fachausschusses für Holzfragen beim VDI und dem Deutschen Forstverein, H. 25, S. 18-30).
- **Graf**, Otto: Erläuterungen zu DIN 4074 (Gütebedingungen für Bauholz). Berlin 1940 (Merkhefte des Fachausschusses für Holzfragen beim VDI und dem Deutschen Forstverein, H. 2).
- **Graf**, Otto; **Egner**, Karl: Über Versuche mit neuartigen Türbändern aus Holz. In: Vierjahresplan 4 (1940), S. 935-937.
- **Graf**, Otto: Bericht über die Tätigkeit des Arbeitskreises „Holztrocknung". Berlin 1940 (Mitteilungen des Fachausschusses für Holzfragen beim VDI und dem Deutschen Forstverein, H. 28, S. 5-10).

Stahlbau (1)

- **Graf**, Otto: Versuche und Feststellungen zur Entwicklung der geschweißten Brücken (Berichte des Deutschen Ausschusses für Stahlbau, Ausgabe B, Heft 11). In: Springer-Verlag Berlin 1940.

Andere (2)

- **Graf**, Otto: Bericht über die Tätigkeit der Gruppe B (nichtmetallische, anorganische Werkstoffe und Holz) des deutschen Verbandes für Materialprüfungen der Technik seit der Hauptversammlung im Oktober 1938 bis zur Hauptversammlung im Juni 1940 In: Zement 29 (1940), H. 27, S. 342-344: ferner in: Bauindustrie 8 (1940), H. 29, S. 691-693, sowie in: zwanglose Mitteilungen des Deutschen Verbandes für die Materialprüfungen der Technik (1941), Nr.33, S. 497-500.
- **Graf**, Otto: Über die Prüfung von Baustoffen. In: Vierjahresplan 4 (1940), S. 656-659.

Jahr 1941 (22)

Mörtel und Beton (7)

- **Graf**, Otto: Über die Prüfung des Abnutzungswiderstandes der Baustoffe, insbesondere der natürlichen und künstlichen Steine. In: Beton und Eisen 40 (1941), H. 172, S. 16-19; H. 3, S. 44-45.
- **Graf**, Otto: Über die Eigenschaften der Zemente aus den neuen Reichsgebieten im Osten. In: Zement 30 (1941), H. 8, S. 97-100.
- **Graf**, Otto: Über die Entwicklung der Güte des Betons seit 1918. Bemerkungen über Zweck und Ziel der Baustoffforschung, auch über Mittel und Wege zu ihrer Nutzbarmachung. Nach einem Vortrag in der 44. Hauptversammlung des Deutschen Beton-Vereins am 9. April 1941 in München. In: Bautechnik 19 (1941), H. 16, S. 178-182.
- **Graf**, Otto: Herstellung von Beton mit bestimmten Eigenschaften. Stand der Forschung und weitere Aufgaben. In: Z.-VDI 85 (1941), H. 30, S. 647-651; ferner in: Zement 30 (1941), S. 479-483.
- **Graf**, Otto: Über Traßzement. Bemerkungen zu DIN 1167. In: Bautechnik 19 (1941), H. 34/35, S. 361-363.
- **Graf**, Otto; **Kaufmann**, Ferdinand: Versuche über das verdichten von Beton durch Innenrüttler und über die Eigenschaften des gerüttelten Beton. Berlin: Ernst & Sohn 1941 (Deutscher Ausschuss für Stahlbeton, Heft 96).
- **Graf**, Otto: Versuche über das Verhalten von Eiseneinlagen in Beton verschiedener Zusammensetzung. Berlin: Ernst & Sohn 1941 (Deutscher Ausschuss für Eisenbeton, Heft 97, S. 1-8).

Straßenbeton (1)

- **Graf**, Otto; Walz, Kurt: Untersuchung von Sonderzementen in der Versuchsanstalt und in der Straße. In: Zement 30 (1941), H. 12, S. 153-158; H. 13, S. 169-176; H. 14, S. 181-186; H 15, S. 191-194; H. 16, S. 205-210, H. 17, S. 219-225.

Holz (6)

- **Graf**, Otto; **Sinn**, Heinrich: Über den Einfluss von Bohrlöchern zur Bohrlochimpfung auf die Tragfähigkeit von Holzbalken. In: Bautenschutz 12 (1941), S. 65-73; H. 6, S. 84-87.
- **Graf**, Otto: Aus Versuchen mit Bauholz und mit hölzernen Bauteilen. In: Roh- und Werkstoff 4 (1941), H. 10, S. 347-360.
- **Graf**, Otto: Sparsame Holzverwendung. Über die Entwicklung der Maßnahmen zur sparsamen Verwendung des Holzes im Bauwesen. In: Bauzeitung 51 (1941), H. 36, S. 469-471.
- **Graf**, Otto: Bericht über die Tätigkeit des Arbeitskreises Holztrocknung. Berlin 1941 (Mitteilungen des Fachausschusses für Holzfragen beim VDI und dem Deutschen Forstverein, H. 30, S 29-32).
- **Graf**, Otto; **Egner**, Karl: Untersuchungen mit Sparbalken, insbesondere für den Wohnungsbau. Berlin 1941 (Mitteilungen des Fachausschusses für Holzfragen beim VDI und dem Deutschen Forstverein, H. 31).
- **Graf**, Otto: Der Baustoff Holz. In: Bauen in Holz, herausgegeben von H. Stolper, 3. Aufl. Stuttgart 1941.

Glas (1)

- **Graf**, ,Otto; **Egner**, Karl: Versuche mit Gläsern zu Windschutzscheiben für Kraftfahrzeuge. Bericht aus dem Institut für die Materialprüfungen des Bauwesens an der Technischen Hochschule zu Stuttgart. Deutsche Kraftfahrtforschung im Auftrag des Reichs-Verkehrsministeriums. In: Technischer Zwischenbericht (1941) Nr. 102.

Stahlbau (3)

- **Graf**, Otto: Versuche mit Nietverbindungen (Berichte des Deutschen Ausschusses für Stahlbau, Heft 12), In: Springer-Verlag Berlin 1941.
- **Graf**, Otto: Versuche zur Klarstellung von Schadenfällen an geschweißten Brücken. In: Z.-VDI 85 (1941), H. 15, S. 357-360.
- **Graf**, Otto; **Munzinger**, Fritz: Untersuchungen an Schweißverbindungen, die mit Elin-Hafergut-Schweißverfahren hergestellt worden sind. In: Elektroschweißung 14 (1941), H. 8, S. 125-135.

- **Graf**, Otto; **Brenner**, Erwin: Versuche mit Drahtseilen für eine Hängebrücke. In: Bautechnik 19 (1941), S. 410-415.

Andere (4)

- **Graf**, Otto: Über die Bedeutung und über die Entwicklung der Prüfverfahren für nichtmetallische Baustoffe. In: Handbuch der Werkstoffprüfung. 3. Bd. In: Springer-Verlag Berlin 1941, S. 1-9.
- **Graf**, Otto: Zum Aufbau der „ Bautechnischen Auskunftsstelle" der Fachgruppe Bauwesen e. V. im NS-Bund Deutscher Technik. Aufruf zur Mitarbeit. In. Bauindustrie 9 (1941), H. 25, S: 977-978; ferner in: NS-Bund Deutscher Technik, Fachgruppe Bauwesen „ Unsere Aufgaben", Vorträge auf der Arbeitstagung anlässlich der Einführung des Beirates, 1941, S. 15-15.
- **Graf**, Otto: Erfahrungsaustausch durch Vorträge. In: Der Deutsche Baumeister 3 (1941), H. 10, S. 24.
- **Graf**, Otto: Bericht über die Tätigkeit der Gruppe B (nichtmetallische und anorganische Werkstoffe und Holz) des Deutschen Verbands für die Materialprüfungen der Technik seit der Hauptversammlung im Juni 1940. In: Zement 30 (1941), H. 38, S. 679-680; ferner in: Tonindustrie-Zeitung 65 (1941), H. 65, S.. 655-656.

Jahr 1942 (20)

Mörtel und Beton (10)

- **Graf**, Otto: Zur Beurteilung der Ergebnisse von Betonproben bei der Ausführung von Betonbauten. (Fortschritte und Forschungen im Bauwesen, Reihe A, Heft 1, S. 26 u. S. 30). In: Elsner-Verlag 1942.
- **Graf**, Otto: Über Versuche mit Baustählen. In: Bauingenieur 23 (1943), H. 5/6, S. 31-44.
- **Graf**, Otto: Über versuche mit Mischbindern. Berlin: Elsner 1942 (Fortschritte und Forschungen im Bauwesen, Reihe A, Heft 2, S. 15-31).
- **Graf**, Otto: Versuche mit Mauerwerk aus Leichtbetonsteinen, ferner Feststellungen über die Ursachen der Rissbildung in Außenmauern aus Leichtbetonsteinen und ihre Verhütung. Berlin: Elsner 1942 (Fortschritte und Forschungen im Bauwesen, Reihe A, Heft 4, S. 31-32).
- **Graf**, Otto; **Weise**, Fritz: Versuche über das Schinden von Naturbimsbeton, Ziegeln, Iporitbeton und Porenbeton. (Fortschritte und Forschungen im Bauwesen, Reihe B, Heft 1, S,. 12-29). In: Elsner-Verlag Berlin 1942
- **Graf**, Otto; **Weise**, Fritz: Tragfähigkeit von Mauerwerk aus Schwemmsteinen sowie halbblocksteinen aus Bimsbeton, ferner aus Mauerziegeln bei langdauernder und bei allmählich gesteigerter Belastung. Berlin: Elsner 1942 (Fortschritte und Forschungen im Bauwesen, Reihe B, Heft 1, S. 30-51).
- **Graf**, Otto: Über die Ursachen der Rissbildung in Außenmauern aus Leichtbetonsteinen und ihre Verhütung. (Fortschritte und Forschungen im Bauwesen, Reihe B, Heft 1, S. 61-63). In: Elsner-Verlag Berlin 1942
- **Graf**, Otto; **Raisch**, Erwin; **Weise**, Fritz: Versuche über die Druckfestigkeit und über die Wärmedurchlässigkeit von Porenbeton bei verschiedenem Raumgewicht desselben. Berlin: Elsner 1942 (Fortschritte und Forschungen im Bauwesen, Reihe B, Heft 2, S. 63-73).
- **Graf**, Otto; **Weise**, Fritz: Versuche mit Iporitbeton und mit Porenbeton. Einfluss der Kornzusammensetzung des Sands, des Tongehalts und des Zementgehalts auf das Raumgewicht und auf die Druckfestigkeit von Iporitbeton und Porenbeton. Berlin: Elsner 1942 (Fortschritte und Forschungen im Bauwesen, Reihe B, Heft 2, S. 12-26).
- **Graf**, Otto: Zur neueren Entwicklung der Eigenschaften und der Prüfung der Zemente, insbesondere der Zemente für den Betonstraßenbau. In. Zement 31 (1942), H. 15/18, S. 161-169; ferner in: Bauzeitung 52 (1942), H. 6, S. 99-100.

Holz (5)

- **Graf**, Otto; **Sinn**, H.: Tragfähigkeit von Holzbalken mit Impflöchern gegen Holzschädlinge. In: Z.-VDI 86 (1942), H. 1-2, S. 28.
- **Graf**, Otto: Zweckmäßige Verwertung des Holzes. In: Wirtschaftliche Leistung (1942), H. 4, S. 116-121.
- **Graf**, Otto: Sparsame Verwendung des Holzes im Bauwesen. Erkenntnisse und Maßnahmen. In: Z.-VDI 86 (1942), H. 21/22, S. 339-345.

- **Graf**, Otto: Maßnahmen zur sparsamen Verwendung des Holzes im Bauwesen. Berlin 1942 (Mitteilungen des Fachausschusses für Holzfragen beim VDI und dem Deutschen Forstverein, H 32, S. 27-44).
- **Graf**, Otto: Der Baustoff Holz. In: Bauen in Holz, herausgegeben von Hans Stopler, 3. Aufl. Hofmann-Verlag Stuttgart 1942.

Stahlbau (1)

- **Graf**, Otto: Versuche über das Verhalten von geschweißten Trägern unter oftmals wiederholter Belastung (Berichte des Deutschen Ausschusses für Stahlbau, Heft 14). In: Springer-Verlag Berlin 1942.

Andere (4)

- **Graf**, Otto: Baustoffe und ihre Eigenschaften. In: Taschenbuch für Ingenieure. In. Springer-Verlag Berlin (1942), S. 348-441.
- **Graf**, Otto: Professor Mörsch 70 Jahre. In: Bautechnik 20 (1942), H. 18, S. 166; ferner in: Beton und Eisen 41 (1942), H. 7/8, S. 80.
- **Graf**, Otto: Der Bauingenieur und die Bauforschung, In: Technik, Monatszeitung des NS-Kurier 9 (1942), S. 2.
- **Graf**, Otto: Einleitung (Fortschritte und Forschungen im Bauwesen, Reihe A, Heft 4, S. 1). In: Elsner-Verlag Berlin 1942.

Jahr 1943 (18)

Mörtel und Beton (14)

- **Graf**, Otto: Über die Prüfung von Betonproben zur Beurteilung der Druckfestigkeit des Betons in Bauwerken. (Fortschritte und Forschungen im Bauwesen, Reihe A, Heft 7, S. 23). In: Elsner-Verlag Berlin 1943.
- **Graf**, Otto: Über die Druckfestigkeit von normengemäß gestampften und von mit Innenrütteln verdichteten Bauwürfeln. Berlin: Elsner 1943 (Fortschritte und Forschungen im Bauwesen, Reihe A, Heft 8, S. 10).
- **Graf**, Otto: Über die derzeitigen Normen für hydraulische Bindemittel (DIN 1164, 1167 und DIN-Vornorm 4207). (Fortschritte und Forschungen im Bauwesen 1943, Reihe A, Heft 8, S. 25-32). In: Elsner-Verlag Berlin 1943.
- **Graf**, Otto; **Walz**, Kurt: Über die Prüfung der Widerstandsfähigkeit von natürlichen und von gebrannten Bausteinen beim Gefrieren und Auftauen sowie beim Kristallisationsversuch mit Natriumsulfat. (Fortschritte und Forschungen im Bauwesen, Reihe B, Heft 3, S. 62-90). In: Elsner-Verlag Berlin 1943
- **Graf**, Otto; **Walz**, Kurt: Erläuterungen zum Entwurf der „Richtlinien für die Lieferung und Abnahme von Betonzuschlagsstoffen aus natürlichen Vorkommen". In: Beton und Stahlbeton 42 (1943), H. 19/20, S. 141-145.
- **Graf**, Otto; **Kaufmann**, Ferdinand; **Walz**, Kurt: Erläuterungen zu der „Vorläufigen Anweisung für die Verwendung von Innenrütteln zum Verdichten von Beton". (Fortschritte und Forschungen im Bauwesen, Reihe A, Heft 10, S. 29-30). In: Elsner-Verlag Berlin 1943.
- **Graf**, Otto; **Kaufmann**, Ferdinand; **Walz**, Kurt: Vorläufige Anweisung für die Verwendung von Innenrütteln zum Verdichten von Beton.: (Fortschritte und Forschungen im Bauwesen, Reihe A, Heft 10, S. 31-32). In: Elsner-Verlag Berlin 1943
- **Graf**, Otto; **Walz**, Kurt: Der Eindringversuch zur Kennzeichnung der Steife des Betons. (Fortschritte und Forschungen im Bauwesen, Reihe A, Heft 11, S. 32). In: Elsner-Verlag Berlin 1943
- **Graf**, Otto: Versuche über das Verhalten von Betonsäulen bei oftmaligem Gefrieren und Auftauen. (Deutscher Ausschuss für Eisenbeton, Heft 99, S. 1-18). In: Ernst & Sohn Berlin 1943.
- **Graf**, Otto; **Brenner**, Erwin: Versuche zur Ermittlung der Widerstandsfähigkeit von Verankerungen an Bewehrungen aus Stahl mit hoher Streckgrenze in Beton mit verschiedener Festigkeit. (Deutscher Ausschuss für Stahlbeton, Heft 99, S. 19-39). In: Ernst & Sohn Berlin 1943.
- **Graf**, Otto; **Brenner**, Erwin; **Bay**, Herrmann: Versuche mit einem wandartigen Träger aus Stahlbeton. (Deutscher Ausschuss für Stahlbeton, Heft 99, S. 41-54) . In: Ernst & Sohn Berlin 1943.

- **Graf**, Otto; **Kaufmann**, Ferdinand: Versuche zur Ermittlung des Schalungsdrucks beim Herstellen einer 2 m dicken Stahlbetondecke (Fortschritte und Forschungen im Bauwesen, Reihe A, Heft 8, S. 11-18). In: Elsner-Verlag Berlin 1943
- **Graf**, Otto; **Walz**, Kurt: Verhalten von Stahlbetonbalken mit Bewehrungen aus Rundstahl und aus Drillwulststahl bei stufenweise gesteigerter Last und bei oftmals wiederholter Last. (Fortschritte und Forschungen im Bauwesen, Reihe A, Heft 10, S. 9-28). In: Elsner-Verlag Berlin 1943.
- **Graf**, Otto: Grundsätzlichen für die Beurteilung der Eigenschaften mit Baustähle, insbesondere der Baustähle St 52, zu geschweißten Tragwerken und der Stähle zu Stahlbetontragwerken. (Fortschritte und Forschungen im Bauwesen, Reihe A, Heft 10, S. 1-8). In: Elsner-Verlag Berlin 1943.

Holz (1)

- **Graf**, Otto: Klassifizierung von Schnittholz. Zusammenfassung der Beschlüsse der 1. Gruppe des Internationalen Ausschusses für Holzverwertung auf der Tagung vom 24. Bis 28. Mai 1943 in Stresa.

Stahlbau (3)

- **Graf**, Otto: Versuche mit geschweißten Trägern zur Beurteilung der Eignung der verwendeten Werkstoffe und der Art der Herstellung der Träger. Prüfung der Werkstoffe mit dem Nutschweißbiegeversuch und mit dem Kerbschlagbiegeversuch. (Berichte des deutschen Ausschusses für Stahlbau, Heft 15). In: Springer-verlag Berlin 1943.
- **Graf**, Otto: Versuche über die Spannungen in Stumpfstößen großer Träger. (Fortschritte und Forschungen im Bauwesen, Reihe A, Heft 9, S. 11-19). In: Elsner-Verlag Berlin 1943.
- **Graf**, Otto: Beurteilung der Eigenschaften hochfester Baustähle für geschweißte Tragwerke. In: Z.-VDI 87 (1943, H. 27/28, S. 422-424.

Jahr 1944 (21)

Mörtel und Beton (15)

- **Graf**, Otto: Über die vorläufige Anweisung für die Verwendung von Innenrütteln zum Verdichten von Beton. In: Bauindustrie 12 (1944), H. 1, S. 1-3.
- **Graf**, Otto: B-Leichtbaustoff. In: Bauindustrie 12 (1944), H. 7, S. 158.
- **Graf**, Otto: Der Inhalt der Hefte 1 bis 100 des Deutschen Ausschusses für Stahlbeton. In: Hundert Hefte der Schriftenreihe des Deutschen Ausschusses für Stahlbeton. In: Ernst & Sohn Berlin 1944, S. 14-37.
- **Graf**, Otto; **Weise**, Fritz: Druckfestigkeit und Rohwichte (Raumgewicht) von natürlichen Steinen. (Fortschritte und Forschungen im Bauwesen, Reihe A, Heft 14, S. 20-22). In: Elsner-Verlag Berlin 1944. 1944
- **Graf**, Otto: Versuche mit Decksteinen und Mauersteinen aus italienischem Bimsbeton. (Fortschritte und Forschungen im Bauwesen, Reihe B, Heft 5, S. 17-18). In: Elsner-Verlag Berlin 1944
- **Graf**, Otto: Versuche mit Beton aus Lavaschlacke. (Fortschritte und Forschungen im Bauwesen, Reihe B, Heft 5, S. 19-22). In: Elsner-Verlag Berlin 1944.
- **Graf**, Otto: Versuche mit Leichtbeton „Siporex". (Fortschritte und Forschungen im Bauwesen, Reihe B, Heft 5, S. 23-31). In: Elsner-Verlag Berlin 1944.
- **Graf**, Otto; Weise, Fritz: Feuchtigkeitsgehalt und Druckfestigkeit von Kiesbeton, von Porenbeton und Mauersteinen nach verschiedener Lagerung. Berlin: Elsner 1944, Reihe B, Heft 5, S. 78-90).
- **Graf**, Otto; **Weise**, Fritz: Versuche mit Porenbeton unter Verwendung von Steinkohlenflugasche (Fortschritte und Forschungen im Bauwesen, Reihe B, Heft 5, S, 91-101). In: Elsner-Verlag Berlin 1944.
- **Graf**, Otto; **Raisch**, Erwin; **Weise**, Fritz: Versuche über den Einfluss verschiedener Zuschlagstoffe auf Druckfestigkeit, Biegezugfestigkeit, Schwinden und Wärmeleitfähigkeit von Iporitbeton und Porenbeton. (Fortschritte und Forschungen im Bauwesen, Reihe B, Heft 5, S. 102-115). In: Elsner-Verlag Berlin 1944.
- **Graf**, Otto; **Raisch**, Erwin; **Weise**, Fritz: Versuche über den Einfluss von Hüttenbims auf die Eigenschaften in Iporitbeton (Rohwichte, Druckfestigkeit, Wärmeleitfähigkeit, Schwinden). (Fortschritte und Forschungen im Bauwesen, Reihe B, Heft 5, S.116-134). In: Elsner-Verlag Berlin 1944.
- **Graf**, Otto; **Weise**, Fritz: Einfluss der Größe der Probekörper auf die Würfelfestigkeit von Iporitbeton und von Porenbeton. (Fortschnitte und Forschungen im Bauwesen, Reihe B, Heft 5, S. 138). In: Elsner-Verlag Berlin 1944.

- **Graf**, Otto: Über die Auswahl und über die Eigenschaften des Leichtbetons, insbesondere des Schaumbetons und des Gasbetons, für Außenwände, Dächer und Decken, vornehmlich zu Behelfsunterkünften. Berlin: Elsner 1944 (Fortschritte und Forschungen im Bauwesen, Reihe B, Heft 5, S. 142-155).
- **Graf**, Otto; **Weise**, Fritz: Vorläufige Richtlinien für die Herstellung von Leichtbeton mit Dampfhärtung. Berlin: Elsner 1944 (Fortschritte und Forschungen im Bauwesen, Reihe B, Heft 5, S. 156).
- **Graf**, Otto; **Weil**, Gustav: Ergebnisse von Versuchen mit vorgespannten Platten nach dem System Schäfer. Berlin: Elsner 1944 (Fortschritte und Forschungen im Bauwesen, Reihe B, Heft 5, S. 32-77).

Holz (5)

- **Graf**, Otto: Vergleichende Untersuchungen mit Dübelverbindungen. In: Bautechnik 22 (1944), H. 5/8, S. 23-32.
- **Graf**, Otto: Erläuterungen zu DIN 4074 (Gütebedingungen für Bauholz). 2. Aufl. Berlin 1944 (Merkhefte der Deutschen Gesellschaft für Holzforschung, H. 2).
- **Graf**, Otto: Gütevorschriften für Bauholz. In: Silvae Orbis. Schriftenreihe der Internationalen Forstzentrale, Nr. 15, bei der Tagung des internationalen Ausschusses für Holzverwertung der Internationalen Forstzentrale. Berlin 1944.
- **Graf**, Otto; **Weil**, Gustav: Über Versuche zur Messung von Windkräften und Auflagerkräften an einem 190m hohen hölzernen Turm, durchgeführt in den Jahren 1935 bis 1943 (Fortschritte und Forschungen im Bauwesen, Reihe A, Heft 14, S. 11-20). In: Elsner-verlag Berlin 1944.
- **Graf**, Otto: Zugstäbe aus Holz anstelle des Stahls im Beton. (Fortschritte und Forschungen im Bauwesen, Reihe A, H. 14, S. 23-24). In Elsner-Verlag Berlin 1944.

Stahlbau (1)

- **Graf**, Otto: Über den Einfluss des Spannungsfreiglühens auf die technischen Eigenschaften der Baustähle und der Bauelemente. In: Stahlbau 17 (1944), H. 14/15, S. 65-68.

Jahr 1945 (0)

Jahr 1946 (4)

Mörtel und Beton (4)

- **Graf**, Otto: Über Trümmerbeseitigung und Trümmerverwertung. In: Bauen und Wohnen 1 (1946), H. 1, S. 8-13.
- **Graf**, Otto: Über die Entwicklung der mineralischen Bindemittel für das Bauwesen (Zemente, Mischbinder, Gipse und Anhydritbinder) und über ihre Anwendung. In: Technik 1 (1946), H. 6, S. 281-285.
- **Graf**, Otto: Vorsicht: Trümmerschutt ist gipsreich. In: Stuttgarter Zeitung (1946), Nr. 117, S. 6.
- **Graf**, Otto: Zum Wohnungsbau in England. In: Bauen und Wohnen 1 (1946).

Jahr 1947 (17)

Mörtel und Beton (11)

- **Graf**, Otto: Die Entwicklung der Zemente und Mischbinder. In: Bauen und Wohnen 2 (1947), H. 1, S. 36-37.
- **Graf**, Otto: Die Entwicklung der Zemente und Mischbinde. In: Bauen und Wohnen 2 (1947), H. 2, S. 64-66.
- **Graf**, Otto: Fortschritte in der Trümmerverwertung. In: Bauen und Wohnen 2 (1947), H. 3, S. 96-101.
- **Graf**, Otto: Kalk und Gips. In: Bauen und Wohnen 2 (1947), H. 4/5, S. 141-142.
- **Graf**, Otto: Über Mauersteine. In: Bauen und Wohnen 2 (1947), H. 7/8, S. 231-232.
- **Graf**, Otto: Mindestgehalt an Kalk-, Schaum- und Gasbeton. In: Bauwirtschaft (1947), H. 1, S. 21.
- **Graf**, Otto: Baustoffe aus Trümmern. In: Bauen und Wohnen 2 (1947), H. 9, S. 274-275.
- **Graf**, Otto: Was versteht man unser Schnittergiebigkeit? Was ist *„air-en-training“* Zement? Wie entstehen Anhydrit-Binder? In: Bauwirtschaft (1947), H. 3, S. 17.

- **Graf**, Otto; **Walz**, Kurt: Erläuterungen zu DIN 4226; Vorläufige Richtlinien für die Lieferung und Abnahme von Betonzuschlagsstoffen aus natürlichen Vorkommen. In: Bautechnik 2 (1947), H. 3, S. 61-63.
- **Graf**, Otto; **Kaufmann**, Ferdinand; **Walz**, Kurt: Erläuterungen zu der Anweisung für die Verwendung von Innenrütteln zum Verdichten von Beton. In: Bauwirtschaft (1947), H. 7/8, S. 18-22.
- **Graf**, Otto: Ein Wohnhaus aus Betonfertigteilen. In: Bauen und Wohnen 2 (1947), H. 12, S. 342-345.

Stahlbau (2)

- **Graf**, Otto: The strength of welded joints at low temperatures and the selection and treatment of the steel suitable for welded structures. In: Welding Journal (1947), September.
- **Graf**, Otto: The effect of stress relief heat treatment on the technical properties of structural steel and structural elements. In: Welding Journal (1947), September.

Andere (4)

- **Graf**, Otto: Die Baustoffe. Ihre Eigenschaften und ihre Beurteilung. In: Wittwer Stuttgart 1947.
- **Graf**, Otto: Die wichtigsten Baustoffe des Hoch- und Tiefbaus. 3. Verb. Aufl. (Sammlung Göschen, Bd. 984). In: de Gruyter, Berlin 1947.
- **Graf**, Otto: Aus neuen Mitteilungen über amerikanische Fertighäuser. In: Bauen und Wohnen 2 (1947), H. 9, S, 274-275.
- **Graf**, Otto: Zum Wohnungsbau in England. In: Bauen und Wohnen 2 (1947), H. 10/11, S. 312-313.

Jahr 1948 (13)

Mörtel und Beton (9)

- **Graf**, Otto: Über die zweckmäßige Herstellung von Beton mit bestimmten Eigenschaften. In: Gas- und Wasserfach 89 (1948), H. 2, S. 50-54.
- **Graf**, Otto: Gipsschlackenzement? In: Bauwirtschaft (1948), H. 2, S. 31.
- **Graf**, Otto: Über Ziegelsplittbeton, Sandsteinbeton und Trümmerschuttbeton. In: Mitteilungen der Deutschen Studiengesellschaft für Trümmerverwertung (1948), Mitteilung 2, S. 6-8; Mitteilung 3, S. 9-12; Mitteilung 4, S. 15-16.
- **Graf**, Otto: Mörtelloses Mauerwerk. In: Bauwirtschaft (1948), H. 5/6, S. 80.
- **Graf**, Otto: Gasbeton, Schaumbeton, Leichtkalkbeton. In: Neue Bauwelt (1948), H. 23, S. 356-358 und in: Betonstein-Zeitung (1948), H. 5/6, S. 78-82.
- **Graf**, Otto: Quellende Zemente. In: Z.-VDI 90 (1948), H. 9, S. 270.
- **Graf**, Otto; **Walz**, Kurt: Versuche zur Ermittlung der Rissbildung und der Widerstandsfähigkeit von Stahlbeton-Platten mit verschiedenen Bewehrungsstählen bei stufenweise gesteigerter Last. (Deutscher Ausschuss für Stahlbeton, Heft 101, S. 1-39). In: Ernst & Sohn Berlin 1948.
- **Graf**, Otto; **Weil**, Gustav: Versuche über das Verhalten von kalt verformten Baustählen beim Zurückbiegen nach verschiedener Behandlung der Proben (Deutscher Ausschuss für Stahlbeton). In: Ernst & Sohn Berlin 1948.
- **Graf**, Otto; **Weil**, Gustav: Versuche über die Schwellzugfestigkeit von verdrillten Bewehrungsstäben (Deutscher Ausschuss für Stahlbeton). In: Ernst & Sohn Berlin 1948.

Straßenbeton (1)

- **Graf**, Otto: Reasons for Behavior of Concrete for „Autobahnen“. In: Rock Products 51 (1847), H. 10, S. 156-158.

Stahlbau (1)

- **Graf**, Otto: Tragfähigkeit von Nietverbindungen für Leichttragwerk. In: Z.-VDI 90 (1948), H. 10, S. 322-324.

Andere (2)

- **Graf**, Otto: Das Arbeitsgebiet der Staatlichen Materialprüfungsanstalt für das Bauwesen. In: Bauwirtschaft, Ausgabe B (1948), Nr. 6, S. 6.
- **Graf**, Otto: Aus was sollen wir unsere Wohnhäuser bauen? In: Das neue Universum 65 (1948), S. 250-258.

Jahr 1949 (12)

Mörtel und Beton (6)

- **Graf**, Otto: Gasbeton, Schaumbeton, Leichtkalkbeton. Stuttgart: Wittwer 1949.
- **Graf**, Otto: Aus neuen Versuchen über den Einfluss des Gipsgehalts der Betonzuschläge auf die Raumänderungen des Betons. In: Mitteilungen der Deutschen Studiengesellschaft für Trümmerverwertung (1949),Mitteilung 16, S. 106-109.
- **Graf**, Otto, Über die Eigenschaften des Gasbetons, Schaumbetons und Leichtkalkbetons. In: Gas- und Wasserfach 90 (1949), H. 8, S. 186-187.
- **Graf**, Otto: Über die Herstellung und über die Eigenschaften des Betons aus Zement und Holzspänen. In: Bauverlag Wiesbaden 1949.
- **Graf**, Otto: Über Baustoffe und Bauteile aus Trümmern. In: Mitteilungen der Deutschen Studiengesellschaft für Trümmerverwertung (1949), Nr. 24, S. 170-174.
- **Graf**, Otto: Über die Eigenschaften des Schüttbetons. In: Bauwirtschaft 3 (1949), H. 11, S. 239-245.

Stahlbau (3)

- **Graf**, Otto: Tragfähigkeit von Rundloch-Schlitznahtschweißungen und Punktschweißungen für leichte stählerne Tragwerke. In: Z.-VDI 91 (1949), H. 6, S. 137-138.
- **Graf**, Otto: Tests of spot welds for light steel structures. In: Welding Research Supplement (1949) March, S. 116-120.
- **Graf**, Otto: versuche über die Widerstandsfähigkeit geschweißter Bleche aus Aluminium-legierungen beim Zerreißversuch und bei oftmals wiederholter Zugbelastung. In: Schweißen und Schneiden 1 (1949), H. 11, S. 183-189.

Andere (3)

- **Graf**, Otto: Die Festigkeit des Mauerwerks. In: Bauplanung und Bautechnik 3 (1949), H. 6, S. 198.
- **Graf**, Otto: Zum rationellen Bauen. In: Bauen und Wohnen (1949), H. 9, S. 457
- **Graf**, Otto: Baustoffe und ihre Eigenschaften. In: Taschenbuch für Bauingenieure. Berichtigter Neudruck. In: Springer-Verlag Berlin, Göttingen, Heidelberg (1949), ,S. 348-441.

Jahr 1950 (18)

Mörtel und Beton (4)

- **Graf**, Otto: Zur Beurteilung des Betons als Baustoff im Wohnungsbau. Ausstellung: "Wie wohnen?" Stuttgart-Karlsruhe, 1949-1950. In: Ausstellungskatalog.
- **Graf**, Otto: Die Eigenschaften des Betons. In: Springer-Verlag Berlin, Göttingen, Heidelberg 1950.
- **Graf**, Otto: Zur Entwicklung der Hohlblocksteine. In: Betonstein-Zeitung (1950), H. 4, S. 75-76.
- **Graf**, Otto: De eigenschappen van Korrelcement. In: cement (19509, H. 21/22, S. 457-459.

Straßenbeton (3)

- **Graf**, Otto: Vorwort – Auswahl der Zemente. In: Neue Wege im Betonstraßenbau. Referate in der Sitzung der Arbeitsgruppe Betonstraßen am 29. Oktober 1949 zu Stuttgart. Köln-Deutz: Forschungsgesellschaft für das Straßenwesen e. V. 1950, S. 4 und S. 26.
- **Graf**, Otto: Zur Beurteilung der Eigenschaften der Zemente, insbesondere der Zemente für den Straßenbau. In: Tagungsberichte der Zementindustrie, H. 3 Wiesbaden: Bauverlag 1950, S. 55-66.

- **Graf**, Otto: Über den derzeitigen Stand der Forschung für den Betonstraßenbau. In: Straßen und Autobahn 1 (1950), H. 6, S. 35-37; ebenso im Tätigkeitsbericht 1949/50 der Forschungsgesellschaft für das Straßenwesen e. V., S. 39-43.

Holz (2)

- **Graf**, Otto: Vom Werden der Deutschen Gesellschaft für Holzforschung. Aufgaben in der Zukunft. In: DGfH-Nachrichten 1 (1950), H. 4, S. 73-75.
- **Graf**, Otto: Versuche über den Verschiebewiderstand von Dübeln für Verbundträger. In: Bauingenieur 25 (1950), H. 8, S. 297-303.

Stahlbau (5)

- **Graf**, Otto: Versuche mit Nietverbindungen. In: Bauingenieur 25 (19509, H. 4, S. 123-132.
- **Graf**, Otto: Eignung der Stähle für geschweißte Tragwerke. In: Z.-VDI 92 (1950), H. 8, S. 192-195.
- **Graf**, Otto: Einfluss rostschützender Siluminüberzüge im Innern von Nietverbindungen aus St 52 auf deren Dauerzugfestigkeit. In: Z.-VDI 92 (1950), H. 26, S. 747.
- **Graf**, Otto: Amerikanische Versuche über den Einfluss der Alterung auf die Biegefähigkeit von Schweißverbindungen. In: Z.-VDI 92 (1950), H. 26, S. 747-748.
- **Graf**, Otto: Über die Widerstandsfähigkeit von Schweißverbindungen mit Flanken- und Stirnkehlnähten. In: Schweißen und Schneiden 2 (1950), H. 11, S. 100.

Andere (4)

- **Graf**, Otto: Die Baustoffe. Ihre Eigenschaften und ihre Beurteilung. 2. Erweiterte Aufl. In: Wittwer Stuttgart 1950.
- **Graf**, Otto: Über die Entwicklung der Eigenschaften der Baustoffe für den Wohnungsbau und über zugehörige Bedingungen des Brandschutzes im Besonderen. In: Sechs Fachvorträge zur Förderung des deutschen Brandschutzes, Mai 1950, 1. Vortrag.
- **Graf**, Otto: Ansprache zum 50jährigen Bestehen des deutschen Betonvereins. Ansprachen und Vorträge am 7.12.1948 und am 6 u. 7. 4. 1949. Herausgegeben vom deutschen Betonverein 1950, S. 41-42.
- **Graf**, Otto: Vorwort des Herausgebers in Fortschritte und Forschungen im Bauwesen, Reihe C, Heft 1. In. Franckh Stuttgart 1950.

Jahr 1951 (16)

Mörtel und Beton (6)

- **Graf**, Otto: **Walz**, Kurt: Versuche über wichtige Eigenschaften des Schüttbetons (Fortschritte und Forschungen im Bauwesen, Reihe C, Heft 2). In: Franckh Stuttgart 1951.
- **Graf**, Otto; **Schäffler**, Hermann: Gas- und Schaumbeton. (Bautechn. Merkhefte für den Wohnungsbau, Heft 7). In: Druckhaus Tempelhof Berlin 1951.
- **Graf**, Otto: Die Leichtbaustoffe. In: Amtl. Katalog Constructa, Bauausstellung 1951, S. 178-180.
- **Graf**, Otto: Über den Stand der Untersuchungen mit Gas- und Schaumbeton. In: Forschungsgemeinschaft Bauen und Wohnen, Stuttgart 16/1951.
- **Graf**, Otto; **Walz**, Kurt: Die Wärmedämmfähigkeit und Druckfestigkeit von Schüttbeton aus Naturstein-Zuschlagstoffen. In: Bauwirtschaft (1951), H. 41, S. 11-14.
- **Graf**, Otto: Die Versuche des Deutschen Ausschusses für Stahlbeton, Inhalt der Hafte 1 bis 102. (Deutscher Ausschuss für Stahlbeton, Heft 105). In: Ernst & Sohn Berlin.

Holz (2)

- **Graf**, Otto: Untersuchungen über den Knickwiderstand von einteiligen Stützen aus Holz. In: Bauingenieur 26 (1951), H. 2, S. 47-50.
- **Graf**, Otto. Über die Eigenschaften von Stangen und Rundholz zu Tragwerken. In: Roh- und Werkstoff 9 (1951), H. 5. S. 182-186.

Stahlbau (2)

- **Graf**, Otto: Versuche mit Schraubenverbindungen (Berichte des Deutschen Ausschusses für Stahlbau. In: Springer-Verlag Berlin 1951.
- **Graf**, Otto: Über Versuche mit Verbundträgern (Abhandlungen aus dem Stahlbau, Heft 10, S. 74-87). In: Walter Dorn 1951.

Andere (6)

- **Graf**, Otto: Professor Emil Mörsch. In: Bauwirtschaft (1951), H. 2, S. 3.
- **Graf**, Otto: Emil Mörsch. In: Schweizerische Bauzeitung 69 (1951), H. 7, S. 95-96.
- **Graf**, Otto: Emil Mörsch. In: Bautechnik 28 (1951), H. 2, S. 41.
- **Graf**, Otto: Emil Mörsch. In: Z.-VDI 93 (1951), H. 10, S. 262.
- **Graf**, Otto: Vorwort des Herausgebers in Fortschritte und Forschungen im Bauwesen, Reihe C, Heft 2: In: Schüttbeton, Franckh Stuttgart 1951.
- **Graf**, Otto: Schlussbemerkungen und Vorschläge zu einer künftigen Fassung von DIN 4232 (Fortschritte und Forschungen im Bauwesen, Reihe C, Heft 2, S. 63-64. In: Franckh Stuttgart 1951.

Jahr 1952 (14)

Mörtel und Beton (4)

- **Graf**, Otto: Vorwort in: Putzen mit Maschinen. (Fortschritte und Forschungen im Bauwesen, Reihe D, Heft 5, S. 3). In: Franckh Stuttgart 1952.
- **Graf**, Otto: Über die Entwicklung der Eigenschaften der Betonstäbe und über die zugehörigen zulässigen Anstrengungen. In: Bauwirtschaft 6 (1952), H. 27, S. 614-616; H. 28, S. 634-636; H. 29, S. 655-661. Vgl. auch deutscher Beton-Verein, Hauptversammlung 1952, S, 91-137.
- **Graf**, Otto: Bericht über Leichtbeton. Stellungnahme. In: Ziegelindustrie 5 (1952), H. 20, S. 758-759.
- **Graf**, Otto: Über die Tragfähigkeit von Mauerwerk, insbesondere von Stockwerkshohen Wänden (Fortschritte und Forschungen im Bauwesen, Reihe D, Heft 8). In: Franckh Stuttgart 1952.

Straßenbeton (3)

- **Graf**, Otto: Vorwort in: Beobachtungen an Betonfahrbahndecken. Bielefeld: Kirschbaum 1952 (Forschungsgesellschaft für das Straßenwesen e. V. Köln, Arbeitsgruppe „Betonstraßen"), S. 3-4.
- **Graf**, Otto: Ergebnisse der Prüfung von Straßenbauzementen in der Straße. In: Straßen und Autobahn 3 (1952), H. 3, S. 72-77; ferner in: Forschung und Praxis im Betonstraßenbau. Bielefeld: Kirschbaum 1953, S. 26-37.
- **Graf**, Otto: Tätigkeitsbericht der Arbeitsgruppe „Betonstraßen". In: Straßenbauforschung 1951/52, S. 52-54.

Stahlbau (2)

- **Graf**, Otto: Über Versuche mit Verbundträgern (Abhandlungen aus dem Stahlbau, Heft 10, S.. 74-87). Stahlbau-Katalog Karlsruhe 1951. In: Walter Dorn Bremen-Horn 1952.
- **Graf**, Otto: Versuche über die Widerstandsfähigkeit von geschweißten Querträgeranschlüssen bei oftmals wiederholter Biegebelastung (Berichte des Deutschen Ausschusses für Stahlbau, Heft 17, S. 1-9). In: Springer-Verlag Berlin 1952.

Andere (5)

- **Graf**, Otto: Beispiele von Bauschäden und ihrer Verhütung. In: Bauzeitung 57 (1952), H. 1, S. 2-3.
- **Graf**, Otto: Über die Grundlage der Baustoffforschung und des zugehörigen Unterrichts. In: Alfons Leon Gedenkschrift, Wien 1952, S. 1-3.
- **Graf**, Otto: **Schneider**, Helmut; **Werse**, Hans-Peter: Die Baustoffe. In: Deutscher Baukalender 1952, 74. Jahrgang. Deutsche Verlag-Anstalt Stuttgart 1952. S. 135-159.
- **Graf**, Otto: Zur Entwicklung der Baustoffe und Bauelemente. In: Z.-VDI 94 (1952), H. 14/15, S. 401-408.

- **Graf**, Otto: Professor Dr.-Ing. Adolf Kleinlogel, Darmstadt, 75 Jahre. In: Beton- und Stahlbetonbau 47 (1952), H. 12, S. 281.

Jahr 1953 (8)

Mörtel und Beton (4)

- **Graf**, Otto: Aus Versuchen zur Beurteilung der Tragfähigkeit stockwerkshoher Wände. In: Ziegelindustrie 6 (1953), H. 2, S. 42-44, ferner in: Z.-VDI 95 (1953), H. 5, S. 118.
- **Graf**, Otto: Wie kann man die Tragfähigkeit einer gemauerten Wand beurteilen? In: Bau-Trichter (1953), H. 80, S. 1-3.
- **Graf**, Otto: Vorwort. In: Stuckgips und Putzgips. (Fortschritte und Forschungen im Bauwesen, Reihe D, Heft 15, S. 3). In: Franckh Stuttgart 1953.
- **Graf**, Otto: Betonstähle. In: Betonstein Jahrbuch 1953. Bauverlag Wiesbaden, Berlin, S. 91-98.

Straßenbeton (1)

- **Graf**, Otto: Vorwort. In: Forschung und Praxis im Betonstraßenbau. Bielefeld: Kirschbaum 1953, S. 1.

Holz (1)

- **Graf**, Otto: Vorwort. In: Versuche für den Holzbau (Fortschritte und Forschungen im Bauwesen, Reihe D, Heft 9, S. 8-9) In: Fränkische Verlagsbuchhandlung. Stuttgart 1953.

Andere (2)

- **Graf**, Otto: Diskussionsbeiträge. In: Building research Congress 1951. In: Record and Discussion 1953, S. 69, 72 u. 82-83.
- **Graf**, Otto: Die wichtigsten Baustoffe des Hoch- und Tiefbaus. 4. Verb. Aufl. (Sammlung Göschen). In: de Gruyter 1953.

1954 (1)

Mörtel und Beton (1)

- **Graf**, Otto: Festigkeit und Elastizität von Beton mit hoher Festigkeit. In: DAStB-Heft 113, Berlin 1954.

Henryk Ditchen, geb. 1939, studierte Bauingenieurwesen und Ökonomie in Polen sowie später die Geschichte der Naturwissenschaft und Technik an der Universität Stuttgart, wo er mit einer Arbeit über „Die Beteiligung Stuttgarter Ingenieure an der Planung und Realisierung der Reichsautobahnen unter besonderer Berücksichtigung der Netzwerke von Fritz Leonhardt und Otto Graf" promovierte.

Als Bauingenieur war er einige Jahrzehnte bei der Planung und Realisierung von vielen Großprojekten in leitenden Positionen in Deutschland und im europäischen Ausland tätig. In dieser Zeit verfasste er zahlreiche Aufsätze für technische Zeitschriften.

Ditchen beschäftigt sich weiter mit der Technikgeschichte, Geschichte der technischen Ausbildung sowie mit der Geschichte der Materialprüfung, insbesondere mit der Geschichte der Universität Stuttgart und ihrer Materialprüfungsanstalt. Aktuell ist er seitens des Historischen Instituts der Universität Stuttgart an der Realisierung des Projektes „Qualitätspaket Lehre – Individualität und Kooperation im Stuttgart Studium (QuaLIKiSS)" beteiligt.